小型建设工程施工项目负责人岗位培训教材

装饰装修工程

小型建设工程施工项目负责人岗位培训教材编写委员会　编写

中国建筑工业出版社

图书在版编目（CIP）数据

装饰装修工程/小型建设工程施工项目负责人岗位培训教材编写委员会编写．—北京：中国建筑工业出版社，2013.8

小型建设工程施工项目负责人岗位培训教材

ISBN 978-7-112-15580-4

Ⅰ.①装…　Ⅱ.①小…　Ⅲ.①建筑装饰-工程施工-岗位培训-教材　Ⅳ.①TU767

中国版本图书馆CIP数据核字（2013）第143031号

本书是《小型建设工程施工项目负责人岗位培训教材》中的一本，是装饰装修工程专业小型建设工程施工项目负责人参加岗位培训的参考教材。全书内容包括建筑装饰装修工程、基础知识、相关法律法规，施工技术和管理的综合案例以及建筑装饰装修工程施工执业规模、执业范围等。本书可供装饰装修工程专业小型建设工程施工项目负责人作为岗位培训参考教材，也可供装饰装修工程专业相关技术人员和管理人员参考使用。

* * *

责任编辑：刘　江　岳建光　张　磊

责任设计：李志立

责任校对：王雪竹　赵　颖

小型建设工程施工项目负责人岗位培训教材

装饰装修工程

小型建设工程施工项目负责人岗位培训教材编写委员会　编写

*

中国建筑工业出版社出版、发行（北京西郊百万庄）

各地新华书店、建筑书店经销

北京红光制版公司制版

河北省零五印刷厂印刷

*

开本：787×1092毫米　1/16　印张：15¼　字数：370千字

2014年4月第一版　2014年4月第一次印刷

定价：41.00元

ISBN 978-7-112-15580-4

（24166）

小型建设工程施工项目负责人岗位培训教材

编写委员会

主　　编：缪长江

编　　委：（按姓氏笔画排序）

王　莹　王晓峥　王海滨　王雪青

王清训　史汉星　冯桂烜　成　银

刘伊生　刘雪迎　孙继德　李启明

杨卫东　何孝贵　张云富　庞南生

贺　铭　高尔新　唐江华　潘名先

序

为了加强建设工程施工管理，提高工程管理专业人员素质，保证工程质量和施工安全，建设部会同有关部门自 2002 年以来陆续颁布了《建造师执业资格制度暂行规定》、《注册建造师管理规定》、《注册建造师执业工程规模标准》（试行）、《注册建造师施工管理签章文件目录》（试行）、《注册建造师执业管理办法》（试行）等一系列文件，对从事建设工程项目总承包及施工管理的专业技术人员实行建造师执业资格制度。

《注册建造师执业管理办法》（试行）第五条规定：各专业大、中、小型工程分类标准按《注册建造师执业工程规模标准》（试行）执行；第二十八条规定：小型工程施工项目负责人任职条件和小型工程管理办法由各省、自治区、直辖市人民政府建设行政主管部门会同有关部门根据本地实际情况规定。该文件对小型工程的管理工作做出了总体部署，但目前我国小型建设工程还未形成一个有效、系统的管理体系，尤其是对于小型建设工程施工项目负责人的管理仍是一项空白，为此，本套培训教材编写委员会组织全国具有丰富理论和实践经验的专家、学者以及工程技术人员，编写了《小型建设工程施工项目负责人岗位培训教材》（以下简称《培训教材》），力求能够提高小型建设工程施工项目负责人的素质；缓解“小工程、大事故”的矛盾；帮助地方建立小型工程管理体系；完善和补充建造师执业资格制度体系。

本套《培训教材》共 17 册，分别为《建设工程施工管理》、《建设工程施工技术》、《建设工程施工成本管理》、《建设工程法规及相关知识》、《房屋建筑工程》、《农村公路工程》、《铁路工程》、《港口与航道工程》、《水利水电工程》、《电力工程》、《矿山工程》、《冶炼工程》、《石油化工工程》、《市政公用工程》、《通信与广电工程》、《机电安装工程》、《装饰装修工程》。其中《建设工程施工成本管理》、《建设工程法规及相关知识》、《建设工程施工管理》、《建设工程施工技术》为综合科目，其余专业分册按照《注册建造师执业工程规模标准》（试行）来划分。本套《培训教材》可供相关专业小型建设工程施工项目负责人作为岗位培训参考教材，也可供相关专业相关技术人员和管理人员参考使用。

对参与本套《培训教材》编写的大专院校、行政管理、行业协会和施工企业的专家和学者，表示衷心感谢。

在《培训教材》的编写过程中，虽经反复推敲核证，仍难免有不妥甚至疏漏之处，恳请广大读者提出宝贵意见。

小型建设工程施工项目负责人岗位培训教材编写委员会

2013 年 9 月

前 言

为了使建筑装饰装修小型工程施工项目负责人（以下简称项目负责人）成为既有专业理论，又掌握专业技术知识，既懂法律法规，又具备施工现场管理能力的项目负责人，我们编写了本教材。本教材的突出特点是既能作为系统的专业培训教材，又是一本可在实践中用于解惑答疑的工具书。

本书共分4章，集专业理论、建筑材料、施工技术、质量通病、防治措施、施工管理、竣工验收、法律法规及实践应用为一体。

第1章为基础知识，重点介绍建筑装饰装修工程施工技术，第一部分针对项目负责人对房屋建筑知识的欠缺，编写了房屋构造知识、建筑装饰装修施工与房屋结构的安全、房屋建筑的适用性等有关房屋建筑的基础知识。第二部分的施工技术中涵盖了装饰装修工程的抹灰、门窗、吊顶、轻质隔墙、饰面板（砖）、幕墙、涂饰、裱糊与软包、细部、建筑地面等10项子分部工程，并针对小型工程施工项目负责人的特点，增加了电气管线及灯具安装，给水排水及洁具安装，通风采暖、空调安装等知识，填补了项目经理对其他相关专业知识的不足。在子分部工程施工技术中包括了主要材料及技术要求、施工条件、施工工艺、质量标准及检验方法、质量通病及防治措施。第2章包括了安全、防火、室内污染控制、施工及验收、节能工程等相关法律法规。在施工技术与法律法规中都配有实践性很强的案例题，以帮助项目负责人能够进一步加深对知识的理解掌握与应用。

第3章综合案例是在第一篇的基础上编写的建筑装饰装修工程施工管理模板式案例。本案例为某实际工程项目，经整理后为现场施工管理模板式案例。案例从工程投标，中标，签订合同，编写施工方案，组织进场，进场施工，进度控制，质量管理，成本管理，安全管理，资料管理，各专业协调配合，竣工验收，到签订保修合同，涉及整个工程施工的全过程。希望项目负责人通过对本案例的学习，深入解剖案例的每个施工环节，在今后的施工管理中起到示范的作用。

第4章为建筑装饰装修工程施工执业规模标准、执业范围、建造师签章文件。本章是对注册建造师执业管理的相关规章制度的解读，和装饰装修工程施工管理签章文件目录的表格示范。

本教材由王晓峥、朱红、徐世松、徐璘、张宏华、徐冉等编写，王晓峥为主编，徐世松、王晓峥编审。本教材在编写过程中得到了各级领导、业内专家及工程项目管理人员、技术人员的大力支持和帮助，在此表示衷心感谢。

本教材在编写过程中虽经充分准备与反复修改，但由于编者的水平有限，书中难免存在缺点和谬误，恳请提出宝贵意见。

目　　录

第 1 章　建筑装饰装修工程施工技术及实例

1.1　房屋建筑基本知识

1.1.1　房屋建筑构造知识

（1）房屋建筑分类

1）按使用性质分类

① 生产性建筑：工业建筑、农业建筑等。一般生产性建筑以工业建筑为代表。

② 非生产性建筑：通常称为民用建筑。这类建筑又分为居住建筑和公共建筑两部分。居住建筑包括住宅、宿舍、公寓等；公共建筑包括为社会生活公共事业所使用的各种建筑，如托儿所、幼儿园、学校、办公楼、食堂、医院、商店、影剧院、车站、旅馆等。装饰装修工程大多属于非生产性建筑类。

2）按地上层数或高度分类

① 住宅建筑按层数分类：一层至三层为低层住宅，四层至六层为多层住宅，七层至九层为中高层住宅，十层及十层以上为高层住宅。

② 除住宅建筑之外的民用建筑高度不大于 24m 者为单层和多层建筑，大于 24m 者为高层建筑（不包括建筑高度大于 24m 的单层公共建筑）。

③ 建筑高度大于 100m 的民用建筑为超高层建筑。

3）按结构材料分类

① 混合结构

用两种或两种以上材料组成的承重结构，根据承重墙所在的位置，又分为：

横墙承重结构：主要靠横墙支承楼板，纵墙主要起围护、隔断和连接横墙起增加建筑物整体刚度的作用。

纵墙承重结构：纵墙是主要承重墙，横墙只承受小部分荷载，横墙的设置除了起分隔作用外，还为了满足房屋刚度的需要。

纵横墙承重结构：纵横墙同时承重，横墙的布置根据室内空间的要求而定。

内框架承重结构：由于使用要求，用内部钢筋混凝土框架代替内承重墙，以取得较大的使用空间。

了解混合结构的承重方式，对装修设计和装修施工都很重要。一般小型工程最常见的横墙承重结构。

② 框架结构

根据承重框架布置方向不同，框架的布置方式有三种：主要承重框架横向布置；主要承重框架纵向布置；主要承重框架纵横向布置。

③ 剪力墙结构

剪力墙结构主要效能是提高房屋抗侧力刚度。剪力墙结构体系主要有四类：

框架——剪力墙结构：框架和剪力墙同时存在，框架主要负担竖向荷载，剪力墙负担绝大部分水平荷载。

纯剪力墙结构：全部由剪力墙承重，不设框架。

框支剪力墙结构：底层需要大空间的高层建筑，底层采用框架代替部分剪力墙。

筒式结构：是从框架——剪力墙结构和纯剪力墙结构演变和发展来的。它将剪力墙集中到房屋的内部和外部形成空间封闭筒。它有四种不同的形式：框架内单筒、框架外单筒、筒中筒、成束筒。

（2）房屋建筑空间构成

房屋建筑空间有室内空间与室外空间两类，有时室内外空间结合在一起。一般建筑空间的组合形式大体上可分为下列几种：

1）单元式

根据功能要求，将内容相同、关系紧密的建筑组成单元再由交通联系空间组合在一起，形成一个整体。

2）走道式

以走道联系各使用空间的建筑空间组合方式。

3）套间式

根据各房间功能连续性设计建筑空间，其方式有串联式和放射式两种形式。

4）大厅式

以大厅为主体穿插辅助空间组合形式或对一个大空间进行适当分割组合。

（3）房屋建筑结构构造

1）结构骨架

① 基础

基础是建筑物最下部的承重构件，其作用是承受建筑物的全部荷载，并将其传给地基。因此，基础必须坚固、稳定并能抵御地下各种有害物质的侵蚀。基础按构造形式，可分为：

独立基础：上部采用框架结构且柱距较大的建筑物，其基础常采用方形或矩形的单独基础，这种基础称为独立基础或柱式基础。

条形基础：以墙体为承重结构的建筑物，基础沿墙身设计成长条形，这种基础称为条形基础。柱网较密或地基较弱的框架结构建筑物的基础，也可将柱下基础连接在一起做成条形基础，其整体性更好。

井格基础：当地基条件较差或上部荷载较大时，将独立基础沿纵向和横向连接起来，形成十字交叉的井格基础，以提高其整体刚度，避免不均匀沉降。

满堂基础（包括筏形基础和箱形基础）：上部荷载较大，地基承载力较低而柱子和墙下交叉条形基础的底面积占建筑物平面面积较大比例时，往往考虑选用整片的筏板作基础。这种基础称为筏形基础，是满堂基础的一种形式。另一种满堂基础适用于上部荷载很大，浅层地质较差基础需深埋的基础，将建筑物四周和部分内隔墙的钢筋混凝土墙、顶板和底板浇成空心箱状的基础，称为箱形基础。

箱形基础：整体刚度和调整不均匀沉降的能力及抗震能力较强；筏形基础的刚度和防

止不均匀沉降及抗震能力相对较差。由于筏形基础适应面广且造价较低，它的应用是相当广泛的。

桩基础：当天然地基上的浅基础承载力不能满足要求而沉降量又过大时，常采用桩基础。

② 墙和柱

墙是建筑物的承重、围护和分隔构件。因此，墙体不但要具有足够的强度和稳定性，还根据它所在的位置，具有相应的保温、隔热、隔声、防水、防火等性能。

柱是框架结构中承重构件，它必须具有足够的强度和稳定性。

③ 楼盖和地层

楼板承受家具、设备和人体荷载，并将其传给墙或柱，同时对墙体起着水平支撑作用。楼板应具有足够的强度、刚度和隔声性能，对有水浸蚀的房间还应具有防潮、防水性能。

地层是底层房间与土壤之间的分隔构件，起承受底层房间荷载的作用。它应具有耐磨、防潮、防水、防火、防滑等性能。

④ 楼梯

楼梯是建筑物垂直交通设施，供人们上下楼层和紧急疏散之用，应具有足够的通行宽度，并满足防火、防滑等要求。

⑤ 屋顶

屋顶是建筑物的承重兼围护构件，承受风、雨、雪荷载和人们活动、检修等荷载。屋顶除了应具有足够的强度、刚度外还应满足防水、保温、隔热的要求。

⑥ 过梁、圈梁、构造柱

过梁通常设在门窗等洞口的上面，用于承受洞口上部的荷载。

圈梁是为增强建筑物整体刚度和稳定性而设置的，沿主要纵、横墙设置。

构造柱一般设在房屋四角、内外墙交接处、楼梯间以及某些较长的墙体中部。

⑦ 阳台和雨篷

阳台是多层和高层建筑中人们接触室外的平台。一般由承重构件、栏杆（板）和扶手组成。

雨篷设置在建筑物出入口处，其作用是遮挡雨雪，使人们雨雪天可在入口处作短暂的停留，并保护外门免受雨淋。

2）建筑围护

① 门窗

门主要起交通、分隔作用；窗主要起通风、采光、分隔、眺望等作用。外门窗还承受水平荷载（主要是风荷载）。因此，门窗应具有足够的强度、刚度，还根据它所在的位置，应具有相应的保温、隔热、隔声、防盗、防火等性能。外墙金属和塑料门窗必须具有一定的抗风压性能、气密性和水密性。

② 外墙围护

各种墙体、玻璃幕墙、金属幕墙、石材幕墙等。

③ 屋面构造

屋顶的形式：屋顶的形式与建筑物的使用功能、建筑造型、结构类型有关。目前最广泛应用的是平屋顶和坡屋顶两种。一般平屋面的坡度小于3%；坡屋顶的坡度视其采用的材料而定，一般在10%～50%。

平屋顶的防水构造：常用有柔性防水屋面、刚性防水屋面、涂膜防水屋面、刚性防水层与柔性防水材料组成复合多道防水屋面。

坡屋面的防水构造：主要采用构造防水。除了传统的屋面瓦以外，还有多种波形瓦、金属瓦以及建设部公告推广应用的混凝土瓦、油毡瓦、复合塑料瓦等。

3）建筑变形缝

① 伸缩缝

为了避免主要由温度变化产生建筑物变形、开裂而设置的构造缝。伸缩缝应自基础以上将建筑物的墙体、楼地面、屋顶等构件全部断开，基础不必断开。

② 沉降缝

是为了避免建筑物由于地基不均匀沉降发生建筑物错动开裂而设置的。

沉降缝与伸缩缝的主要区别在于沉降缝是从基础到屋顶全部构件贯通，即基础必须断开。

③ 防震缝

在地震设防区，当建筑物采用较复杂的体型或各部分结构刚度、高度相差悬殊时，为避免建筑物各部分在地震时相互挤压、拉伸造成变形和破坏而设置的。

防震缝应将建筑物的墙体、楼地面、屋顶等构件全部断开，且在缝的两侧设置墙体或柱，形成双墙、双柱或一墙一柱，提高其整体刚度。一般情况，基础可不设防震缝。

1.1.2 建筑装饰装修施工与房屋结构的安全

（1）建筑装饰装修工程必须保证建筑物的结构安全和主要使用功能

《建筑装饰装修工程质量验收规范》GB 50210—2001以强制性条文规定："建筑装饰装修工程设计必须保证建筑物的结构安全和主要使用功能。当涉及主体和承重结构改动和增加荷载时，必须由原结构设计单位或具备相应资质的设计单位核查有关原始资料，对既有建筑结构的安全性进行核验、确认。"规范同样以强制性条文对建筑装饰装修工程施工也作出了明确的规定："建筑装饰装修工程施工中，严禁违反设计文件擅自改动建筑主体、承重结构或主要使用功能；严禁未经设计确认和有关部门批准擅自拆改水、暖、电、燃气、通信等配套设施。"

（2）影响房屋结构安全的因素分析

1）主体和承重结构的改动

在室内装饰设计中，往往需要对建筑物进行功能性的改造，首先是拆改墙体调整平面布局。通常人们对承受竖向荷载的承重墙比较重视，而对非承重墙，似乎都可以随意拆除。这是一种错误的认识。因为墙体除承受竖向荷载外，还有承受侧向荷载和其他复杂的受力情况，需要认真分析和区别对待。

① 怎样判别承重墙：一般砖混结构房屋通常都是横墙承重，但还有纵墙承重、纵横墙同时承重的结构体系，不查阅原设计图是无法判别的。如果只凭直觉判断，难免发生误差，后果不堪设想。

② 框架结构的填充墙，一般为非承重墙，而黏土砖填充墙有抗侧力作用，特别是抗

震墙，是不能任意拆除的。某一沿街“底层框架—抗震墙砖房”，业主为了增加商品陈列空间，要求拆除沿街两端间的砖墙，其实这是两道抗震墙，是不能拆除的。

③ 框架—剪力墙结构：高层建筑中的混凝土剪力墙更是不能任意拆改的。

④ 混凝土悬臂梁、板：如阳台、雨篷的梁、板，在承受荷载时生产的倾覆力矩，当自身不能平衡时，还需要依靠支承点上部墙体的重量来平衡。这种墙体虽非承重墙，却起了平衡（抵抗）倾覆力矩的作用。既有多层建筑中，还有一种混凝土预制悬臂楼梯（现已停用），悬臂踏步板上部的墙体是平衡悬臂板产生的倾覆力矩的，绝不能拆。

2）门窗位置改变和在墙体、混凝土梁、板上开洞

① 由于建筑平面改变，往往需要改变门窗位置或扩大门窗尺寸。应注意不得任意在承重墙和剪力墙上开洞或扩大空洞面积。当孔洞位置靠近梁、板底部或孔洞较大时，会影响到梁、板的安全，应在装饰设计中对洞口周边进行加固处理。对于位置在剪力墙上的洞口，规范对剪力墙上的门洞位置、面积和洞口梁高都有规定，必须严格遵守。

② 必须穿过承重墙或混凝土梁、板的管道，应在设计中采取可靠措施。

③ 既有建筑中有很多半砖墙和空斗墙，有的还是承重墙。这类墙体稳定性差，在装饰改造中，一般不应增加洞口，必须增加时，应采取加强措施。旧房中还有少量 1/4 和 3/4 砖墙，装饰改造时更应慎重。一般 1/4 砖墙不宜保留，可更换为较适用的隔墙。

④ 既有多层建筑采用大量预制构件，尤其是预制楼板应用范围很大。前期高层建筑也有少量采用预制混凝土结构的。因为预制结构的整体性相对较差，装饰改造时，一般不应在楼板和墙板上开洞，必须开洞时，应采取可靠措施（如局部现浇等），以确保不降低其承载力和整体性。

⑤ 圈梁是增加墙体的连接，提高楼盖、屋盖刚度，抵抗地基不均匀沉降，限制墙体裂缝开展，保证房屋整体性，提高抗震能力的有效构造措施。位于门窗顶部的圈梁还承受上部竖向荷载。认为圈梁是非承重结构可任意处理是错误的。

⑥ 联系梁虽非承重梁，但对结构稳定起重要作用，不得随意取消。曾经发现这样的案例：为了装饰效果，不使联系梁露出顶棚，竟然把外露部分凿除，这是非常危险的。

⑦ 构造柱虽不承担竖向荷载，但对加强墙体抗弯、抗剪能力，增加房屋的整体刚度和稳定性有一定作用，构造柱还是防止房屋坍塌的一种有效措施。

⑧ 旧房中还有一种以栏板作为梯梁承重的楼梯，从外观上，往往看不出栏板的作用。实际上它是一根薄壁梁，兼有防护和承重的作用。对这种栏板，绝不能为了装饰效果将其凿除，换成玻璃或铁花栏板。

⑨对原有结构的钢筋和预埋件，装饰设计和施工时，不得轻易变更。

3）结构超载潜伏着隐患

一般建筑工程通过装饰，其荷载总是有增无减。20 世纪六七十年代，我国的结构设计偏于“先进”。这一方面有设计规范的因素（如当时不少地区不需抗震设防）；另一方面，也有设计师的主观因素。当年的设计师努力追求低的技术经济指标，把低指标作为技术含量高的标志。这一时期的建筑，经历四五十年的风雨，由于混凝土碳化和钢筋的锈蚀，其结构承载潜力是很有限的，装饰时不加注意往往会留下隐患。常见的结构超载事例有：

① 楼面荷载增加

装饰工程施工阶段，无论是既有房屋还是新建房屋在装饰工程设计和施工阶段，楼面荷载增加是最普遍的现象。当前流行的花岗石楼（大理石）地面，是一种重型地面，连找平粘结层，其厚度在 50mm 以上，重量可达 1.2kN/m^2 以上，如不计粘结层，也可达 0.6kN/m^2。而按照建筑结构荷载规范，永久荷载是按照构造层自重计算的。对于旧房来说，原设计不可能考虑此项荷载，显然这将给它增加了沉重的负担。对多层和高层建筑来说，每层楼面增加荷载，不仅对原楼面梁板和柱增加负担，各层楼面累加起来，还会对地基基础产生影响。北京丰台区某住宅顶层大搞装修，引起下面 10 户居民联名投诉，经有关部门查处，鉴于该住户室内和阳台已经铺贴了大理石，超过了楼板的设计荷载，责令其减少家具，控制人员数量，并对下层住户补偿损失。

有的旧建筑因不均匀沉降，导致楼地面倾斜。如某大型仓库改造商场工程，因不均匀沉降，房屋两端楼地面实际标高相差达 300mm 以上，装修时采取炉渣混凝土填平补齐，大大增加了原楼地面的荷载。

为了确保安全，除新建房屋建筑设计就采用花岗石楼地面外，对既有建筑改造，不宜大量采用重型的饰面材料，宜采用轻型的饰面材料如薄型地砖、塑胶地板和复合木地板等。对于一般陶瓷类饰面砖，尽量采用粘结剂铺贴，以减轻楼面的荷载。

② 顶棚增加荷载

常用的轻钢龙骨石膏板顶棚重量一般约在 200N/m^2 以上，带抹灰层的顶棚重量更大。对楼面结构来说也是一项不轻的负担，况且还有大量安装在顶棚内的管道、设备，增加了梁板的集中荷载。这些管道、设备，往往就近吊挂在梁板结构上。轻的如普通灯具、消防管道、风机盘管，重的有大型吊灯、新风机组、舞台灯架、舞厅音响灯架和其他重型设备等，都给结构增加负荷，故应进行结构验算，以确保安全。

③ 墙体增加荷载

新增墙体都会增加梁、板、柱的额外荷载，常见的如增加或调整住宅卫生间、储藏室和厨房的隔墙，公共建筑中增加或调整会议室、娱乐中心隔墙等。除了有些建筑在设计时考虑了用户需要，预留大空间供用户自行分隔的现浇混凝土结构的建筑（毛坯房）外，一般建筑物都不允许任意增加和调整墙体的。有的增加的隔墙甚至砌筑在预制板上，都是很不安全的。墙面的花岗石装饰也加大了墙身的自重，必要时应进行结构验算。近年来，“封阳台”已成为时尚，常见正面封窗，两侧砌墙，很不安全。阳台一般是悬挑结构，原设计是不会考虑封闭时增加的荷载的。

④ 增加悬挑荷载

在外立面装饰工程中，常见宾馆扩大雨篷、商店外挑招牌、广告，不仅应验算原有结构能否承受增加的悬挑荷载所产生的扭矩和倾覆力矩，还应验算悬挑构件本身的结构安全。

上述四种荷载的增加，“蚕食”了原建筑设计的安全系数，降低了房屋的安全度，留下隐患。钢筋混凝土结构大都是带裂缝工作的，如果荷载超过了原设计标准，必然导致裂缝扩大，钢筋锈蚀加速，房屋寿命缩短，不得不引起警惕。

(3) 确保混凝土结构后锚固技术可靠、安全

新建工程建筑施工图设计阶段与内外装修、幕墙工程方案设计一般有较长的间隔时间，而装饰材料与主体结构连接的节点做法往往在内外装饰和幕墙工程施工图设计阶

段才能确定。对于以普通混凝土为基材的结构构件，在很多部位都需要采用后置埋件和各类锚栓或化学植筋等方法来加以锚固。在深化设计时应认真处理好后锚固问题，以确保安全。

1）混凝土基材应坚实，且具有较大体量，能承担对被连接件的锚固和全部附加荷载，其强度等级不应低于C20，风化、严重裂损、不密实混凝土及抹灰层、装饰层、混凝土保护层，均不得作为锚固基材。对于预制混凝土构件，尤其是空心和薄型构件，均不应采用后置锚栓。

2）混凝土用锚栓的类别主要有膨胀型锚栓和扩孔型锚栓两类，其材质可为碳素钢、不锈钢或合金钢，应根据环境条件的差异及耐久性要求不同，选用相应的品种。幕墙、围护外墙、隔墙、顶棚和机电设备支架等都属于非结构构件，除生命线工程的非结构构件外，一般可应用膨胀型锚栓和扩孔型锚栓，而这两类锚栓在结构构件中的应用，规范有许多限制。

3）化学植筋也可用作非结构构件的后锚固连接。在选用时，其钢筋及螺杆，应采用HRB400级和HRB335级带肋钢筋及Q235和Q345级钢螺杆。光圆钢筋锚固性能较差，不宜采用。锚固胶按使用形态的不同分为管装式、机械注入式和现场配置式，应根据使用对象的特征和现场条件合理选用。目前室内装饰和幕墙工程中大量使用的“化学锚栓”（粘接型锚栓）性能欠佳，破坏形态难于控制。最新发布的国家规范《建筑结构加固工程施工质量验收规范》GB 50550—2010在条文说明中指出：“在混凝土结构后锚固连接工程中，锚栓的可靠性至关重要，因此，应对其性能和质量进行严格的检查和复验；尤其是对国产锚栓更应从严要求。因为目前国内生产的锚栓，几乎都是假冒的后扩底锚栓和劣质化学锚栓，其质量十分令人担忧。”故深化设计时应慎用。

（4）确保与在荷载作用下的钢结构构件连接技术的安全

对于型钢为基材的结构构件，虽然可以采用焊接等方法连接，但在荷载作用下的钢结构构件，应尽量避免焊接。必须焊接时，也应尽量减少焊接工作量，以减少焊接高温对钢结构构件产生的影响。必须焊接时，在深化设计图纸中应对焊接部位提出注意事项：

1）根据原有结构钢材的可焊性，选用合理的焊接材料和工艺；

2）对受拉构件，严禁在垂直于拉力方向焊接，防止焊接使杆件延伸变形；

3）选择合理的施焊程序，以减少杆件受力的偏心和压杆的弯曲；

4）选择合适的焊接工艺，逐次分层施焊或跳焊，后道焊缝应待前道焊缝适度冷却后才可再进行施焊，不应连续焊接；

5）不应在网架结构的杆件上直接施焊。

（5）严禁擅自拆改水、暖、电、燃气、通信等配套设施

严禁未经设计确认和有关部门批准擅自拆改水、暖、电、燃气、通信等配套设施。水、暖、电、燃气、通信以及越来越多的智能建筑工程各专业系统，包括建筑设备自动化系统、信息网络系统、火灾报警及消防联动系统、安全防范系统等都有各自相对独立的系统，其中管线、设备繁多，非本专业人员不了解它们的相互关系。因此对涉及上述管线和设施变更的事项，必须经过相关专业施工、设计、监理和建设单位同意并出具变更设计文件后方可变更，而且应由原专业施工单位组织实施。

1.1.3 房屋建筑的适用性

房屋建筑的适用性，对装饰工程来说，应包括房屋使用者对房屋功能完善，环境舒适、安静，空气清新、卫生，设施和构造安全等要求。

(1) 室内空气质量

1) 民用建筑的分类

民用建筑工程根据控制室内环境污染的不同要求划分为两类：

Ⅰ类民用建筑工程：住宅、医院、老年建筑、幼儿园、学校教室的民用建筑工程；

Ⅱ类民用建筑工程：办公楼、商店、文化娱乐场所、书店、图书馆、展览馆、体育馆、公共交通等候室、餐厅、理发店等民用建筑工程。

民用建筑根据室内空气质量的不同要求划分规定，体现了公平、合理、以人为本的原则。

分类既考虑到建筑物的功能，又考虑到人们在室内停留时间的长短。例如住宅，是人们停留时间最长的地方。医院、老年建筑、幼儿园和学校教室是社会应该关心的老幼病弱和青少年群体使用或居留的地方，所以都列为Ⅰ类建筑物。此外其他民用建筑如办公楼、宾馆、商店等建筑物，人们一般在其中停留时间较短，受污染的程度相对较轻，所以都列为Ⅱ类。分类的原则与使用人的机构级别及宾馆的星级无关，都一律列为Ⅱ类。充分体现了公平、合理的划分原则。

2) 室内环境主要污染物的种类及其性质

近年来，国内外对室内环境污染进行了大量的研究，已经检测到的有毒有害物质数百种，常见的也有10种以上。《民用建筑工程室内环境污染控制规范》GB 50325规定对室内应控制限量的污染物种类有5种：甲醛、苯、氡、氨、总挥发性有机化合物（TVOC）。这5种是对室内环境影响最大的污染物。

① 甲醛

甲醛是一种无色、具有刺激性且易溶于水的气体。它有凝固蛋白质的作用。浓度35%～40%的甲醛水溶液俗称为福尔马林溶液。室内环境中的甲醛的来源可分为两大类：一类是来自室外空气的污染。工业废气、汽车尾气等均可排放或产生一定量的甲醛，但这一部分含量很少。这部分气体进入室内后，成为室内甲醛污染的一个来源。另一类是来自室内本身装饰装修的污染，人造木板（胶合板、细木工板、中密度纤维板）的粘合剂都含有甲醛。尤其是使用廉价的脲醛树脂胶粘剂的板材，因为脲醛树脂胶粘剂粘接强度较低，生产厂商常加入过量的甲醛来提高粘结强度，由此产生的人造木板中的甲醛释放量大大超标。此外用甲醛做防腐剂的涂料、化纤地毯、外购家具以及室内吸烟等也是室内甲醛释放量的来源。

甲醛的释放与室内湿度、温度及通风条件有关。新装修房屋一般甲醛含量较高，常有超标事例，随着使用时间的增长，甲醛的残留量逐渐减少。一般情况下，室内温度高、湿度大、通风条件好的房间，有利于甲醛的释放。装修完工后正常使用半年左右的住宅，甲醛释放量一般可达到现行居室空气中甲醛的卫生标准，但室内甲醛的释放量往往会持续若干年。

甲醛的危害：甲醛已被世界卫生组织确认为致癌和致畸形物质。

② 苯

苯是最简单的芳香族碳氢化合物，无色液体，有特殊气味，易燃烧。其蒸气有毒。工业上常把苯、甲苯、二甲苯统称为三苯，以苯的毒性最大。二甲苯包括3种异构体，其毒性略有差异，均属低毒类。

室内环境中苯的来源主要是燃烧烟草的烟雾、溶剂、油漆、染色剂、图文传真机、电脑终端机和打印机、粘合剂、壁纸、地毯、合成纤维和清洁剂等。《民用建筑工程室内环境污染控制规范》对室内装修所用的溶剂型涂料（包括醇酸类涂料、硝基类涂料、聚氨酯类涂料、酚醛防锈漆及其他溶剂型涂料），木器用溶剂型腻子，室内用溶剂型胶粘剂（包括氯丁橡胶胶粘剂、SBS胶粘剂、聚氨酯类胶粘剂、其他胶粘剂）中的苯、甲苯＋二甲苯＋乙苯的限量都作了明确的规定。

苯的危害：长期接触苯可引起骨髓与遗传损害，血象检查可发现白细胞、血小板减少，全血细胞减少与再生障碍性贫血，甚至发生白血病。甲苯、二甲苯毒性相对较轻，但对人体健康还是有一定的危害。

③ 氨

氨是无色气体，属于低毒类化合物。当环境空气中氨达到一定浓度时，才有强烈的刺激气味。室内空气中氨主要有两个方面的来源：一是来自建筑施工中混凝土的外加剂，含有大量氨类物质。这些物质在混凝土结构中随着湿度和温度等环境因素的变化，而还原成氨气从建筑物墙体等部位缓慢地释放出来。另一个来源来自室内装饰材料，如装修材料的阻燃剂、家具涂饰时使用的增白剂，都含有氨。氨进入人体后可以吸收人体组织内的水分，对人体健康有一定的影响。

④ 氡（简称Rn-222）

氡是稀有气体元素之一，有放射性，是镭、钍等放射性元素的蜕变产物。

室内空气中的污染物氡有两个方面的来源。一个是工程所在地的土壤，另一个是装饰材料中含有放射性核素无机非金属装修材料。

不同地方的地表土壤中氡浓度差异较大，原建设部曾组织全国土壤氡概况的调查，掌握了一些基础数据，但目前尚未进行全国普查。《民用建筑工程室内环境污染控制规范》GB 50325规定，当民用建筑工程场地土壤氡浓度大于或等于一定值时，应采取建筑物综合防氡措施。土壤中氡浓度较高的工程，可采取地下防水处理等措施，尤其对地下工程的变形缝、施工缝、预留孔洞等部位，应严格按照规范要求施工，以阻堵氡气析出的通道。当Ⅰ类民用建筑工程场地土壤浓度超过规范规定值时，该工程场地挖出的土壤不得作为工程回填土使用。

对于来自装饰材料中含有放射性的物质，应严格执行材料进场检验，发现不符合设计和规范要求的材料，严禁使用。对规范要求进行复验的材料如花岗岩石材、瓷质砖等，除检查材料的放射性指标的检测报告外，还应按照规范规定对不同产品、不同批次的材料进行放射性指标的抽样复验，复验合格后方可使用。

氡对人的危害主要是氡衰变过程中产生的放射性产物，被人体吸入后沉积于体内，对人体，尤其是上呼吸道、肺部产生很强的内照射，易诱发疾病。

⑤ TVOC（总挥发性有机化合物）

VOC是指在规范规定的检测条件下，所测得材料中挥发性有机化合物的总量；TVOC是指在规范规定的检测条件下，所测得空气中挥发性有机化合物的总量。

室内环境中挥发性有机化合物的主要来源有：室内溶剂型涂料、胶粘剂、地毯（包括地毯衬垫、地毯粘合剂）、清洗剂、水性处理剂（包括防火涂料、阻燃剂、防水剂、防腐剂）聚氯乙烯卷材地板、人造木板等，其中水性涂料水性处理剂挥发性有害物质含量较少，其 VOC 含量规范不要求复验。此外家用化妆品、洗涤剂和吸烟、烹饪过程中也会产生挥发性有机化合物。

3）常用装饰材料环保等级

① 无机非金属材料的环保等级分为 A、B、C 三类。

民用建筑工程所使用的无机非金属材料，包括石材、建筑卫生陶瓷、石膏板、吊顶材料、无机瓷质砖粘接材料等。

Ⅰ类民用建筑工程室内装修采用的无机非金属装修材料必须为 A 类。

Ⅱ类民用建筑工程宜采用 A 类无机非金属装修材料，当 A 类和 B 类无机非金属材料混合使用时。每种材料的使用量应按照规范规定的计算方法计算确定。

根据《建筑材料放射性核素限量》GB 6566—2010 的规定，A 类材料的产销与使用范围不受限制；B类材料不可用于Ⅰ类民用建筑的内饰面，但可用于Ⅱ类民用建筑、工业建筑的内饰面及其他一切建筑的外饰面；不满足 A、B 类装修材料要求但满足外照射指数不大于 2.8 要求的 C 类装修材料，只可用于建筑物的外饰面及室外其他用途。

② 有机材料环保等级分为 E_0、E_1、E_2 三级。

Ⅰ类民用建筑工程室内装修采用的人造木板及饰面人造板必须达到 E_1 级要求。

Ⅱ类民用建筑工程室内装修采用的人造木板及饰面人造板宜达到 E_1 级要求；当采用 E_2 级人造木板时，直接暴露于空气的部位应进行表面涂覆密封处理，以减缓甲醛释放。

当工程使用细木工板数量较大时，应按照国家标准《细木工板》GB/T 5849 的要求，使用 E_0 级细木工板。

③ 民用建筑工程不得使用国家禁止使用、限制使用的建筑材料，如聚乙烯醇水玻璃内墙涂料，聚乙烯醇缩甲醛内墙涂料以及树脂以硝化纤维素为主、溶剂以二甲苯为主的水包油型（O/W）多彩内墙涂料等。

4）室内装饰装修工程控制室内环境污染要点

参见本教材 2.4.1《民用建筑工程室内环境污染控制规范》GB 50325 规范解读。

5）室内环境质量的验收

参见“1.3 建筑装饰工程施工质量验收”。

（2）室内噪声的防治

1）民用建筑室内允许噪声的声级

① 噪声的概念

不同频率和不同程度的声音，无规律地组合在一起即成噪声，听起来有嘈杂感觉。从建筑声学角度考虑，凡是接收者（住户）不需要的，感到厌烦的或对其有干扰的、妨碍其休息、有害健康的声音，都属于噪声。即使是最美妙的乐曲，对于正需要睡眠的人来说，也视同噪声。

② 噪声的声级

衡量声音大小的量度的指标很多，常用的单位是声压级。人们称这个分级单位为“分贝”用符号 dB 表示。例如：刚刚能引起人耳听觉的声压被定为 0dB（闻阈）。当声压超过 120dB 时，将使人耳感到疼痛，这个数值叫做声音的可听高限（痛阈）。自己的呼吸声为

10dB，一般住宅白天的允许噪声级为45dB，普通载重汽车行驶的噪声在90dB左右。

③ 噪声的危害

噪声大于45dB时，会影响人的睡眠，大于55dB时，会引起人的烦躁，大于90dB时，能造成人们临时性听阈偏移，大于140dB时可能造成耳急性外伤。最新研究表明，噪声对人的视觉有损害，能引起心血管系统等多种疾病。在噪声刺激下，使人心情烦躁，精神容易疲乏，反应迟钝，注意力不集中，不仅会使劳动生产率和工作质量降低，还易发生工作差错和事故。

④《绿色建筑评价标准》GB/T 50378—2006要求：对建筑围护结构采取有效的隔声、减噪措施。卧室、起居室的允许噪声级在关窗状态下白天不大于45dB（A），夜间不大于35dB（A）。楼板的计权标准化撞击声声压级不大于70dB。户门的空气声计权隔声量不小于30dB（A）；外窗的空气声计权隔声量不小于25dB，沿街时不小于30dB。

2011年6月1日实施的《民用建筑隔声设计规范》GB 50118对各类民用建筑（住宅、学校、医院、旅馆、办公、商业建筑）的允许噪声级都有详细的规定，与《绿色建筑评价标准》规定的噪声级基本相当。我国现行国家标准《声环境质量标准》GB3096对各类声环境功能区域的环境噪声限值也与《绿色建筑评价标准》基本相当。

2）吸声材料与吸声结构

在噪声控制和音质设计中都要使用吸声措施。吸声依靠吸声材料和吸声结构。当声波射到材料表面后，一部分声波被反射，一部分被材料吸收，还有一部分透过材料传递到相邻空间。

① 内部有大量相互串通的微小孔隙，有优良的吸声性能的材料，叫做吸声材料。其吸声的机理是：声波进入材料内部，激起了材料孔隙中的空气振动，由于空气与孔壁产生的摩擦，使部分声能转变为热能而消耗，当声波从材料中返回时，声能就减少了，即材料把减少的声能吸收并消耗了，产生了吸声的效果。这种多孔吸声材料有三类：一是纤维状材料，如玻璃棉、岩棉等；二是颗粒状材料，如膨胀珍珠岩等；三是泡沫状材料，如泡沫玻璃、聚氨酯泡沫塑料等。人们对吸声材料也有一些认识误区，如：吸声材料表面一般比较粗糙，但不是表面粗糙的材料（如拉毛水泥抹面）就能吸声，因为它内部没有串通的孔隙，其吸声性能并不会改善；又如通常作保温的闭孔泡沫塑料，虽然其内部也有许多微小的孔隙，但孔隙间并不串通，其吸声性能也是较差的。因此在工程中必须正确选择使用吸声材料。

② 在各种薄板上穿孔（穿缝）并在板后设置一定深度的密闭空腔，就构成穿孔（穿缝）板共振吸声结构。这种吸声结构的吸声性能与面板的厚度、孔径大小、穿孔率以及板后是否加衬吸声材料有关。还有一种微穿孔板共振吸声结构，一般孔径在1mm以下，穿孔率为1%～5%的金属板（常用铝合金板）与背后空气层组成微孔板共振吸声结构。它的优点是结构简单，不需与吸声材料组合，易清洗，耐高温，适合于高速气流、高温潮湿环境（如室内游泳池）等场所。它还可以作成双层或多层组合结构，以适用于不同的吸声性能要求的工程。采用木质条缝穿孔吸声装饰板或微穿孔板时，都应根据工程对吸声性能的要求，合理选择其材料及构造规格。

③ 空气声与固体声的概念：声音是通过空气和通过建筑结构固体两个渠道传播的。凡是通过空气传播而来的噪声，称为空气声，如飞机声、喇叭声等。凡是通过建筑结构传

播的机械振动和物体撞击等引起的噪声，称为固体声，亦称撞击声。所谓撞击声就是指脚步声、设备对建筑结构的振动、物体落地对楼板的撞击等产生的固体撞击声。由于空气声在传播过程中扩散和通过隔墙和楼板的阻挡而大幅度衰减，因此空气声的干扰一般局限于噪声源附近，也比较容易采取隔声措施。例如临街的住房采用中空玻璃，对隔绝街道上的交通噪声的效果就十分显著。对于固体声，由于建筑结构对撞击声能传播衰减很小，而且传播速度很快，它往往会传播到离噪声源很远的房间。空气声和固体声的传播渠道不同，声能的特性也不同，因此隔绝空气声和固体声的方法也不同。

3）隔声材料与隔声措施

① 吸声与隔声是两个完全不同的概念，吸声是处理一个空间的声学问题，通过对房间顶棚、墙面和地面反射回来的反射声进行吸声处理，达到降低噪声的目的。隔声是处理两个空间的声学问题，是通过对建筑构件的隔声处理，降低室内空间的噪声，使其符合规范允许的噪声级。

② 隔声材料与吸声材料不同，吸声材料大多是轻质多孔材料。而轻质多孔材料的隔声效果很差，所以不能单独把吸声材料作为隔声材料应用。隔声材料正相反，它的表面密度越大，隔声性能一般也越高，但是二者不是正比例的关系。当隔声材料的容重增加到一定值后，隔声量不能继续增加，有时由于“吻合效应”的存在，隔声量不但不能继续提高，反而会降低。在理想状态下，根据“质量定律”计算，墙面隔声材料密度提高一倍，空气隔声量增加 6dB。

③ 为了提高墙体隔声量，采用双层墙是比较经济合理的措施。240mm 厚的砖墙平均隔声量为 50dB 左右，如果需要将它的隔声量提高到 60dB 左右，就需要将砖墙厚度增加到近 1000mm，显然是不经济和不可行的。这时采用双层墙就比较合理。双层墙是由两层墙板和中间的空气层所组成。空气层可视作与双层墙相连的“弹簧”。声波射到第一层墙时，使其发生振动，此振动通过空气层传至第二层墙，再由第二层墙向邻室辐射声能。由于空气层的弹性变形具有减振作用，传递给第二层墙体的振动大为减弱，从而提高总的隔声量。双层墙之间的空气层还可填充多孔吸声材料，如矿棉、玻璃棉等，以防止两层墙体之间因施工造成刚性连接的“声桥”，降低隔声量。一层重质墙和一层轻质墙也可以组成双层墙，空气层中填有弹性材料时，应将轻质墙这一面设在高噪声房间一边，可以降低主墙的声辐射，使墙的重量增加不多，而隔声量有明显的提高。采用石膏板、纤维板、胶合板、加气混凝土板和薄金属板等轻型墙体，可采用多层复合板隔声结构。这种隔声结构是减轻隔声构件重量和改善构件隔声性能的有效措施。

④ 围护结构中门窗的隔声是薄弱的部位。门窗不仅表面密度远低于砖墙，在施工和使用过程中还不可避免存在缝隙，因此在考虑围护结构隔声问题时，如何提高门窗的隔声量是关键。住宅在开窗的情况下，噪声由室外到室内有 10dB 左右的衰减量，在关窗的情况下，沿街的房间室内噪声也很难达到规范允许的噪声级。

提高门的隔声量的措施如：采用面密度大的材料；使用多层复合构造的门扇，必要时中间可衬垫岩棉毡等材料；缝隙可采用毛毡、橡胶等密封条进行密封；利用门厅、走廊、前室等设置双层门或“声闸”等。

提高窗的隔声量的措施如：选用合理、适用窗的形式；采用双层或多层玻璃；玻璃和窗框之间设置弹性密封材料；做好窗框与墙体之间、窗框与窗扇之间的密封等。

门窗的隔声措施宜与门窗节能工程综合考虑。

⑤ 楼板的隔声既有空气声问题，也有撞击声（固体声）问题，但主要是撞击声问题。我国20世纪80年代前建造的民用建筑工程，大量采用的预制预应力空心楼板，隔声性能很差。在旧房装饰改造工程中，应认真处理好楼板的隔声问题。

改善楼板隔撞击声性能的措施：设置有一定弹性的铺地材料如地毯、塑胶地板；在楼板结构层与面层之间设置弹性夹层；设置隔声吊顶等。

对固定在楼板上和墙上的能产生噪声的设备、管道，均应采取有效的减振、隔声措施。

（3）建筑构造的适用性和使用安全

1）楼梯使用舒适性与安全性

一般楼梯在建筑设计阶段都已设计完成，室内装修阶段常遇到增设螺旋楼梯、自动扶梯和普通楼梯移位改造等问题，应注意下列几点：

① 楼梯的位置：楼梯的位置不得随意变更。原建筑设计楼梯设置除考虑消防疏散要求外，还考虑了抗震的要求，而且楼梯位置变更还带来人流路线变更等一系列问题。装饰改造工程如必须改变楼梯位置，应经原设计单位同意后，方可实施。

② 楼梯踏步的高度和宽度：楼梯踏步的高度不宜大于220mm，并不宜小于140mm，各级踏步高度均应相同。楼梯踏步的宽度应采用220、240、260、280、300、320mm，必要时可采用250mm。

③ 楼梯的坡度：楼梯梯段的最大坡度不宜超过38°，即踏步高/踏步宽≤0.7813，供少量人流通行的内部交通楼梯可适当放宽（按照《建筑楼梯模数协调标准》GB 50101附录三表放宽）。

④ 螺旋形和弧形楼梯：有的螺旋形好弧形楼梯的半径太小，使踏步宽度不足，容易使人摔跤。对于无中柱的螺旋楼梯，离内侧扶手中心0.25m处的踏步宽度不应小于0.22m。

⑤ 自动扶梯扶手带中心线与平行墙面或楼板开口边缘间的距离、相邻平行交叉设置时，两梯（道）之间扶手带中心线的水平距离不宜小于0.50m。因为在上下自动扶梯时，人体的某些部位（头、手等）携带的物品和手抱的儿童，往往超出扶手带的外缘，如没有足够的空间，容易发生碰撞或挤轧伤人情况。自动扶梯的梯级上空，垂直净高不应小于2.30m。

⑥ 楼梯平台上部以及下部过道处的净高不应小于2m；梯段净高不宜小于2.20m。楼梯梯段最低、最高踏步的前缘线与顶部凸出物内边缘线的水平距离不应小于300mm。装饰工程施工时，不能因增加饰面层的厚度而使净高达不到上述要求。

⑦ 楼梯中间平台的深度，不应小于楼梯梯段的宽度，对不改变的行进方向的平台，其深度可不受此限。

⑧ 托儿所、幼儿园、中小学及少年儿童专用场所的楼梯，梯井净宽大于0.20m时，必须采取防止儿童攀滑的措施。

2）门窗的安全性

① 窗外无走廊、阳台等临空的窗台不应低于0.80m（住0.90m），低于上述数值时应设防护设施。低窗台高度低于0.5m时护栏或固定扇的高度均自窗台面起算；低窗台高度

高于0.5m时，护栏或固定扇的高度可自楼地面起算。

② 高层建筑不应采用外开窗，必须采用时，应有可靠的防坠落装置。

③ 7层及7层以上的外开窗、面积大于1.5m^{2}的窗玻璃、倾斜装配窗、天窗、全玻璃门以及玻璃底边离最终装饰面低于0.5m的落地窗均必须采用安全玻璃。

④ 双面弹簧门应在可视高度部位安装透明安全玻璃，以防止与对面来人互相碰撞。全玻璃门应采用安全玻璃或采取防护措施，并应设防撞提示标志。旋转门、电动门、卷帘门等的邻近应另设平开疏散门，供机械传动装置失灵或停电时使用。

⑤ 开向疏散走道及楼梯间的门扇开足时，不应影响走道的疏散宽度；开向公共走道的窗扇底面的高度不应低于2.0m，以防碰撞。

⑥ 推拉门、窗应设置防脱轨、防坠落装置。应有防止在室外拆卸推拉门、窗的装置。

⑦ 有防盗要求的外门窗，应采用夹层玻璃和可靠的门窗锁具。

3）栏杆构造的安全性

栏杆除了作为建筑功能分区的隔断外，主要用于临边空间的防护，如阳台、楼梯、中庭（内天井）、外廊和屋顶等临边部位都设置栏杆，以保护人身安全，因此，它的构造安全至关重要。

① 栏杆的高度

栏杆的高度不足，人体倚靠时重心外倾，易发生坠落事故。此类事故屡有发生。室内楼梯栏杆的高度不宜小于0.90m。靠楼梯井一侧的水平扶手长度超过0.50m时，其高度不应小于1.05m。阳台、外廊、室内回廊、内天井上人屋面及室外楼梯等临空处的防护栏杆，当临空高度在24m以上时，其高度不应低于1.05m；临空高度在24m及以上时，其高度不应低于1.10m。

栏杆高度应从楼地面或屋面至栏杆扶手顶面垂直高度计算，如底部有宽度大于或等于0.22m，且高度低于0.45m的可踏部位，应从可踏部位顶面起计算。

② 栏杆底部构造节点

临空栏杆离楼地面或屋面0.10m高度内不宜留空，以防物体下落伤人。影剧院楼座前排和楼层包厢的栏杆，实心部分不得低于0.40m。栏杆底部与基体必须锚固坚实。如果底部锚固不牢或锚固深度不足，上部悬臂部分就会摇晃。栏杆的横向杆件（如扶手）应尽可能与墙、柱连接锚固。此外还应验算栏杆承受水平推力的能力，必须达到荷载规范的要求。

③ 栏杆的间距和形式

首先应保证满足安全要求。住宅、托儿所、幼儿园、中小学及少年儿童专用场所的栏杆必须采用防止少年儿童攀登的构造，横向花饰和以横向栏杆为主的栏杆，容易引来儿童攀登，存在安全隐患。当采用垂直杆件做栏杆时，其杆件的净距不应大于0.11m（商场、文体活动、园林景观建筑等允许儿童进入的场所栏杆同）。

④ 玻璃栏板

近年玻璃栏板广泛应用，出现了一些安全问题。最新修订的《建筑玻璃应用技术规程》JGJ 113—2009，对玻璃栏板的应用作了较大的修改，装饰工程施工时应引起重视。

室内栏板的玻璃应在该规程规定的“安全玻璃最大许用面积”范围内采用，不得超标。不承受水平荷载的栏板玻璃，其公称厚度不小于 5mm 的钢化玻璃或公称厚度不小于 6.38mm 的夹层玻璃；承受水平荷载的栏板玻璃，其公称厚度不小于 12mm 的钢化玻璃或公称厚度不小于 16.76mm 的钢化夹层玻璃。当栏板玻璃最低点离一侧楼地面高度在 3m 或 3m 以上、5m 或 5m 以下时，应使用公称厚度不小于 16.76mm 钢化夹层玻璃，当栏板玻璃最低点离一侧楼地面高度大于 5m 时，不得使用承受水平荷载的栏板玻璃。此处所指的水平荷载，是人体的背靠、俯靠和手的推拉。此前许多公共建筑中庭各层回廊常采用玻璃栏板装饰，该规程实施后，三层以上的楼面的回廊如没有防止栏板承受水平荷载的措施，就不得采用玻璃栏板装饰。

室外栏板玻璃除应符合室内栏板规定外，还应进行玻璃抗风压设计。对抗震设防地区尚应考虑地震作用的组合效应。

通常玻璃栏板有两种支承方式：一种是上下两端支承，上端与扶手嵌固连接，稳定性较好；另一种是下端支承，属于悬臂构造，如下端埋设深度不足，就不够稳定，所以应对其锚固强度进行校核。

4）室内楼地面和台阶

① 室内楼地面有高差需要设台阶时，应设在光线明亮之处。台阶踏步不应少于 2 级（中小学校建筑要求不少于 3 级）。踏步宽度不宜少于 0.30m，并不宜采用扇形踏步。踏步高度不宜大于 0.15m，并不宜小于 0.10m。高差不到 2 级踏步的楼地面在新建和既有建筑中都较常见，装饰工程不应设置 1 级踏步，应设置坡度不大于 1∶8 的坡道。因为如果只设 1 级踏步，容易使人产生错觉，遇到紧急情况时，易发生事故。

② 人员密集的公共场所、观众厅的入场门、疏散门不应设置门槛。紧靠门口 1.40m 内不应设置踏步，防止发生紧急情况时，人流拥挤，门槛和踏步容易使人绊倒摔跤，造成疏散通道堵塞，酿成事故。

5）防滑措施

装修设计普遍采用光洁度高的饰面材料，容易打滑，设计时需要注意采取防滑措施，如：楼梯踏步和大于 1∶10 的坡道镶嵌防滑条；经常沾水的卫浴地面，采用表面光洁但防滑性能好的防滑地砖；镜面花岗石地面镶嵌粗面板材等。

① 花岗石地面的防滑要求

地面石材的防滑性能是通过防滑系数衡量的。防滑系数是指物体克服最大静摩擦力刚好产生滑动的切向力与垂直力的比值。防滑性能划分为三个等级：不安全、安全、非常安全。地面石材防滑性能一般要求，水平地面不低于 0.50，斜坡地面不低于 0.80。

镜面石材在干燥的条件下一般可达到水平地面的安全防滑系数，但在湿态条件下会低于安全防滑系数，所以在湿态的环境下不宜使用镜面石材。

镜面石材在干态和湿态下均达不到“非常安全”的防滑性能指标，因此斜坡地面不能直接使用镜面板材，应采用防滑处理后方能使用。

镜面石材防滑处理最好是直接加工成镜面和粗面相间的板材，可以通过火烧、凿毛、剁斧、喷砂等不同工艺处理，使同一板材上做出不同的装饰效果，在镜面板材上打磨出粗面或亚光面的条形或带形的毛面。

亚光面、细面板石材在经过长期的踩踏磨损后，防滑性能下降。经检测确认其防滑性能达不到要求时，应采取重新打磨处理。

② 陶瓷地砖的防滑

陶瓷地砖的防滑要求与镜面铺地石材的防滑要求基本相同。地砖的防滑性能也可采用石材的三个等级。在国家标准《陶瓷砖》GB/T 4100—2006 中，地面砖都有一项重要的性能指标——摩擦系数。该标准规定“制造商应报告陶瓷地砖的摩擦系数和试验方法。”又在“产品特性”中规定，用于地面的陶瓷砖应报告“按本标准附录 M 规定所测得的摩擦系数。" 可见这一指标的重要性。而这一重要指标往往没有引起施工人员重视。有的产品明确标示为“防滑地砖”，判断其是否防滑地砖，应查验该产品的摩擦系数，如有疑义，可抽样复验。

③ 幼儿建筑和老年建筑的防滑要求

对于幼儿建筑、老年建筑和公共建筑中残疾人专用部位，尤其应注意防滑。除了采用柔性、防滑的地面材料（如木地板、塑胶地板、地毯等）外，还可在必要的部位安装拉手等设施。老年建筑中的楼梯踏步前沿，宜设置异色防滑条，既能防滑，又使老年人能准确分辨踏步的边缘，不至踏空。

6）防止外墙饰面砖脱落

① 建筑物外墙饰面砖因粘接强度不足造成脱落伤人毁物的事故时有发生。为了防止此类事故发生，《建筑装饰装修工程质量验收规范》GB 50210 将“饰面砖样板件的粘结强度”列入有关安全和功能的检测项目。

② 监理单位应从粘贴外墙饰面砖的操作人员中随机抽选一人，在每种类型的基层上各粘贴至少 $1m^2$ 饰面砖样板件，每种类型的样板件应各制取一组 3 个饰面砖强度试样。施工前施工单位应对饰面砖样板件粘接强度进行检验。然后按照强度合格的饰面砖样板件的粘结料配合比和施工工艺进行施工，并严格控制施工过程。

③ 现场粘贴的外墙饰面砖工程完工后，应按每 $1000m^2$ 同类墙体饰面砖为一个检验批，每批随机抽取一组 3 个试样，对其粘接强度进行检验。检验结果应符合标准要求。

④ 加气混凝土、轻质砌块、轻质墙板等强度较低的基体，如果要粘贴外墙饰面砖，必须对基体进行可靠的加强处理。

⑤ 外墙外保温系统一般不应粘贴外墙饰面砖。根据公安部、住房和城乡建设部联合发布的《民用建筑外保温系统及外墙装饰防火暂行规定》（公通字［2009］46 号），当建筑外墙采用可燃保温材料时，不宜采用着火后易脱落的瓷砖等材料。

7）安全玻璃的应用

① 安全玻璃的概念

玻璃是易碎品，属脆性材料。当它受到外力作用时，在表面形成一拉力层，使抗拉强度较低的玻璃发生碎裂破坏，且破坏后的碎片极易伤人，在使用中存在一定的危险性。安全玻璃是对普通玻璃进行二次加工而成的玻璃。它具有力学强度高、抗冲击能力等特性，其受撞击时，不管其是否受到破坏，与普通玻璃比较，能减少对人体伤害的可能性。它减少了普通玻璃使用中的危险性，较大地提高玻璃使用中的安全性。但是，安全玻璃的所谓“安全”，是一个相对的概念，只表示它的安全性比普通玻璃高，而不能把它看做是万无一失的安全玻璃，更不能因此放松了对其采取必要的防范措施。

② 建筑用安全玻璃的种类

现行《建筑用安全玻璃》国家标准有四种：防火玻璃、钢化玻璃、夹层玻璃以及均质钢化玻璃。

防火玻璃：幕墙工程防火玻璃专用于需要防火又要求透明的部位，有复合防火玻璃（FFB）和单片防火玻璃（DFB）两类，其防火性能和安全性较好。

钢化玻璃：钢化玻璃是平板玻璃的二次加工产品，一般采用物理钢化法。即将平板玻璃在加热炉中加热到接近软化点温度（650℃左右），然后用多头喷嘴向玻璃两面喷吹冷空气，使其迅速均匀地冷却，从而形成了高强度的钢化玻璃。它具有比相同厚度的平板玻璃高 3～5 倍的弯曲和冲击强度，弹性好，热稳定性好，破碎时产生小的碎块，呈钝角状，无尖角，不易伤人，但安装和使用过程中，存在难以防范的自爆破碎可能性。

夹层玻璃：夹层玻璃是两片或多片玻璃原片之间，用有弹性的有机胶粘剂粘合而成的一种安全玻璃。通常用 PVB（聚乙烯醇缩丁醛）树脂胶片，经过加热、加压粘合而成。根据幕墙、栏杆、采光顶和雨篷等不同的使用部位，可以选用普通夹层玻璃或钢化夹层玻璃。夹层玻璃的抗冲击性能要比一般平板玻璃高好几倍，在受到冲击时产生辐射状或同心圆形裂纹而不易穿透，碎片不易脱落，不易伤人，安全性好，耐热性、耐湿性好、透光度高。

均质钢化玻璃：为了减小钢化玻璃的自爆率，2009 年发布了国家标准《建筑用安全玻璃第 4 部分：均质钢化玻璃》GB 15763.4—2009，经均质处理的钢化玻璃的自爆率有较大的降低，但成本有一定的提高。

③ 安全玻璃的应用范围

《建筑安全玻璃管理规定》（2004 年 1 月 1 日起施行）规定，下列与建筑幕墙、门窗有关的部位必须使用安全玻璃：

7 层及 7 层以上建筑物外开窗；

面积大于 1.5m^2 的窗玻璃或玻璃底边离最终装修面小于 500mm 的落地窗；

幕墙（全玻幕墙除外）；

倾斜装配窗、各类天棚（含天窗、采光顶）、吊顶；

观光电梯及其外围护；

室内隔断、浴室围护和屏风；

楼梯、阳台、平台走廊的栏板和中庭内栏板；

用于承受行人行走的地面板；

水族馆和游泳池的观察窗、观察孔；

公共建筑物的出入口、门厅等部位；

易遭受撞击、冲击而造成人体伤害的其他部位。

④ 保护玻璃的措施

玻璃受到人体冲击时，玻璃破碎，固然会伤人；而如果玻璃强度较高，玻璃不破，人就像撞在混凝土墙上，同样会受到伤害。最根本的预防人体冲击玻璃的措施是让人感觉到玻璃的存在，因此需要对有透明玻璃装饰的部位采取保护措施。

在玻璃上距楼地面 1.50～1.70m 处设置醒目标志，以表明此处不是空透的，也可在玻璃两侧摆放盆花等装饰品，以免人们误撞玻璃。

在玻璃单侧或双侧设置竖直或水平保护设施，不让人们靠近玻璃，以确保安全。竖直保护设施应对准玻璃中心；水平保护设施应位于地板上 0.80～1.10m 区域内，保护设施的正面宽度不得小于75mm，并能承受一定的集中力。

当外墙为玻璃幕墙或落地玻璃窗时，如楼地面外缘无实体窗下墙，应在室内设置防撞栏杆或防撞设施。

⑤ 钢化玻璃自爆的安全隐患

产生自爆现象原因错综复杂，但不能完全排除材料本身质量和施工质量的原因。由于玻璃自爆对安全有影响，用于屋面（采光顶）的玻璃，规范要求应进行均质处理。现在已经发布了《建筑用安全玻璃第4部分：均质钢化玻璃》GB 15763.4—2009，可按照该标准要求进行处理。进行均质处理的钢化玻璃或采用超白玻璃作原片加工的钢化玻璃，它们的自爆率大大降低，但成本有所增加。对于高层和超高层建筑使用的钢化玻璃，一旦发生玻璃自爆，尽管玻璃碎粒小且呈钝角状，但从高空坠落由于重力加速度的作用，仍然有可能对人体产生重大伤害，后果严重。同时拆换玻璃不仅影响正常生产和工作，还需支付高额费用。建设单位和设计单位应权衡利弊，统筹考虑在高层和超高层建筑中采用均质钢化玻璃或以超白玻璃为原片加工的钢化玻璃。

⑥ 中空玻璃的合片密封胶的安全隐患

中空玻璃是将两片或多片玻璃以有效支撑均匀隔开并周边粘接密封，使玻璃层间形成有干燥气体空间的玻璃制品。它的第一道密封胶应采用丁基热熔密封胶，第二道密封胶（即外层密封胶）通常采用聚硫密封胶或硅酮结构密封胶。一般有框门窗和明框玻璃幕墙可采用聚硫密封胶；而隐框和半隐框及点支承玻璃幕墙则应采用硅酮结构密封胶。由于施工单位和玻璃供应商对中空玻璃的第二道密封胶的作用了解不够，前些时期，因二道密封胶使用错误产生玻璃坠落事故常有发现，后果十分严重。因为普通门窗和明框玻璃幕墙的中空玻璃镶嵌在型材的槽中，其合片密封胶不需要承受玻璃自重，也照不到阳光，不受紫外线的影响，所以可以使用聚硫密封胶。而隐框和半隐框玻璃幕墙用的中空玻璃，其合片的密封胶必须承受玻璃的自重，而且长期受紫外线照射，所以应采用硅酮结构密封胶，才能保证使用安全。在实际工程中，最容易疏忽的有两点：一是明框玻璃幕墙中的开启窗，一般都是隐框构造，其中空玻璃往往按明框玻璃幕墙采用聚硫密封胶；二是隐框玻璃幕墙中空玻璃虽然采用了硅酮结构密封胶，其胶缝尺寸却按照普通中空玻璃标准加工，没有按照设计计算的尺寸加工，也留下了严重的隐患。

⑦ 夹层玻璃加工的安全隐患

规范要求：玻璃幕墙采用的夹层玻璃应采用干法加工合成，其夹层宜采用聚乙烯醇缩丁醛（PVB）胶片。在实际应用中，有些劣质夹层玻璃，虽是干法加工，但胶片与两层玻璃之间的粘结很差。胶片与玻璃的粘结力很大程度上取决于胶片含水率的控制。水分过少，胶片发脆，夹层玻璃的强度下降；水分过多，胶片与玻璃间的粘结力降低。规范要求夹层玻璃不允许存在脱胶缺陷。有的工程玻璃还未安装就发现两层玻璃之间已经大面积脱胶。近年曾发生多次采光顶玻璃坠落事故，其性质极其严重。

⑧ 采用安全玻璃应注意的问题

半钢化玻璃不属于安全玻璃，单片的半钢化玻璃不能用于玻璃幕墙。它的自爆概率较低，有专家推荐采用半钢化玻璃用于玻璃幕墙。玻璃的钢化程度越高，强度越高，碎片愈小且呈钝角状，自爆的概率也越高；半钢化玻璃钢化程度相对较低，强度一般只有钢化玻璃的2/3，碎片与普通平板玻璃类似，大且有锐角，但不会自爆。如果半钢化玻璃用于幕墙工程，一旦破碎坠落，其碎片大而尖锐，对人体伤害更大，所以不应在幕墙工程中作为安全玻璃使用（半钢化玻璃加工成夹层玻璃可作为安全玻璃使用）。

由一片钢化玻璃与一片平板玻璃合成的中空玻璃，不属于安全玻璃，不应在幕墙工程中作为安全玻璃使用。

由大小两片合成的中空玻璃（俗称大小片），通常内片玻璃不直接与幕墙铝合金框架连接，万一外片玻璃破碎脱落，内片玻璃无处依靠，也会随着脱落，是很危险的。

用于点支承玻璃幕墙、雨篷、采光顶的单片、夹层或夹层中空玻璃，都应采用钢化玻璃，否则玻璃打孔部位会因应力集中导致玻璃破裂。在点支承玻璃幕墙应用初期，这类玻璃破碎的实例较多。

近年建筑设计为了追求通透的建筑外观效果，玻璃幕墙的分格尺寸有越来越大的趋势。《全国民用建筑工程设计技术措施》曾要求玻璃幕墙竖向分格（立柱间距）一般不大于1.5m。现在许多建筑物的玻璃幕墙竖向分格已达到2～3m。为了确保安全，《建筑玻璃应用技术规程》JGJ 113—2009 按照不同的玻璃厚度和种类规定了“安全玻璃最大许用面积”，应严格控制不能超出。

1.2 建筑装饰装修工程施工技术及案例

1.2.1 抹灰工程施工技术及案例

（1）主要材料及技术要求

1）水泥：抹灰用的水泥其强度等级应不小于32.5级，白水泥和彩色水泥主要用于装饰抹灰；不同品种、不同强度等级的水泥不得混用。

2）砂子：砂子宜选用中砂，砂子使用前应过筛（不大于5mm的筛孔），不得含有杂质；细砂也可以使用，但特细砂不宜使用。

3）石灰膏：抹灰用的石灰膏的熟化期不应少于15d，石灰膏应细腻洁白，不得含有未熟化颗粒，已冻结风化的石膏不得使用。

4）磨细石灰粉：其细度过0.125mm的方孔筛，累计筛余量不大于13%，使用前用水浸泡使其充分熟化，磨细石灰粉的熟化期不应少于3d。

5）砂浆的配合比：砂浆的配合比应符合设计要求，施工配合比要根据砂子现场含水率对试验室配合比进行调整。

（2）施工技术

1）分类

① 按施工工艺不同，抹灰工程分为一般抹灰和装饰抹灰：

一般抹灰是指在建筑墙面（包括混凝土、砖砌体、加气混凝土砌块等墙体立面）涂抹石灰砂浆、水泥砂浆、水泥混合砂浆、聚合物水泥砂浆和麻刀石灰、纸筋石灰、石膏灰等。

装饰抹灰是指在建筑墙面涂抹水刷石、斩假石、干粘石、假面砖等。

② 一般抹灰工程的分类：

按砂浆的组成材料不同，分为石灰砂浆、水泥砂浆、水泥混合砂浆、聚合物水泥砂浆和麻刀石灰、纸筋石灰、石膏灰等。

③ 按施工方法不同分为普通抹灰和高级抹灰两个等级。

2）施工条件

① 主体工程经有关部门验收合格后，方可进行抹灰工作。

② 检查门窗框及需要埋设的配电管、接线盒、管道套管是否固定牢固；连接缝隙用1 ∶ 3水泥砂浆分层嵌塞密实，并事先将门窗框包好。

③ 将混凝土构件、门窗过梁、梁垫、圈梁、组合柱等表面凸出部分剔平，对有蜂窝、麻面、露筋、疏松部分的混凝土表面剔到坚实部位，并刷素水泥浆一道，然后用1 ∶ 2.5水泥砂浆分层补平压实，把外露的钢筋头和铁丝剔除，脚手眼、窗台砖、内隔墙与楼板、梁底等处应封堵严实和补砌整齐。

④ 窗帘钩、通风篦子、吊柜、吊扇等预埋件或螺栓的位置和标高应准确设置，并做好防腐、防锈处理。

⑤ 混凝土、砖结构表面的砂尘、污垢和油渍等要清除干净。对混凝土结构表面、砖墙表面应在抹灰前2d浇水湿透（每天两遍以上）。

⑥ 先搭好抹灰用脚手架，脚手架离墙200～300mm，以便于操作。

⑦ 屋面防水工作未完前进行抹灰，应采取防雨水措施。

⑧ 室内抹灰的环境温度，一般不低于5℃。

⑨ 抹灰前熟悉图纸，制定抹灰方案，做好抹灰的样板，经检查合格后，方可大面积施工。

3）施工工艺

① 施工流程

基层处理→浇水湿润→抹灰饼→墙面充筋→分层抹灰→设置分格缝→保护成品。

② 基层处理

基层清理：砖砌体应清除表面杂物、尘土，抹灰前应洒水湿润；混凝土表面应凿毛或在表面洒水润湿后涂刷1 ∶ 1水泥砂浆（加适量胶粘剂）；加气混凝土应在湿润后，边刷界面剂边抹强度不小于M5的水泥混合砂浆。表面凹凸明显的部位应事先剔平或用1 ∶ 3水泥砂浆补平。

加强措施：当抹灰总厚度≥35mm时，应采取加强措施。不同材料基体交接处表面的抹灰，应采取防止开裂的加强措施。当采用加强网时，加强网与各基体的搭接宽度不应小于100mm。加强网应绷紧、钉牢。

细部处理：外墙抹灰工程施工前应先安装钢木门窗框、护栏等，并应将墙上的施工孔洞堵塞密实。室内墙面、柱面和门洞口的阳角做法应符合设计要求，无设计要求时，应采用1 ∶ 2水泥砂浆做暗护角，其高度不应低于2mm，每侧宽度不应小于50mm。

③ 浇水湿润

一般在抹灰前1d，用水管顺墙自上而下浇水湿润。浇水要分次进行，最终以墙体既湿润又不泌水为宜。

④ 吊垂直、套方、找规矩、做灰饼

根据设计图纸要求的抹灰质量和基层表面平整垂直情况，用一面墙做基准，吊垂直、套方、找规矩、抹灰饼确定抹灰厚度。操作时应先抹上灰饼，再抹下灰饼。抹灰饼时应根据室内抹灰要求，确定灰饼的正确位置，再用靠尺板找好垂直与平整。灰饼宜用1 ∶ 3水泥砂浆抹成 50mm 见方形状。房间面积较大时应先在地上弹出十字中心线，再按基层面平整度弹出墙角线，随后在距墙阴角 100mm 处吊垂线并弹出铅垂线，再按地上弹出的墙角线往墙上翻引弹出阴角两墙上的墙面抹灰层厚度控制线，以此做灰饼，然后根据灰饼充筋。

⑤ 墙面充筋

当灰饼砂浆基本干燥时，即可用与抹灰层相同砂浆充筋，充筋根数应根据房间的宽度和高度确定，一般标筋宽度为 50mm。两筋间距不大于 1.5m。当墙面高度小于 3.5m 时宜做立筋。大于 3.5m 时宜做横筋，做横向冲筋时做灰饼的间距不宜大于 2m。

⑥ 分层抹灰

大面积抹灰前应设置标筋。抹灰工程应分层进行，抹灰构造分为底层、中层及面层，具体技术要求见表 1-1。

一般抹灰砂浆稠度控制表 **表 1-1**

序号	层次	稠度（cm）	主要作用
1	底层	10～12	与基层粘结，辅助作用是初步找平
2	中层	7～8	找平
3	面层	10	装饰

用水泥砂浆和水泥混合砂浆抹灰时，应待前一抹灰层凝结后方可抹后一层；底层的抹灰强度不得低于面层的抹灰强度；水泥砂浆拌好后，应在初凝前用完，凡结硬砂浆不得继续使用。

抹灰层的平均总厚度应符合设计要求。通常抹灰各构造层厚度宜为 5～7mm，抹石灰砂浆和水泥混合砂浆时厚度宜为 7～9mm。当设计无要求时，抹灰层的平均总厚度不应大于表 1-2 的要求。

抹灰层的平均总厚度控制表 **表 1-2**

<table>
<tr><th>序号</th><th colspan="2">工程对象</th><th>抹灰层平均总厚度（mm）</th></tr>
<tr><td rowspan="2">1</td><td rowspan="2">内墙</td><td>普通</td><td>20</td></tr>
<tr><td>高级</td><td>25</td></tr>
<tr><td>2</td><td colspan="2">外墙</td><td>20（勒脚及突出墙面部分 25）</td></tr>
<tr><td>3</td><td colspan="2">石墙</td><td>35</td></tr>
</table>

⑦ 设置分格缝

抹灰分格缝的设置应符合设计要求，宽度和深度应均匀，表面应光滑，棱角应整齐。

⑧ 保护成品

各种砂浆抹灰层，在凝结前应防止快干、水冲、撞击、振动和受冻，在凝结后应采取措施防止沾污和损坏。水泥砂浆抹灰层应在湿润条件下养护，一般应在抹灰 24h 后进行养护。

4）质量标准及检验方法

① 一般抹灰工程的表面质量应符合下列规定：

普通抹灰表面应光滑、洁净、接槎平整，分格缝应清晰。

高级抹灰表面应光滑、洁净、颜色均匀、无抹纹，分格缝和灰线应清晰美观。

检验方法：观察；手摸检查。

② 护角、孔洞、槽、盒周围的抹灰表面应整齐、光滑；管道后面的抹灰表面应平整。

检验方法：观察。

③ 抹灰层的总厚度应符合设计要求；水泥砂浆不得抹在石灰砂浆层上；罩面石膏灰不得抹在水泥砂浆层上。

检验方法：检查施工记录。

④ 抹灰分格缝的设置应符合设计要求，宽度和深度应均匀，表面应光滑，棱角应整齐。

检验方法：观察；尺量检查。

⑤ 有排水要求的部位应做滴水线（槽）。滴水线（槽）应整齐顺直，滴水线应内高外低，滴水槽的宽度和深度均不应小于 10mm。

检验方法：观察；尺量检查。

⑥ 一般抹灰工程质量的允许偏差和检验方法应符合规范要求。

5）常见质量通病及防治措施

① 抹灰层空鼓

现象：抹灰层空鼓表现为面层与基层，或基层与底层不同程度的空鼓。

防治措施：抹灰前必须将脚手眼、支模孔洞填堵密实，对混凝土表面凸出较大的部分要凿平。必须将底层、基层表面清理干净，并于施工前一天将准备抹灰的面浇水润湿。对表面较光滑的混凝土表面，抹底灰前应先凿毛，或用掺 108 胶水泥浆，或用界面处理剂处理。抹灰层之间的材料强度要接近。

② 抹灰层裂缝

现象：抹灰层裂缝是指非结构性面层的各种裂缝，墙、柱表面的不规则裂缝、龟裂，窗套侧面的裂缝等。

防治措施：抹灰用的材料必须符合质量要求，例如水泥的强度与安定性应符合标准；砂不能过细，宜采用中砂，含泥量不大于 3%；石灰要熟透，过滤要认真。基层要分层抹灰，一次抹灰不能厚；各层抹灰间隔时间要视材料与气温不同而合理选定。为防止窗台中间或窗角裂缝，一般可在底层窗台设一道钢筋混凝土梁，或设 3ϕ6 的钢筋砖反梁，伸出窗洞各 330mm。夏季要避免在日光暴晒下进行抹灰，对重要部位与暴晒的部分应在抹灰后的第二天洒水养护 7d。对基层由两种以上材料组合拼接的部位，在抹灰前应视材料情况，采用粘贴胶带纸、无纺布，或钉钢丝网或留缝嵌条子等方法处理。对抹灰面积较大的墙、柱、槽口等，要设置分格缝，以防抹灰面积过大而引起收缩裂缝。

③ 抹灰层不平整

现象：抹灰层表面接槎明显，或大面呈波浪形，或明显凹凸不平整。

防治措施：对凹凸不平基层按“去高、填低、取中间”的原则进行处理，严格控制基层的平整度，一般可选用大于 2m 的刮尺，操作时使刮尺作上下、左右方向转动，使抹灰面（层）平整度的允许偏差为最小。纸筋灰墙面，应尽量采用熟化（熟透）的纸筋；抹灰前，须将纸筋灰放入砂浆拌和机中反复搅拌，力求打烂、打细。可先刮一层毛纸筋灰，厚为15mm左右，用铁板抹平，吸水后刮衬光纸筋灰，厚为5～10mm，用铁板反复抹平、压光。

④ 阴阳角不方正

现象：外墙大角，内墙阴角，特别是平顶与墙面的阴角四周不平顺、不方正。

防治措施：抹灰前应在阴阳角处（上部）吊线，以1.5m左右相间做灰饼找方，作为粉阴阳角的“基准点”；附角护角线必须粉成“燕尾形”，其厚度按粉刷要求定，宽度为50～70mm，且小于60°。阴阳角抹灰过程中，必须以基准点或护角线为标准，并用阴阳角器作辅助操作；阳角抹灰时，两边墙的抹灰材料应与护角线紧密吻合，但不得将角线覆盖。水泥砂浆粉门窗套，有的可不粉护角线，直接在两边靠直尺找方，但要在砂浆初凝前运用转角抹面的手法，并用阳角器抽光，以预防阳角线不吻合。平顶粉刷前，应根据弹在墙上的基准线，往上引出平顶四个角的水平基准点，然后拉通线，弹出平顶水平线；以此为标准，对凸出部分应凿掉，对凹进部分应用1∶3水泥砂浆（内掺108胶）先刮平，使平顶大面大致平整，阴角通顺。

（3）案例

【背景】

某办公楼进行装修改造，该办公楼（长×宽＝30m×12m）共3层，层高3.6m。施工内容包括：原有外立面瓷砖剔除，重新进行水泥砂浆抹灰和涂料涂饰；拆除原有铝合金门窗更换塑钢窗；室内墙面重新粉刷；地面瓷砖修补翻新。

【问题】

1）根据《建筑装饰装修工程质量验收规范》GB 50210的规定，抹灰工程的检验批应如何划分？抽检数量是如何规定的？该外墙抹灰工程可分为几个检验批？

2）抹灰工程施工是否有强制性条文？如有请指出。

3）抹灰工程应对哪些隐蔽工程项目进行验收？

4）抹灰工程验收时应检查哪些质量控制资料？

【分析】

1）抹灰工程的检验批应按下列规定划分：

① 相同材料、工艺和施工条件的室外抹灰工程每500～1000m² 应划分为一个检验批，不足500m² 也应划分为一个检验批。

② 相同材料、工艺和施工条件的室内抹灰工程每50个自然间（大面积房间和走廊按抹灰面积30m² 为一间）应划分为一个检验批，不足50间也应划分为一个检验批。

③ 检查数量应符合下列规定：

室内每个检验批应至少抽查10％，并不得少于3间；不足3间时应全数检查。

室外每个检验批每100m² 应至少抽查一处，每处不得小于10m²。

④ 该工程外墙抹灰面积：30×12×3.6×3＝3888m²，可划分为4个检验批（东、西、南、北面各为一个检验批）。

2）有。外墙和顶棚的抹灰层与基层之间及各抹灰层之间必须粘结牢固。

3）抹灰工程应对下列隐蔽工程项目进行验收：

① 抹灰总厚度大于或等于35mm时的加强措施。

② 不同材料基体交接处的加强措施。

4）抹灰工程应检查的质量控制资料有：抹灰工程的施工图、设计说明及其他设计文件；材料的产品合格证书、性能检测报告、进场验收记录和复验报告；隐蔽工程验收记录；施工记录。

1.2.2 墙面工程施工技术及案例（含饰面、涂饰、裱糊、软包）

（1）饰面板（砖）工程

1）主要材料及技术要求

饰面板（砖）工程所有材料进场时应对品种、规格、外观和尺寸进行验收。其中室内用花岗石、粘贴用水泥、外墙陶瓷面砖应进行复验，金属材料、砂（石）、外加剂、胶粘剂等施工材料按规定进行性能试验。所用材料均应检验合格。

2）施工技术

① 分类

按面层材料不同，分为饰面板工程和饰面砖工程。

饰面板工程按面层材料不同，分为石材饰面板工程、瓷板饰面工程、金属饰面板工程、木质饰面板工程、玻璃饰面板工程、塑料饰面板工程等；饰面砖工程按面层材料不同，分为陶瓷面砖和玻璃面砖工程。

按施工工艺不同，分为饰面板安装和饰面砖粘贴工程。其中，饰面砖粘贴工程按施工部位不同分为内墙饰面砖粘贴工程、外墙饰面砖粘贴工程。

本文所指的饰面板安装工程一般适用于内墙饰面板安装工程和高度不大于24m、抗震设防烈度不大于7度的外墙饰面板安装工程。

本文所指的饰面砖粘贴工程一般适用于内墙饰面砖粘贴工程和高度不大于100m、抗震设防烈度不大于8度、采用满粘法施工的外墙饰面砖粘贴工程。

② 施工条件

采用掺有水泥的拌合料粘贴（或灌浆）时，即湿作业施工现场环境温度不应低于5℃。

采用有机胶粘剂粘贴时，不宜低于10℃。

如环境温度低于上述规定，施工时应采取相应的技术措施。

安装或粘贴饰面砖的立面已完成墙面、顶棚抹灰工程，经验收合格；有防水要求的部位防水层已施工完毕，经验收合格；门窗框已安装完毕，并检验合格。

水电管线、卫生洁具等预埋件、预留孔洞或安装位置线已确定，并准确留置，经检验符合要求。

采用湿作业法施工的天然石材饰面板应进行防碱、背涂处理。采用传统的湿作业法安装天然石材时由于水泥砂浆在水化时析出大量的氧化钙，泛到石材表面，产生不规则的花斑，俗称泛碱现象，严重影响建筑物室内外石材饰面的装饰效果。因此在天然石材安装前，应对石材饰面采用“防碱背涂剂”进行背涂处理。背涂方法应严格按照“防碱背涂剂”涂布工艺施涂。

③ 施工工艺

a. 石材饰面板安装

（a）工艺流程

清理基层→抄平放线→设标志→石材检验、试拼、编号→饰面板钻孔或开槽、预留孔洞套割→天然石材“防碱背涂”处理→板材浸湿、晾干→预埋件（或后置埋件）防腐处理、后置埋件的现场拉拔强度检验→绑扎钢筋网→分段安装板材（石材与连接件连接及固定）→分层灌注材料（水泥砂浆或细石混凝土等胶结材料）→养护（保护成品）→饰面板嵌缝→涂石材饰面保护材料。

（b）施工方法：石材饰面板安装主要包括天然石材和人造石材的安装。其安装方法，除传统的湿作业法外，现在已有传统的湿作业改进法（楔固法）、粘贴法和干挂法。

传统的湿作业法是在基层表面绑扎钢筋网，钢筋网与结构预埋铁环绑扎或后置钢筋弯钩绑扎或焊接固定。钢筋网由立筋网和横筋构成，钢筋网所用的钢筋一般为 $\phi6$～$\phi8$ 的热轧线材，横向钢筋为拴挂饰面板用。第一道横筋绑在地面以上约 10mm 处，用作拴挂第一排饰面板的下口固定软金属丝；第二排横筋绑在第一排饰面板上口以下 20～30mm 处，用来固定其上口软金属丝。往上横筋间距与饰面板的高度相同。在每块石材饰面板的上下两边加工 2～3 个绑扎的孔眼，确保每块石材与钢筋网拉接点不得少于 4 个。孔眼形式有直孔、斜孔、三角形锯口等形式。直孔用台式钻床钻出 2～3 个盲孔，孔径一般为 4～5mm，深度为 15～20mm，孔位距板材两端 1/4～1/3，直孔应钻在板厚的中心，然后再在板的背面直孔的位置距边 8mm 左右，钻孔横孔，使直孔与横孔连通成“牛轭孔”。固定绑扎丝的孔眼也可以钻斜孔，或直接用石材切割机在板材顶面（上下顶面）与背面的边长 1/4 处切出三角形锯口，然后在锯口内挂软金属丝进行安装。软金属丝一般为铜丝，使用铜丝是为防止锈蚀，穿丝前先将铜丝剪成 200mm 长的丝段，要同时取两根，一端使其伸入板眼底部，并灌石膏浆固定，然后将铜丝顺孔槽弯曲并卧入槽内，以保证饰面板上下端面没有铜丝突出，保证下块板与上块板的接缝严密。然后将板块下口铜丝绑挂在横筋上（要留有余地，不要拧绑过紧），只要将铜丝绑挂在横筋上即可。然后在板块竖直，绑挂上口铜丝，并用木楔调整好位置、垫稳，用靠尺检查板面的垂直度，合格后再拧紧铜丝。然后分层灌注结合层水泥砂浆。灌注砂浆前应将石材背面及基层湿润，并应用填缝材料临时封闭石材板缝，避免漏浆。灌注砂浆宜用 1∶2.5 水泥砂浆，灌注时应分层进行，每层灌注高度宜为 150～200mm，且不超过板高的 1/3，插捣应密实。待其初凝后方可灌注上层水泥砂浆。

若饰面板厚度在 10mm 以下的薄板，可以采取粘贴法安装，故无需设预埋件，绑扎钢筋网。

传统的湿作业改进法（楔固法）是在饰面板材上打直孔，在基体上对应于板材上下直孔的位置，用冲击钻钻与板材孔数相等的斜孔，斜孔成 45°角，孔径 6mm，孔深 40～50mm。然后用克丝钳现场制作直径 5mm 的不锈钢钉，不锈钢钉的形式有╱‾‾和╱‾‾|两种。不锈钢钉一端钩进石材饰面板内，随即用硬木小木楔楔紧，另一端钩进基体斜孔内，并用靠尺和水平尺校正饰面板的上下口及板面的垂直度和平整度，并检查与相邻板材结合是否严密，随即将集体斜孔内不锈钢钉楔紧，接着用木楔紧固于饰面板与基体之间，以紧固不锈钢钉。饰面板位置校正准确、临时固定后，即可传统的湿作业法的灌浆要求分层灌浆。见图 1-1。

粘贴法即用水泥砂浆或饱和型环氧树脂胶等胶凝材料将饰面板直接粘贴在基体上。一般适用于饰面板厚度在 10mm 以下的薄板安装。采用粘贴法施工时，基层处理应平整但

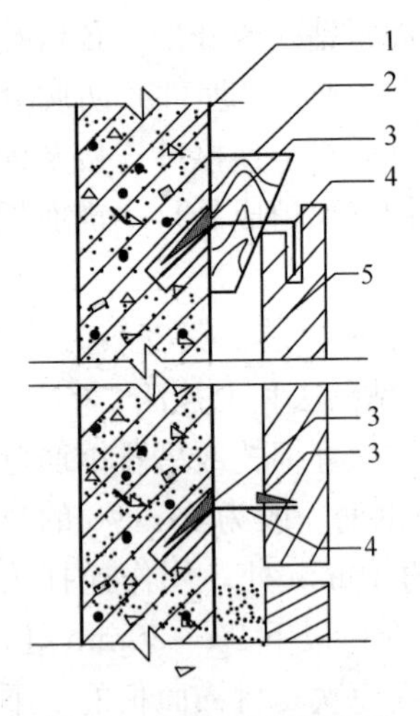

图 1-1 传统的湿作业改进法（楔固法）示意图
1—基体；2—大木楔；3—硬木楔；4—不锈钢钉；5—饰面板，

不应压光。胶粘剂的配合比应符合产品说明书的要求。胶液应均匀、饱满的刷抹在基层和石材背面，石材就位时应准确，并应立即挤紧、找平、找正，进行顶、卡固定。溢出胶液应随时清除。

干挂法：按照“1.2.11 幕墙工程施工技术及实例”控制。

b. 金属饰面板安装

金属饰面板安装一般采用有龙骨安装，龙骨一般由钢或铝型材做支承骨架（包括横、竖骨架），以采用型钢骨架的较多。横竖骨架与结构的连接固定，可以是与结构的预埋件焊接，也可以在结构上打入膨胀螺栓连接。其中铝合金饰面板的安装方法较多，按照固定原理可分为两种，一种是固结法：即将板条或方板用自攻螺钉或铆钉固定到支承骨架上，铆钉间距宜为100～150mm，多用于外墙金属饰面板安装；另一种是嵌卡法：是将饰面板做成可嵌插形状，与用镀锌钢板冲压成型的嵌插母材—龙骨嵌插，再用连接件将龙骨与墙体锚固，多用于室内金属饰面板安装。

c. 木饰面板安装

木饰面板安装一般采用有龙骨钉固法安装，也可采用粘接法。制作安装前应检查基层的垂直度和平整度，有防潮要求的应进行防潮处理。按设计要求弹出标高、竖向控制线、分格线。打孔安装木砖或木楔，深度应不小于40mm，木砖或木楔应做防腐处理。龙骨间距应符合设计要求。当设计无要求时：横向间距宜为300mm，竖向间距宜为400mm。龙骨与木砖或木楔连接应牢固。龙骨、木质基层板应进行防火处理。饰面板安装前应进行选配，颜色、木纹对接应自然协调。饰面板固定应采用射钉或胶粘接，接缝应在龙骨上，接缝应平整。镶接式木装饰墙可用射钉从凹榫边倾斜射入。安装第一块时必须校对竖向控制线。安装封边收口线条时应用射钉固定，钉的位置应在线条的凹槽处或背视线的一侧。

d. 镜面玻璃饰面板安装

按照固定原理可分为两种，一是有（木）龙骨安装法，二是无龙骨安装法。其中有龙骨安装法有紧固件镶钉法和大力胶粘贴法两种方式。

e. 饰面砖粘贴工程

（a）工艺流程

清理基层→抄平放线→设标志（打灰饼）→基层抹灰→面砖检验、排砖、做样板→样板件粘结强度检测→孔洞整砖套割→结合层（刷水泥浆或涂刷界面处理剂）→饰面砖粘贴→养护（保护成品）→饰面砖缝填嵌。

（b）施工方法

饰面砖粘贴排列方式主要有“对缝排列”和“错缝排列”两种。内墙饰面砖粘贴工程主要采用传统直接抹浆（水泥砂浆、水泥浆等）粘贴法、胶粘法（胶粘剂、多功能建筑胶粉等）。外墙饰面砖粘贴工程采用满粘法施工，一般采用传统直接抹浆（水泥砂浆、水泥浆等）粘贴。

饰面砖样板件的粘结强度检测：

外墙饰面砖粘贴前和施工过程中，均应在相同基层上做样板件，并对样板件的饰面砖粘结强度进行检验，其检验方法和结果判定应符合建筑工程饰面砖粘结强度检验标准（JGJ 110）的规定。

墙、柱面砖粘贴：

墙、柱面砖粘贴前应进行挑选，并应浸水 2h 以上，晾干表面水分。

粘贴前应进行放线定位和排砖，非整砖应排放在次要部位或阴角处。每面墙不宜有两列非整砖，非整砖宽度不宜小于整砖的 1/3。

粘贴前应确定水平及竖向标志，垫好底尺，挂线粘贴。墙面砖表面应平整、接缝应平直、缝宽应均匀一致。阴角砖应压向正确，阳角线宜做成 45°角对接。在墙、柱面突出物处，应整砖套割吻合，不得用非整砖拼凑粘贴。

结合层砂浆宜采用 1∶2 水泥砂浆，砂浆厚度宜为 6～10mm。水泥砂浆应满铺在墙面砖背面，一面墙、柱不宜一次粘贴到顶，以防塌落。

④ 质量标准及检验方法

a. 饰面板安装工程

主控项目：

（a）饰面板的品种、规格、颜色和性能应符合设计要求，木龙骨、木饰面板和塑料饰面板的燃烧性能等级应符合设计要求。

检验方法：观察；检查产品合格证书、进场验收记录和性能检测报告。

（b）饰面板孔、槽的数量、位置和尺寸应符合设计要求。

检验方法：检查进场验收记录和施工记录。

（c）饰面板安装工程的预埋件（或后置埋件）、连接件的数量、规格、位置、连接方法和防腐处理必须符合设计要求。后置埋件的现场拉拔强度必须符合设计要求。饰面板安装必须牢固。

检验方法：手扳检查；检查进场验收记录、现场拉拔检测报告、隐蔽工程验收记录和施工记录。

b. 饰面砖粘贴工程

主控项目：

（a）饰面砖的品种、规格、图案、颜色和性能应符合设计要求。

检验方法：观察；检查产品合格证书、进场验收记录、性能检测报告和复验报告。

（b）饰面砖粘贴工程的找平、防水、粘结和勾缝材料及施工方法应符合设计要求及国家现行产品标准和工程技术标准的规定。

检验方法：检查产品合格证书、复验报告和隐蔽工程验收记录。

（c）饰面砖粘贴必须牢固。

检验方法：检查样板件粘结强度检测报告和施工记录。

（d）满粘法施工的饰面砖工程应无空鼓、裂缝。

检验方法：观察；用小锤轻击检查。

⑤ 常见质量通病及防治

a. 现象 A：饰面砖粘结不牢固、空鼓、脱落。

防治措施：

（a）面砖粘贴方法分软贴与硬贴两种。软贴法是将水泥砂浆刮在面砖底上，厚度为3～4mm，粘贴在基层上；硬贴法是用108胶水、水泥与适量水拌合，将水泥浆刮在面砖底上，厚度为2mm，此法适用于面砖尺寸较小的；无论采用哪种贴法，面砖与基层必须粘结牢固。

（b）粘贴砂浆的配合比应准确，稠度适当；对高层建筑或尺寸较大的面砖其粘贴材料应采用专用粘结材料。

（c）外墙面砖的含水率应符合质量标准，粘贴砂浆须饱满，勾缝严实，以防雨水浸蚀与酷暑高温及严寒冰冻胀缩引起空鼓脱落。

b. 现象B：砖排缝不均匀，非整砖不规范。

防治措施：

（a）外墙刮糙应与面砖尺寸事先作统筹考虑，尽量采用整砖模数，其尺寸可在窗宽度与高度上作适当调整。在无法避免非整砖的情况下，应取用大于1/3非整砖。

（b）准确的排砖方法应是“取中”，划控制线进行排砖。例如：外墙粘贴平面横或竖向总长度可排80块面砖（面砖＋缝宽），其第一控制线应划在总长度的1/2处，即40块的部位；第二控制线应划在40块的1/2处，即20块的部位；第三控制线应划在20块的1/2处，即10块的部位，依此类推。这种方法可基本消除累计误差。

（c）摆门、窗框位置应考虑外门窗套，贴面砖的模数取1～2块面砖的尺寸数，不要机械地摆在墙中，以免割砖的麻烦。

（d）面砖的压向与排水的坡向必须正确。对窗套上滴水线面砖的压向为“大面罩小面”或拼角（45°）两种贴法；墙、柱阳角一般采用拼角（45°）的贴法；作为滴水线的面砖其根部粘贴总厚度应大于1cm，并呈鹰嘴状。女儿墙、阳台栏板压顶应贴成明显向内泛水的坡向；窗台面砖应贴成内高外低2cm，用水泥砂浆勾成小半圆弧形，窗台口再落低2cm作为排水坡向，该尺寸应在排砖时统一考虑，以达到横、竖线条全部贯通的要求。

（e）粘贴面砖时，水平缝以面砖上口为准，竖缝以面砖左边为准。

c. 现象C：面砖不平整、色泽不一致。

防治措施：

（a）粘贴面砖操作方法应规范化，随时自查，发现问题，在初凝前纠正，保持面砖粘贴的平整度与垂直度。

（b）粘贴面砖应严格选砖，力求同批产品、同一色泽；可模拟摆砖（将面砖铺在场地上），有关人员站在一定距离俯视面砖色泽是否一致，若发现色差明显或翘曲变形的面砖，当场就予剔除。

（c）用草绳或色纸盒包装的面砖在运输、保管与施工期间要防止雨淋与受潮，以免污染面砖。

d. 现象D：粘贴大理石与花岗石的质量缺陷：

（a）大理石或花岗石固定不牢固。

（b）大理石或花岗石饰面空鼓。

（c）接缝不平，嵌缝不实。

（d）大理石纹理不顺，花岗石色泽不一致。

防治措施：

（a）粘贴前必须在基层按规定预埋 ϕ6 钢筋或打膨胀螺栓与钢筋连接，第一道横筋在地面以上 100mm 上与竖筋扎牢，作为绑扎第一皮板材下口固定铜丝。

（b）在板材上应事先钻孔或开槽。

（c）外墙砌贴（筑）花岗石，必须做到基底灌浆饱满，结顶封口严密。

（d）安装板材前，应将板材背面灰尘用湿布擦净；灌浆前，基层先用水湿润。

（e）灌浆用 1：2.5 水泥砂浆，稠度适中，分层灌浆，每次灌注高度一般为 200mm 左右，每皮板材最后一次灌浆高度要比板材上口低 50～100mm，作为与上皮板材的结合层。

（f）灌浆时，应边灌边用橡皮锤轻击板面或用短钢筋插入轻捣，既要捣密实，又要防止碰撞板材而引起位移与空鼓。

（g）板材安装必须用托线板找垂直、平整，用水平尺找上口平直，用角尺找阴阳角方正；板缝宽为 1～2mm，排缝应用统一垫片，使每皮板材上口保持平直，接缝均匀，用糨糊状熟石膏粘贴在板材接缝处，使其硬化结成整体。

（h）板材全部安装完毕后，须清除表面石膏和残余痕迹，调制与板材颜色相同的色浆，边嵌缝边擦洗干净，使接缝嵌得密实、均匀、颜色一致。

（i）对重要装饰面，特别是纹理密集的大理石，必须做好镶贴试拼工作，一般可在地坪上或草坪上进行。应对好颜色，调整花纹，使板与板之间上下左右纹理通顺，色调一致，形成一幅自然花纹与色彩的风景画面（安装饰面应由上至下逐块编制镶贴顺序号）。

（j）在安装过程中对色差明显的石材，应及时调整，以体现装饰面的整体效果。

e. 现象 E：干挂大理石与花岗石的质量缺陷：

（a）干挂大理石或花岗石固定不牢固。

（b）接缝不平整，嵌缝不密实、不均匀、不平直。

防治措施：

（a）干挂大理石或花岗石前，应事先在基层按规定预埋铁件。

（b）根据干挂板材的规格大小，选定竖向与横向组成钢构架的规格与质量，例如：25mm×600mm×1200mm 的板材，可选竖向用 6～8 号槽钢，横向用 3～4 号角钢，竖向按 1200mm 分格，横向按 600mm 分格。

（c）板材上、下两端应准确切割连接槽两条，并分别安装不锈钢挂件与其连接。

（d）严格按打胶工艺嵌实密封胶。

（2）涂饰工程

1）主要材料及技术要求

① 涂饰工程所用材料的品种、规格和质量应符合设计要求和国家现行标准的规定。当设计无要求时应符合国家现行标准的规定。严禁使用国家明令淘汰的材料。

② 涂饰工程所用材料的燃烧性能应符合现行国家标准《建筑内部装修设计防火规范》GB 50222、《建筑设计防火规范》GB 50016 和《高层民用建筑设计防火规范》GB 50045 的规定。

③ 涂饰材料应符合国家有关建筑装饰装修材料有害物质限量标准的规定。

2）施工技术

① 分类

涂饰工程分为水性涂料涂饰、溶剂型涂料涂饰和美术涂饰分项工程。

水性涂料涂饰工程包括乳液型涂料、无机涂料、水溶性涂料等涂饰工程，溶剂型涂料涂饰工程包括丙烯酸酯涂料、聚氨酯丙烯酸涂料、有机硅丙烯酸涂料等涂饰工程。美术涂饰工程包括室内外套色涂饰、滚花涂饰、仿花纹涂饰等涂饰工程。

建筑装饰常用的涂料有：乳胶漆、美术漆、氟碳漆等。

② 施工条件

a. 涂饰工程的基层处理应符合下列要求：

（a）新建筑物的混凝土或抹灰基层在涂饰涂料前应涂刷抗碱封闭底漆。

（b）旧墙面在涂饰涂料前应清除疏松的旧装修层，并涂刷界面剂。

（c）混凝土或抹灰基层涂刷溶剂型涂料时，含水率不得大于8%；涂刷乳液型涂料时，含水率不得大于10%。木材基层的含水率不得大于12%。

（d）基层腻子应平整、坚实、牢固，无粉化、起皮和裂缝；内墙腻子的粘结强度应符合《建筑室内用腻子》JG/T 3049的规定。

（e）厨房、卫生间墙面必须使用耐水腻子。

b. 水性涂料涂饰工程施工的环境温度应在5～35℃。

c. 涂饰工程应在抹灰、吊顶、细部、地面湿作业及电气工程等已完成并验收合格后，方可进行施工。

d. 涂饰前对门窗、灯具、电器插座及地面应进行遮挡，以免施工时被涂料污染。

③ 施工工艺

a. 乳胶漆施工

（a）工艺流程：

基层处理→刮腻子→刷底漆→刷面漆。

（b）基层处理：

将墙面起皮及松动处清除干净，并用水泥砂浆将墙面磕碰处及坑洼、缝隙等处补抹、找平，干燥后用砂纸凸出处磨掉，将残留灰渣铲干净，然后将墙面扫净。

（c）刮腻子：

刮腻子遍数可由墙面平整程度决定，通常为三遍，第一遍用胶皮刮板横向满刮，干燥后打磨砂纸，将浮腻子及斑迹磨光，然后将墙面清扫干净。第二遍用胶皮刮板竖向满刮，所用材料及方法同第一遍腻子，干燥后用砂纸磨平并清扫干净。第三遍用胶皮刮板找补腻子或用钢片刮板满刮腻子，将墙面刮平刮光，干燥后用细砂纸磨平磨光，不得遗漏或将腻子磨穿。批刮的腻子层不宜过厚，且必须待第一遍干透后方可批刮第二遍。底层腻子未干透不得做面层。

（d）刷底漆：

涂刷顺序是先刷天花后刷墙面，墙面是先上后下。将基层表面清扫干净。乳胶漆用排笔（或滚筒）涂刷，使用新排笔时，应将排笔上不牢固的毛清理掉。底漆使用前应加水搅拌均匀，待干燥后复补腻子，腻子干燥后再用砂纸磨光，并清扫干净。

（e）刷面漆：

一至三遍、操作要求同底漆，使用前充分搅拌均匀。刷二至三遍面漆时，需待前一遍漆膜干燥后，用细砂纸打磨光滑并清扫干净后再刷下一遍。

b. 美术漆施工

(a) 工艺流程

基层处理→刮腻子→打磨砂纸→刷封闭底漆→涂装质感涂料。

(b) 基层处理

将墙面起皮及松动处清除干净，并用水泥砂浆将墙面磕碰处及坑洼、缝隙等处补抹、找平，干燥后用砂纸凸出处磨掉，将残留灰渣铲干净，然后将墙面扫净。

(c) 刮腻子

刮腻子遍数可由墙面平整程度决定，通常为三遍，第一遍用胶皮刮板横向满刮，干燥后打磨砂纸，将浮腻子及斑迹磨光，然后将墙面清扫干净。第二遍用胶皮刮板竖向满刮，所用材料及方法同第一遍腻子，干燥后用砂纸磨平并清扫干净。第三遍用胶皮刮板找补腻子或用钢片刮板满刮腻子，将墙面刮平刮光，干燥后用细砂纸磨平磨光，不得遗漏或将腻子磨穿。批刮的腻子层不宜过厚，且必须待第一遍干透后方可批刮第二遍。底层腻子未干透不得做面层。

(d) 刷封闭底漆

基层腻子干透后，涂刷一遍封闭底漆。涂刷顺序是先天花后墙面，墙面是先上后下。将基层表面清扫干净。使用排笔（或滚筒）涂刷，施工工具应保持清洁，使用新排笔时，应将排笔上不牢固的毛清理掉，确保封闭底漆不受污染。

(e) 涂装质感涂料

待封闭底漆干燥后，即可涂装质感涂料。一般采用刮涂或喷涂等施工方法。刮涂（抹涂）施工是用铁抹子将涂料均匀刮涂到墙上，并根据设计图纸的要求，刮出各种造型，或用特殊的施工工具制作出不同的艺术效果。喷涂施工是用喷枪将涂料按设计要求喷涂于基层上，喷涂施工时应注意控制涂料的黏度、喷枪的气压、喷口的大小、喷射距离以及喷射角度等。

④ 质量标准及检验方法

a. 水性涂料涂饰工程

主控项目

(a) 水性涂料涂饰工程所用涂料的品种、型号和性能应符合设计要求。

检验方法：检查产品合格证书、性能检测报告和进场验收记录。

(b) 水性涂料涂饰工程的颜色、图案应符合设计要求。

检验方法：观察。

(c) 水性涂料涂饰工程应涂饰均匀、粘结牢固，不得漏涂、透底、起皮和掉粉。

检验方法：观察；手摸检查。

(d) 水性涂料涂饰工程的基层处理应符合规范的要求。

检验方法：观察；手摸检查；检查施工记录。

b. 溶剂型涂料涂饰工程

主控项目

(a) 溶剂型涂料涂饰工程所选用涂料的品种、型号和性能应符合设计要求。

检验方法：检查产品合格证书、性能检测报告和进场验收记录。

(b) 溶剂型涂料涂饰工程的颜色、光泽、图案应符合设计要求。

检验方法：观察。

(c) 溶剂型涂料涂饰工程应涂饰均匀、粘结牢固，不得漏涂、透底、起皮和反锈。

检验方法：观察；手摸检查。

(d) 溶剂型涂料涂饰工程的基层处理应符合《建筑装饰装修工程质量验收规范》GB 50201 第 10.1.5 条的要求。

检验方法：观察；手摸检查；检查施工记录。

⑤ 常见质量问题及防治

a. 现象 A：漆膜皱纹与流坠。

防治措施

(a) 要重视漆料、催干剂、稀释剂的选择。一般选用含桐油或树脂适量的调和漆；催干剂、稀释剂的掺入要适当，宜采用含锌的催干剂。

(b) 要注意施工环境温度和湿度的变化，高温、日光曝晒或寒冷，以及湿度过大一般不宜涂刷油漆；最好在温度 15～25℃，相对湿度 50％～70％条件下施工。

(c) 要严格控制每次涂刷油漆的漆膜厚度，一般油漆为 50～70μm，喷涂油漆应比刷漆要薄一些，严禁底漆未完全干透的情况下涂刷面漆。

(d) 对于黏度较大的漆料，可以适当加入稀释剂；对黏度较大而又不宜稀释的漆料，要选用刷毛短而硬且弹性好的油刷进行涂刷。

(e) 对已产生漆膜皱纹或油漆流坠的现象，应待漆膜完全干燥后，用水砂纸轻轻将皱纹或流坠油漆打磨平整；对皱纹较严重不能磨平的，需在凹陷处刮腻子找平；当流坠面积较大时，应用铲刀铲除干净，修补腻子后打磨平整，再分别满刷一遍面漆。

b. 现象 B：漆面不光滑，色泽不一致。

防治措施

(a) 涂刷油漆前，物体表面打磨必须到位并光滑，灰尘、砂粒等应清除干净。

(b) 要选用优良的漆料；调制搅拌应均匀，并过筛将混入的杂物滤净；严禁将两种以上不同型号、性能的漆料混合使用。

(c) “漆清水”即浅色的物体本色，应事先做好造材工作，力求材料本身色泽一致；否则只能“漆混水”即深色，同时也要制好腻子使色泽一致。

(d) 对于高级装饰的油漆，应用水砂纸或砂蜡打磨平整光洁，最后上光蜡或进行抛光，提高漆膜的光滑度与柔和感。

c. 现象 C：涂层裂缝、脱皮。

防治措施

物体表面特别是木门表面必须用油腻子批嵌，严禁用水性腻子。

d. 现象 D：涂层不均匀，刷纹明显。

防治措施

(a) 遇基层材料差异较大的装饰面，其底层特别要清理干净，批刮腻子厚度要适中；须先做一块样板，力求涂料涂层均匀。

(b) 使用涂料时须搅拌均匀，涂料稠度要适中；涂料加水应严格按出厂说明书要求，不得任意加水稀释。

（c）涂料涂层厚度要适中，厚薄一致；毛刷软硬程度应与涂料品种适应；涂刷操作时用力要均匀、顺直，刚中带柔。

e. 现象E：装饰线与分色线不平直、不清晰，涂料污染。

防治措施

（a）必须加强对涂料涂刷人员教育，增强质量意识，提高操作技术水平，克服涂刷的随意性与涂料污染。

（b）涂料涂刷必须严格执行操作程序与施工规范，采用粘贴胶带纸技术措施，确保装饰线与分色线平直与清晰。

（c）加强对涂料工程各涂刷工序质量交底与质量检查，尽量减少与预防涂料污染，发现涂料污染，立即制止与纠正。

（3）裱糊及软包工程

1）主要材料及技术要求

① 裱糊材料由设计单位确定，以样板的方式由建设单位认定，并一次备足同批的面材，以免不同批次的材料产生色差，影响同一空间的装饰效果。

② 胶粘剂、嵌缝腻子等应根据设计和基层的实际需要提前备齐。其质量要满足设计和规范的规定，并满足防火要求。

③ 软包墙面木框、龙骨、底板、面板等木材的树种、规格、等级、含水率和防腐处理必须符合设计要求。

④ 软包面料及内衬材料及边框的材质、颜色、图案、燃烧性能等级应符合设计要求及国家现行标准的有关规定，具有防火检测合格报告。

⑤ 木龙骨一般采用白松烘干料，含水率不大于12%，厚度应根据设计要求，不得有腐朽、节疤、劈裂、扭曲等疵病，并预先经防腐处理。龙骨、衬板、边框应安装牢固，无翘曲，拼缝应平直。

⑥ 外饰面用的压条分格框料和木贴脸等面料，一般采用工厂经烘干加工的半成品料，含水率不大于12%。

⑦ 工厂加工成型的软包半成品需符合设计要求及防火规定。

2）施工技术

① 分类

a. 壁纸

按壁纸材料的面层材质不同分为：纸面壁纸、胶面壁纸、布面壁纸、木面壁纸、金属壁纸、植物类壁纸、硅藻土壁纸。

按壁纸材料的性能不同分为：防霉抗菌壁纸、防火阻燃壁纸、吸声壁纸、抗静电壁纸、荧光壁纸。

b. 软包

按软包面层材料的不同可以分为：平绒织物软包、锦缎织物软包、毡类织物软包、皮革及人造革软包、毛面软包、麻面软包、丝类挂毯软包等。

按装饰功能的不同可以分为：装饰软包、吸声软包、防撞软包等。

② 施工条件

a. 新建筑物的混凝土或抹灰基层墙面在刮腻子前应涂刷抗碱封闭底漆。旧墙面在裱糊前应清除疏松的旧装修层，并刷涂界面剂。

b. 水泥砂浆找平层已抹完，经干燥后含水率不大于8%，木材基层含水率不大于12%。

c. 水电及设备、顶墙上预留预埋件已完。

d. 房间的吊顶分项工程基本完成，并符合设计要求。

e. 房间地面工程已完，经检查符合设计要求。

f. 房间的木护墙和细木装修底板已完，经检查符合设计要求。软包周边装饰边框及装饰线安装完毕。

g. 对施工人员进行技术交底时，应强调技术措施和质量要求。

h. 调整基层并进行检查，要求基层平整、牢固，垂直度、平整度均符合规范要求。

i. 大面积装修前，应做样板间，经建设、监理单位验收合格后方可进行大面积施工。

③ 施工工艺

a. 裱糊施工

（a）工艺流程

基层处理→刷封闭底胶→放线→裁纸→刷胶→裱贴。

（b）基层处理

a）混凝土及抹灰基层处理

裱糊壁纸的基层是混凝土面、抹灰面（如水泥砂浆、水泥混合砂浆、石灰砂浆等），要满刮腻子一遍，砂纸打磨。

b）木质基层处理

木基层要求接缝不显接茬，接缝、钉眼应用腻子补平并满刮油性腻子一遍（第一遍），用砂纸磨平。第二遍可用石齐腻子找平，腻子的厚度应减薄，可在该腻子五六成干时，用塑料刮板有规律地压光，最后用干净的抹布轻轻将表面灰粒擦净。

c）石膏板基层处理

纸面石膏板比较平整，主要是在对缝处和螺钉孔位处批腻子。对缝批抹腻子后，还需用棉纸带贴缝，以防止对缝处的开裂。在纸面石膏板上，应用腻子满刮一遍，找平大面，在第二遍腻子进行修整。

d）不同基层对接处的处理

不同基层材料的相接处，如石膏板与木夹板、水泥或抹灰面与木夹板、水泥或抹灰面与石膏板之间的对缝，应用棉纸带或穿孔纸带粘贴封口，以防止裱糊后的壁纸面层被拉裂撕开。

e）刷封闭底胶

涂刷防潮底胶是为了防止壁纸受潮脱胶，一般对要裱糊塑料壁纸、壁布、纸基塑料壁纸、金属壁纸的墙面，涂刷防潮底漆。

（c）放线

首先应将房间四角的阴阳角通过吊垂直、套方、找规矩，并确定从哪个阴角开始按照壁纸的尺寸进行分块弹线控制。

（d）裁纸

按基层实际尺寸进行测量计算所需用量，如采用搭接施工应在每边增加20～30mm

作为裁纸量。

(e) 刷胶

纸面、胶面、布面等壁纸，在进行施工前将2～3块壁纸进行刷胶，使壁纸起到湿润、软化的作用，塑料纸基背面和墙面都应涂刷胶粘剂，刷胶应厚薄均匀，从刷胶到最后上墙的时间一般控制在5～7min。

(f) 裱贴

裱贴壁纸时，首先要垂直，后对花纹拼缝，再用刮板用力抹压平整，壁纸应按壁纸背面箭头方向进行裱贴。原则是先垂直面后水平面，先细部后大面。贴垂直面时先上后下，贴水平面时先高后低。

b. 软包饰面施工

(a) 工艺流程

基层处理→放线→裁割衬板→试铺衬板套→裁填充料和面料→粘贴填充料→包面料→安装。

(b) 基层处理

在做软包墙面装饰的房间基层（砖墙或混凝土墙），应先安装龙骨，再封基层板。龙骨可用木龙骨或轻钢龙骨，基层板宜采用9～12mm厚木夹板，所有木龙骨及木板材应刷防火涂料，并符合消防要求。如在轻质隔墙上安装软包饰面，则先在隔墙龙骨上安装基层板，再安装软包。

(c) 放线

根据设计图纸要求，把该房间需要软包墙面的装饰尺寸、造型等通过吊直、套方、找规矩、弹线等工序，把实际设计的尺寸与造型放样到墙面基层上。并按设计要求将软包挂墙套件固定于基层板上。

(d) 裁割衬板

根据设计图纸的要求，按软包造型尺寸裁割衬底板材，衬板厚度应符合设计要求。如软包边缘有斜边或其他造型要求，则在衬板边缘安装相应形状的木边框。衬板裁割完毕后即可将挂墙套件按设计要求固定于衬板背面。

(e) 试铺衬板套

按图纸所示尺寸、位置试铺衬板，尺寸位置有误的须调整好，然后按顺序拆下衬板，并在背面标号，以待粘贴填充料及面料。

(f) 裁填充料和面料

根据设计图纸的要求，进行用料计算和套裁填充材料及面料工作，同一房间、同一图案与面料必须用同一卷材料套裁。

(g) 粘贴填充料

将套裁好的填充料按设计要求固定于衬板上。如衬板周边有造型边框，则安装于边框中间。

(h) 包面料

按设计要求将裁切好的面料按照定位标志找好横竖坐标上下摆正粘贴于填充材料上部，并将面料包至衬板背面，然后用压条及钉子固定。

(i) 安装

将粘贴完面料的软包按编号挂贴或粘贴于墙面基层板上，并调整平直。

④ 质量标准及检验方法

a. 裱糊工程

主控项目

(a) 壁纸、墙布的种类、规格、图案、颜色和燃烧性能等级必须符合设计要求及国家现行标准的有关规定。

检验方法：观察；检查产品合格证书、进场验收记录和性能检测报告。

(b) 裱糊工程基层处理质量应符合规范的要求。

检验方法：观察；手摸检查；检查施工记录。

(c) 裱糊后各幅拼接应横平竖直，拼接处花纹、图案应吻合，不离缝，不搭接，不显拼缝。

检验方法：观察；拼缝检查距离墙面 1.5m 处正视。

(d) 壁纸、墙布应粘贴牢固，不得有漏贴、补贴、脱层、空鼓和翘边。

检验方法：观察；手摸检查。

b. 软包工程

主控项目

(a) 软包面料、内衬材料及边框的材质、颜色、图案、燃烧性能等级和木材的含水率应符合设计要求及国家现行标准的有关规定。

检验方法：观察；检查产品合格证书。进场验收记录和性能检测报告。

(b) 软包工程的安装位置及构造做法应符合设计要求。

检验方法：观察；尺量检查；检查施工记录。

(c) 软包工程的龙骨、衬板、边框应安装牢固，无翘曲，拼缝应平直。

检验方法：观察；手扳检查。

(d) 单块软包面料不应有接缝，四周应绷压严密。

检验方法；观察；手摸检查。

⑤ 常见质量问题及防治

a. 现象 A：裱糊面皱纹、不平整。

防治措施

(a) 基层表面的粉尘与杂物必须清理干净；对表面凹凸不平较严重的基层，首先要大致铲平，然后分层批刮腻子找平，并用砂纸打磨平整、擦净。

(b) 选用材质优良与厚度适中的壁纸。

(c) 裱糊壁纸时，应用手先将壁纸铺平后，才能用刮板缓慢抹压，用力要均匀；若壁纸尚未铺平整，特别是壁纸已出现皱纹，必须将壁纸轻轻揭起，用手慢慢推平，待无皱纹、切实铺平后方能抹压平整。

b. 现象 B：接槎明显，花饰不对称。

防治措施

(a) 壁纸粘贴前，应先试贴，掌握壁纸收缩性能；粘贴无收缩性的壁纸时，不准搭接，必须与前一张壁纸靠紧而无缝隙；粘贴收缩性较大的壁纸时，可按收缩率适当搭接，以便收缩后，两张纸缝正好吻合。

(b) 壁纸粘贴的每一装饰面，均应弹出垂线与直线，一般裱糊 2～3 张壁纸后，就要检查接缝垂直与平直度，发现偏差应及时纠正。

(c) 粘贴胶的选择必须根据不同的施工环境温度、基层表面材料及壁纸品种与厚度等确定；粘贴胶必须涂刷均匀，特别在拼缝处，胶液与基层粘结必须牢固，色泽必须一致，花饰与花纹必须对称。

(d) 壁纸（布）选择必须慎重。一般宜选用易粘贴且接缝在视觉上不易察觉的壁纸（布）。

(4) 案例

【背景】

某工程总建筑面积为 77181.70m²，结构类型为钢筋混凝土框架剪力墙结构，包括 3 栋 26 层住宅楼和 1 栋 18 层办公楼（地下室均为两层）。住宅楼最高建筑高度 78.10m，办公楼最高建筑高度 76.80m；层高为：地下室负一层为 5.10m，地下室负二层为 4.20m，地上首层商铺 5.60m，住宅楼标准层 2.80m，办公楼标准层 3.80m。

其中办公楼外墙局部拟采用氟碳仿铝板涂饰，涂饰面积 8000m²。施工范围是本建筑除玻璃幕墙和铝板工程以外的外装饰部位（具体部分详见设计单位出具的分色图）。外墙涂料做法为：

1) 外墙涂料二遍；

2) 5 厚 1∶2.5 水泥砂浆罩面；

3) 15 厚 1∶2.5 水泥砂浆打底划纹，分两次抹灰，加 5%防水粉；

4) 刷素水泥浆一道；

5) 钢筋混凝土外墙（加气混凝土砌块外墙），表面清理。

【问题】

1) 氟碳漆的特点。

2) 根据本工程特点进行外墙氟碳漆施工部署。

3) 简要说明氟碳漆施工的工艺流程和施工工艺。

【分析】

1) 氟碳漆是一种其使用寿命长达 20 年以上的超耐候外墙涂料，外墙氟碳漆是含氟树脂、助剂、固化剂等组成的一种双组分涂料，以含氟共聚树脂或氟烯烃与其他单体共聚物为主成膜物质，经加工改性、研磨制成的涂料。

① 产品特性

外墙氟碳漆具有超常的耐候性、漆膜不刮落、不褪色时间长、寿命可达 20 年。

外墙氟碳漆具有突出的耐盐污性。

外墙氟碳漆附着力强，优异的耐化学腐蚀性。

外墙氟碳漆具有优异的抗沾污性耐洗刷性。

漆膜柔和典雅、防雾阻燃。

② 适用范围：外墙氟碳涂料适合于高层、超高层、别墅等建筑外墙、屋顶、高速公路围栏、桥梁等重要建筑以及各种金属表面的涂装。

③ 技术参数

颜色：外墙氟碳漆白色及各种标准颜色。

光泽：根据要求可调配哑光及半光。

成分：氟树脂涂料。

干燥时间：表干：30min/25℃。

重涂时间：16h/25℃（干燥时间会随环境温、温度的不同而变化）。

混合比例：主漆∶固化剂∶稀释剂＝13∶1∶7（重量）。

耗漆量：$8m^2/kg$/遍（实际耗漆量会因施工方法、表面干硬程度和粗糙度及施工环境而有差异）。

可使用时间：小于 4h/25℃。

储存：外墙氟碳漆须存放于阴凉干燥处，远离火源。

2）施工部署

① 本工程特点

本工程涂饰效果特殊，要求达到形似、神似、逼真效果。

本工程交叉作业多，由于需要采用喷涂方式进行施工，因此对其他专业成品保护极为重要，处理不当易造成交叉污染。

本工程覆盖保护工作量极大。

建设单位对工程进度要求紧迫，对工程质量要求严格，所以无论在施工组织、施工管理、施工方法、施工设备使用、施工安全防火、成品保护、文明施工、平面流水和立体交叉作业等诸多方面都应做到周密细致的部署，制订出各项切实可行、符合实际的措施，以确保施工质量、安全文明施工和工程施工进度。

② 施工部署

a. 施工部署的原则

施工部署应充分考虑业主对工程使用及装饰效果要求，在具体实施过程中加强与建设单位、监理单位及其他相关专业等的沟通，我们的宗旨是："用户至上，信誉第一，安全生产，保证工期，保证质量"。

施工安排要求，办公楼外装饰工程中除玻璃幕墙及铝板工程以外均采用氟碳仿金属铝板，实施要求采用流水作业，前期工作与其他专业交叉配合，面涂在拆架前施工完毕。根据进度要求，由项目部统一调动施工人员，做到科学安排劳动生产力、施工机械进行最佳组合，做好各项物资供应保证工作。

b. 施工组织

施工组织负责人：1 人，技术指导 1 人，安全员 1 人，材料员 1 人。主要操作工人 30 人（随工程进度随时增减施工人员）；

质量、安全管理人员，由公司派专职人员进行管理，质量、安全员要随时进行检查，出现问题立即进行处理，较严重的问题马上报项目经理进行处理。

c. 各项质量、安全、经济指标

工程质量等级：合格。

劳动效率达到本专业公司最好水平。

做到安全生产，文明施工，杜绝重大伤亡事故，把事故发生率控制在 0.1%。

现场实行分片包干，各类材料堆放整齐、文明施工，工完场清。

d. 工期要求

按照建设单位对工期的要求，本工程总体进度控制在60个有效工作日内完成。

3）氟碳漆施工的工艺流程和施工工艺

① 氟碳漆施工工艺流程

基层处理→铺挂玻纤网→分格缝切割→粗找平腻子施工→分格缝填充→细找平腻子施工→满批抛光腻子→喷涂底涂→喷涂中涂→喷涂面涂→罩光油→分格缝描涂。

② 施工工艺

基层处理将墙面起皮及松动处清除干净，并用水泥砂浆将墙面磕碰处及坑洼、缝隙等处补抹、找平，干燥后用砂纸凸出处磨掉，将残留灰渣铲干净，然后将墙面扫净。

铺挂玻纤网：满批粗找平腻子一道，厚度1mm左右，然后平铺玻纤网，铁抹子压实，使玻纤网和基层紧密连接，再在上面满批粗找平腻子一道。铺挂玻纤网后，干燥12h以上，可进入下道工序。

分格缝切割：依图纸要求给分格缝定位，宽度为20mm的分格缝，要求用墨线弹出宽度为16mm的定位线。用切割机沿定位线切割分格缝，切割深度为15mm。切割后，应将缝内清理干净，并将缝的两侧修平，保证缝的直线度和垂直度符合要求。

粗找平腻子施工：批刮。第一遍满批后，用刮尺对每一块由下至上刮平，稍待干燥后进行砂磨，除去刮痕印。第二遍满批后，用刮尺对每一块由左至右刮平，以上打磨使用80号砂纸或砂轮片施工。第三遍满批后，用批刀收平，稍待干燥后，用120号以上砂纸仔细砂磨，除去批刀印和接痕。每遍腻子施工完成后，洒水养护4次，每次养护间隔期应根据气候等条件确定。

分格缝填充：填充前，先用水润湿缝的槽壁。将配好的浆料填入槽口后，干燥约5min，用直径25mm（或稍大）的圆管在填缝料表面拖出圆弧状的造型。

细找平腻子施工：批涂。满批后，用批刀收平，稍待干燥后，用280号以上砂纸仔细砂磨，除去批刀印和接痕。腻子施工完成后，干燥发白时即可砂磨，洒水养护不应少于4次。

满批抛光腻子：批涂。满批后，用批刀收平。干燥后，用300号以上砂纸砂磨；砂磨后，用抹布除尘。

喷涂底涂：腻子层表面形成可见涂膜，无漏喷现象。施工完成，至少干燥24h（晴天），可进入下道工序。

喷涂中涂：喷涂两遍。第一遍喷涂（薄涂）。充分干燥后进行第二遍喷涂（厚涂）。干燥12h后，用600号以上的砂纸砂磨，砂磨必须认真彻底，但不可磨穿中涂。砂磨后，必须用抹布除尘。

喷涂面涂：喷涂。两遍喷涂（薄涂）。第一遍充分干燥后进行第二遍。

罩光油：施工方法同面涂。

分格缝描涂：施工方法：刷涂。用美纹纸胶带沿缝两边贴好保护，刷涂两遍分格着色涂料。稍待干燥后，撕去美纹纸。

1.2.3 门窗工程施工技术及案例

（1）主要材料及技术要求

1）存放、运输要求

① 木门窗框和扇进场后，应采取措施防止受潮、碰伤、污染与暴晒，及时将框与砖石砌体、混凝土或抹灰层接触部位进行防腐处理。然后分类水平堆放平整，底层应搁置在垫木上，在仓库中垫木离地面高度不小于200mm，临时的敞篷垫木离地面高度应不小于400mm，每层间垫木板，使其能自然通风。木门窗严禁露天堆放。

② 铝合金、塑料门窗运输时应竖立排放，并固定牢靠。樘与樘间应用软质材料隔开，防止相互磨损及压坏玻璃和五金件。铝合金、塑料门窗制品存放时，应放置在通风、干燥的地方，严禁与酸、碱、盐类物质接触，并防止雨水浸入；不能直接接触地面，底部应垫高100mm以上；立放，立放角度不应小于70°，并应采取防倾倒措施。塑料门窗贮存的环境温度应小50℃，与热源的距离不应小于1m。当在环境温度为0℃的环境中存放时，安装前应在室温下放置24h。安装门窗时，其环境温度不宜低于5℃。

2）检验要求

① 门洞口应符合设计要求。门窗安装前，应对门窗洞口尺寸进行检验。除检验单个门窗洞口尺寸外，还应对能够通视的成排或成列的门窗洞口进行目测或拉通线检查。如果发现明显偏差，应采取处理措施后再安装门窗。

② 门窗的品种、规格、开启方向、平整度等应符合国家现行有关标准规定，配件应齐全。

3）试验要求

① 木门窗工程应对人造木板的甲醛含量进行复验。

② 建筑外墙金属窗、塑料窗的抗风压性能、空气渗透性能和雨水渗漏性能进行复验。

（2）施工技术

1）分类

门窗工程按材料不同分为木门窗、金属门窗、塑料门窗、特种门窗四类。木门窗应用最早，现代为建筑节能，主要使用金属门窗、塑料门窗。门窗安装工程是指木门窗安装、金属门窗安装、塑料门窗安装、特种门安装、门窗玻璃安装工程等。

2）木门窗安装

木门窗的材料或框和扇的规格型号、木材类别、选材等级、含水率及制作质量均须符合设计要求，并且必须有出厂合格证。防腐剂、油漆、木螺丝、合页、插销、梃钩、门锁等各种小五金必须符合设计要求。

① 工艺流程

定位放线→安装门、窗框→安装门、窗扇→安装门、窗玻璃→安装门、窗配件→框与墙体之间的缝隙、框与扇之间填嵌、密封→清理→保护成品。

② 施工方法

a. 门窗框安装

木门窗安装工程按门窗框安装与结构工程的施工进度搭接情况，有先安装门窗框（立口）和后安装门窗框（后塞口）两种方法。

(a) 先安装门窗框（立口）

安装门窗框前应事先准备好撑杆、木楔、木砖或倒刺钉木条，在门窗框上钉好护角等，并对成品进行校正规方，钉好斜拉条（不得少于2根），无下坎的门框应价钉水平拉条，以防在场内运输和安装中变形。

门窗框应在楼、地面基层标高或墙砌到窗台标高时安装。安装门窗框时，每边固定点不得少于两处，其间距不得大于1200mm。

安装时应严格按照设计要求，确定门窗框的位置（里平、外平、立在墙中等）、标高、型号、门窗框规格、门扇开启方向。在同一立面上安装门窗框时应拉通线，用垂准仪器找直、调正，并在砌体砌筑时随时检查其垂直度和位移量。

(b) 后安装门窗框（后塞口）

即预留门窗洞口，固定节点预埋木砖，结构工程完成后安装门窗框。在预留门窗洞口时，应留出门窗框走头（门窗框上下坎两端伸出框外的部分）的缺口，在门窗框调整就位后，补砌缺口。当受条件限制，门窗框不能留走头时，应采取可靠措施将门窗框固定在预埋木砖上。结构工程施工时预埋木砖的数量和间距应满足要求，即2m高以内的门窗每边不少于3块木砖，木砖间距以0.8～0.9m为宜；2m高以上的门窗框，每边木砖间距不大于lm，以保证门窗框安装牢固。后安装门窗框安装要求如下：

a) 后装的门窗框，应在主体工程验收合格、门窗洞口防腐木砖埋设齐备后进行。安装前，应复查洞口标高、尺寸及木砖位置。

b) 将门窗框用木楔临时固定在门窗洞口内相应位置。

c) 用垂准仪器校正框的正、侧面垂直度，用水平尺等水准仪器校正框冒头的水平度。

d) 用砸扁钉帽的钉子钉牢在木砖上。钉帽要冲入木框内1～2mm，每块木砖要钉两处。

e) 高档硬木门框应用钻钻孔，用木螺丝拧固，木螺丝应拧进木框5mm，用同等材质的木楔补孔。

f) 木门窗框需镶贴脸时，门窗框应凸出墙面，凸出的厚度应等于抹灰层或装饰面层的厚度。

g) 木门窗与墙体间缝隙的填嵌材料应符合设计要求，填嵌应饱满。寒冷地区门窗框与洞口间的缝隙应填充保温材料。

b. 木门窗扇安装

门窗扇的安装应在饰面工程完成后进行。

(a) 安装牢固

木门窗扇必须安装牢固，并应开关灵活，关闭严密，无倒翘。所谓“倒翘”通常是指当门窗扇关闭时门窗扇的下端已经贴紧门窗下框，而门窗扇的上端由于翘曲而未能与门窗的上框贴紧，尚有离缝的现象。在正常情况下，当门窗扇关闭时，门窗扇的上端本应与下端同时或上端略早于下端贴紧门窗的上框。

(b) 留缝宽度

木门窗安装应严格控制框扇之间、扇与扇之间、门扇与建筑地面工程的面层标高之间的缝隙控制。

c. 配件安装

木门窗五金配件应安装齐全，位置适宜，固定可靠。配件安装要求如下：

(a) 木门窗所有五金配件安装必须用木螺钉固定安装，严禁用圆钉代替。使用木螺丝时，先用手锤将木螺钉打入全长的1/3，接着用螺丝刀等拧入工具将木螺钉拧紧、拧平，不得歪曲、倾斜，严禁用锤将木螺钉打入全部深度。当木门窗为硬木时，应先钻孔深为木螺丝全长的2/3的孔，孔径应略小于木螺钉直径（一般钻孔径为木螺丝直径0.9倍），然后再拧入木螺丝。

(b) 合页距门窗扇上、下端宜取立梃高度的1/10，并应避开上、下冒头。安装时，将门或窗扇放入框中试装合格后，在框上按合页大小划线，宜使用电动锣机等机具剔出合页槽，槽深应与合页厚度相适应，槽底应平。

(c) 门锁位置一般宜高出建筑地面工程的面层标高900～950mm，门锁不宜安装在冒头与立梃的结合处，以防伤榫。

(d) 门窗拉手应位于门窗扇中线以下，窗拉手距地面高度宜为1500～1600mm，门拉手距地面高度宜为900～1050mm。

(e) 门插销位于门拉手下边。上下插销应安装在梃宽的中间，如采用暗插销，应在外梃上剔槽。装窗插销时应先固定插销底板，再关窗打插销压痕，凿孔，打入插销。

(f) 窗风钩应装在窗框下冒头与窗扇下冒头夹角处，使窗开启后成90°角，并使上下各层窗扇开启后整齐划一。

(g) 门扇开启后易碰墙的门，为固定门扇应安装门吸。

3) 金属门窗

① 工艺流程

定位放线→安装门、窗框（包括金属门窗的副框）→校正门、窗框→固定门、窗框（与主体结构连接）→安装门、窗扇→安装门、窗玻璃→安装门、窗配件→框与墙体之间的缝隙填嵌、密封→清理→保护成品。

② 施工方法

金属门窗安装应采用预留洞口的方法施工，不得采用边安装边砌口或先安装后砌口的方法施工。其原因主要是防止门窗框受挤压变形和表面保护层受损。

金属门窗的固定方法应符合设计要求。在砌体上安装门窗严禁用射钉固定。主要原因是砌体中砖砌块以及灰缝的强度较低，受冲击容易破碎，所以在砌体上安装门窗时严禁用射钉固定。无论采用何种方法固定，建筑外墙门窗均必须确保安装牢固，内墙门窗安装也必须牢固。建筑工程目前使用较广泛的金属门窗为铝合金门窗。

a. 铝合金门窗框安装

铝合金门窗安装采用预留洞口的方法施工，即后塞口。门窗装入洞口应横平竖直，严禁将门窗框直接埋入墙体。其主要施工技术要求如下：

(a) 检验门窗洞口

安装前应实测门窗预留洞口的尺寸，按照建筑地面工程标高控制线（墙面上的500mm水平线）和垂直线，标出门窗框安装的基准线。同一立面上的门窗的水平及垂直方向应做到整齐一致。如果在弹线时发现预留洞口的尺寸有较大的偏差，应及时调整、处理。

(b) 选择固定方式

当墙体上预埋有铁件时，可直接把铝合金门窗的铁脚直接与墙体上的预埋铁件焊牢，焊接处需做防锈处理。当墙体上没有预埋铁件时，可用金属膨胀螺栓或塑料膨胀螺栓将铝合金门窗的铁脚固定到墙上。铝合金门窗安装时，墙体与连接件、连接件与门窗框的铝合金门窗的固定方式，应按表1-3确定。

铝合金门窗的固定方式一览表　　表 1-3

序号	连接方式	适用范围
1	连接件焊接连接	适用于钢结构
2	预埋件连接	适用于钢筋混凝土结构
3	燕尾铁脚连接	适用于砖墙结构
4	金属膨胀螺栓固定	适用于钢筋混凝土结构、砖墙结构
5	射钉固定	适用于钢筋混凝土结构

(c) 合理确定门窗框与洞口之间的构造缝隙

门窗洞口和门窗的宽、高构造尺寸，是以所采用的安装形式和安装方法，按门窗和墙体的材质、构造以及功能等级标准，合理地安排建筑安装构造缝隙后确定的。铝合金门窗框的构造尺寸应略小于预留门窗洞口的尺寸，并视设计选用的不同的饰面材料的做法确定。

(d) 防腐处理

门窗框四周外表面的防腐处理设计有要求时，按设计要求处理。如果设计没有要求时，可涂刷防腐涂料或粘贴塑料薄膜进行保护，以免水泥砂浆直接与铝合金门窗表面接触，产生电化学反应，腐蚀铝合金门窗。

安装铝合金门窗时，如果采用连接铁件固定，则连接铁件，固定件等安装用金属零件最好用不锈钢件。否则必须进行防腐处理，以免产生电化学反应，腐蚀铝合金门窗。

(e) 门窗框与墙体间缝隙间的处理

铝合金门窗安装固定后，应先进行隐蔽工程验收，合格后及时按设计要求处理门窗框与墙体之间的缝隙。如果设计未要求时，可采用弹性保温材料或玻璃棉毡条分层填塞缝隙，外表面留 5～8mm 深槽口填嵌嵌缝油膏或密封胶；不得用水泥砂浆填塞、密封。

b. 门窗扇及门窗玻璃的安装

(a) 门窗扇和门窗玻璃应在洞口墙体表面装饰完工验收后安装。

(b) 推拉门窗在门窗框安装固定后，将配好玻璃的门窗扇整体安入框内滑槽，调整好与扇的缝隙，扇与框的搭接量应符合设计要求，推拉扇开关力应不大于 100N，同时必须有防脱落措施。推拉窗应在下框上开泄水孔，及时排除窗上的雨水。

(c) 平开门窗在框与扇格架组装上墙、安装固定好后再安玻璃，即先调整好框与扇的缝隙，再将玻璃安入扇并调整好位置，最后镶嵌密封条及密封胶。密封条安装时应留有比门窗的装配边长 20～30mm 的余量，转角处应斜面断开，并用胶粘剂粘贴牢固，避免收缩产生缝隙。

(d) 地弹簧门应在门框及地弹簧主机安装固定后再安门扇，地弹簧表面应与建筑地面工程的面层标高一致。安装地弹簧门时，先将玻璃嵌入门扇格架，并一起入框就位，调整好框扇缝隙，最后填嵌门扇玻璃的密封条及密封胶。

c. 安装五金配件

五金配件与门窗连接用镀锌螺钉。安装的五金配件应固定牢固，使用灵活。

4) 塑料门窗

①工艺流程

补贴保护膜→安装固定片→确定安装位置→框、扇安装→缝隙填嵌、密封→配件安装→清理→保护成品。

②施工方法

塑料门窗安装应采用预留洞口的方法施工，不得采用边安装边砌口或先安装后砌口的方法施工。塑料门窗安装主要要求如下：

a. 安装准备

将不同型号、规格的塑料门窗搬到相应的洞口旁竖放。当有保护膜脱落时，应补贴保护膜，并在框上下边划中线。如果玻璃已安装在门窗上，应卸下玻璃（或门、窗扇），做好标记。

塑料门窗拼樘料内衬加强型钢时，其规格壁厚必须符合设计要求。

b. 安装固定片：

（a）检查门窗框上下边的位置及其内外朝向，并确认无误后，再安固定片。安装时应使用单向固定片，固定片应双向交叉安装。与外保温墙体固定的边框固定片宜朝向室内。固定片与窗框连接应采用十字槽盘端头自钻自攻螺钉直接钻入固定，不得直接锤击钉入或仅靠卡紧方式固定。

（b）固定片或膨胀螺钉的位置应距门窗端角、中竖梃、中横梃 150～200mm，固定片或膨胀螺钉之间的间距应不大于 600mm。不得将固定片直接装在中横梃、中竖梃的端头上。

c. 门窗框安装

根据设计图纸及门窗扇的开启方向，确定门窗框的安装位置，并把门窗框装入洞口，使其上下框中线与洞口中线对齐。安装时应采取防止门窗变形的措施。无下框平开门应使两边框的下脚低于地面标高线 30mm。带下框的平开门或推拉门应使下框底面低于最终装饰地面线 10mm。然后将上框的一个固定片固定在墙体上，并应调整门框的水平度、垂直度和直角度，用木楔临时定位。当下框长度大于 0.9m 时，其中央也用木楔或垫块塞紧，临时固定，然后按设计图纸确定门窗框在洞口墙体厚度方向的安装位置，并调整垂直度、水平度及直角度。窗下框与墙体的固定可将固定片用膨胀螺钉与墙体固定。

拼樘料与墙体连接时，其两端必须与洞口固定牢固。应将门窗框或两窗框与拼樘料卡接，并用紧固件双向扣紧，其间距不大于 600mm；紧固件端头及拼樘料与窗框之间缝隙用嵌缝油膏密封处理。

d. 门窗框固定

当附框或门窗与墙体固定时，应先固定上框，后固定边框。固定片形状应预先弯曲至贴近洞口的固定面，不得直接锤打固定片使其弯曲。固定方法如下：

（a）混凝土墙洞口应采用射钉或膨胀螺钉固定；

（b）砖墙洞口或空心砖洞口应采用膨胀螺钉固定，并不得固定在砖缝处；

（c）轻质砌块或加气混凝土洞口可在预埋混凝土块上用射钉或膨胀螺钉固定；

（d）设有预埋铁件的洞口应采取焊接的方法固定，也可先在预埋件上按紧固件规格打基孔，然后用紧固件固定；

（e）窗下框与墙体的固定可按照《塑料门窗工程技术规程》JGJ 103 图示方法固定。

e. 窗下框与洞口缝隙处理

（a）普通墙体：应先将窗下框与洞口间缝隙用防水砂浆填实，填实后撤掉临时固定用木楔或垫块，其空隙也应用防水砂浆填实，并在窗框外侧做相应的防水处理。当外侧抹灰时，应做出披水坡度，并应采用片材将抹灰层与门窗框临时隔开，留槽宽度及深度宜为5～8mm。抹灰面应超出窗框，但厚度不应影响窗扇的开启，并不得盖住排水孔。待外抹灰层硬化后，撤去片材，将嵌缝膏挤入沟槽内填实抹平。密封胶打注应饱满、表面平整光滑。内侧与窗框之间也应采用密封胶密封。

（b）保温墙体：应将窗下框与洞口间缝隙全部用聚氨酯发泡胶填塞饱满。外侧防水密封处理应符合设计要求。外贴保温材料时，保温材料应略压住窗下框，其缝隙应用密封胶进行密封处理。当外侧抹灰时，做法与普通墙体基本相同。

f. 门窗扇安装

门窗扇待水泥砂浆硬化后安装。门窗扇安装后应开关灵活，其中平开门窗扇平铰链的开关力应不大于80N；滑撑铰链的开关力应不大于80N，并不小于30N；推拉门窗扇的开关力应不大于100N。

g. 配件安装

（a）安装五金配件时，应将螺钉固定在内衬增强型钢或内衬局部加强钢板上，或使螺钉至少穿过塑料型材的两层壁厚。紧固件应采用自钻自攻螺钉一次钻入固定，不得采用预先打孔的固定方法。

（b）安装滑撑时，紧固螺钉必须使用不锈钢材质，并应与框扇增强型钢或内衬局部加强钢板可靠连接。螺钉与框扇连接处应进行防水密封处理。

（c）安装门锁与执手等五金配件时，应将螺钉固定在内衬增强型钢或内衬局部加强钢板上。

（d）窗纱应固定牢固，纱扇关闭应严密。安装五金件、纱窗铰链及锁扣后，应整理纱网和压实压条。

5）门窗玻璃安装

①施工工艺

清理门窗框→量尺寸→下料→裁割→安装。

②施工方法

门窗玻璃安装顺序，一般先安外门窗，后安内门窗，也可同时进行安装。

a. 木门窗玻璃的安装技术要求

（a）玻璃安装前应检查框内尺寸、将裁口内的污垢清除干净。在玻璃底面与裁口之间，沿裁口的全长均匀涂抹1～3mm厚的底油灰，接着把玻璃推铺平整、压实，然后收净底油灰。

（b）木门窗玻璃，可用钉子固定，钉距不得大于300mm，且每边不少于两个；用木压条固定时，应先刷底油后安装，并不得将玻璃压得过紧。安装长边大于1.5m或短边大于1m的玻璃，应用橡胶垫并用压条和螺钉固定。

b. 铝合金、塑料门窗玻璃的安装技术要求

（a）玻璃品种宜选用普通平板玻璃、浮法玻璃、夹层玻璃、钢花玻璃、中空玻璃等，玻璃的厚度一般为5mm或6mm。单块玻璃大于1.5m^{2}时应使用安全玻璃。玻璃表面应洁净，不得有腻子、密封胶、涂料等污渍中空玻璃内外表面均应洁净，玻璃中空层内不得有

灰尘和水蒸气。

(b) 安装玻璃前，应清出槽口内的杂物。

(c) 门窗玻璃不应直接接触型材，即玻璃不得与玻璃槽直接接触，并应在玻璃四边垫上不同厚度的垫块，边框上的垫块应用胶粘剂固定。

(d) 涂膜朝向应符合设计要求，其中单面镀膜玻璃的镀膜层及磨砂玻璃的磨砂面应朝向室内。中空玻璃的单面镀膜玻璃应在最外层，镀膜层应朝向室内。

(e) 密封条与玻璃、玻璃槽口的接触应紧密、平整。密封胶与玻璃、玻璃槽口的边缘应粘结牢固、接缝平齐。带密封条的玻璃压条，其密封条必须与玻璃全部贴紧，压条与型材之间应无明显缝隙，压条接缝应不大于 0.5mm。

(f) 使用密封膏前，接缝处的表面应清洁、干燥。

6) 常见质量通病及防治

① 门窗框整体刚度差

现象：推拉或启闭门窗或遇到大风天气，门窗框晃动。

原因

型材选择不当，断面小，强度不够。铝合金门窗材料的防范不符合要求。塑钢门窗料质量不合格。

塑钢门窗的内衬钢配置不符合标准（一般钢内衬要用 1.20mm，但因为安装上去业主看不到。好多商家就用不合格的给业主安装），钢材壁薄、强度差；内衬钢分段插入，形不成整体加强作用；内衬钢与塑料型材连接不牢等。

安装节点未按规范规定。

没有根据不同的墙体采用不同的固定方法。

防治措施：

门窗框型材规格、数量符合国家标准。铝合金型材的外框壁厚不得小于 2.4mm。塑钢窗料厚度不得小于 2.5mm。

检查塑料型材外观，合格的型材应为青白色或象牙白色，洁净、光滑。质量较好的应有保护膜。

根据门窗洞口尺寸、安装高度选择型材截面，平开窗不小于 55 系列，推拉窗不小于 75 系列。

严格按规范规定安装，确保牢固稳定。

②门窗渗漏

现象：

a. 门窗框与四周的墙体连接处渗漏。

b. 推拉窗下滑槽内积水，并渗入窗内。

原因：

门窗框与墙体用水泥砂浆嵌缝；门窗框与墙体间注胶不严，有缝隙；门窗工艺不合格，窗框与窗扇之间结合不严；窗扇密封条安装不合格，水从窗扇玻璃缝中渗入；窗外框无排水孔。

防治措施：

门窗框与墙体不得用水泥砂浆嵌缝，应弹性连接，用密封胶嵌填密封，不能有缝隙。

安装前检查门窗是否合格，窗框与窗扇之间结合是否严，窗扇密封条安装是否合格。

窗框与洞中留有 50mm 以上间隙，使窗台能做流水坡。

外框下框和轨道根应钻排水孔。

③门窗色差明显。

现象：相邻门窗或窗框与扇颜色不一致。

原因：材料非同一工厂产品，或同一批产品，或不同材质等级的产品。

防治措施：

选购型材应使用同一厂家产品，并一次备足料。

下料前注意配料颜色，避免色差大的材料用在同一门窗上。

（3）案例

【背景】

在家居装修中，塑钢门窗的安装看似很简单，但是如果不注意，会产生很多问题。作为项目经理：

1）为保证最终的安装质量，应如何控制门窗的定购？

2）简述在塑钢门窗扇安装中常见的质量通病和治理措施。

【分析】

1）产品的定购

①门窗应到经过认证的厂家去定购，产品必须有出厂合格证，尚且要求生产厂家在当地备案，以便监督。门窗设计应遵守现行国家标准与行业标准的规定。门窗物理性能指标的差异性主要表现在型材及五金配件、组装加工的精密程度、物理性能的等级、型材表面的处理等方面。门窗的物理性能应根据工程所在地区、工程性质和工程设计的具体要求，按建筑外窗（门）的抗风压性能、气密性、水密性、保温性、隔声性能及采光性能六大性能指标选用。

②技术要求：

门窗型材选用应符合《门窗用未增塑聚氯乙烯（PVC-U）型材》GB/T 8814 的规定。

门窗所用的增强型钢质量应符合《聚氯乙烯（PVC）门窗增强型钢》JG/T 131 的有关规定。

窗用密封条等原材料应符合国家现行标准的有关规定。

门窗所用玻璃主要采用单层玻璃、中空玻璃和夹层玻璃。单层玻璃厚度为 3mm、5mm、6mm、8mm；夹层玻璃厚度 4mm＋4mm、5mm＋5mm、6mm＋6mm；中空玻璃厚度为 4mm＋A＋4mm、5mm＋A＋5mm、6mm＋A＋6mm（A＝6mm、9mm 等）。玻璃的安装应符合《建筑玻璃应用技术规程》JGJ 113 的规定。当采用镀膜玻璃时，镀膜玻璃应装在玻璃的最外层，单面镀膜层应朝向室内。

门窗质量应符合《未增塑聚氯乙烯（PVC-U）塑料门》JG/T 180 和《未增塑聚氯乙烯（PVC-U）塑料窗》JG/T 140 的有关规定。

塑料门窗工程的验收应按现行国家标准《建筑工程施工质量验收统一标准》GB 50300 及《建筑装饰装修工程质量验收规范》GB 50210 的有关规定执行。

2）门窗扇安装质量通病防治措施

现象①：门窗扇翘曲超过 2mm。

防治措施：

对已进场的门窗扇，要按规格堆放整齐，平放时底层要垫实垫平，距离地面要有一定的空隙，以便通风。

安装前对门窗扇进行检查，翘曲超过 2mm 的经处置后才能使用。

现象②：门窗扇开启不灵。

防治措施：

验扇时应检查框的立挺是否垂直。保证合页的进出、深浅一致，使上、下合页轴保持在一个垂直线上。

选用五金要配套，螺钉安装要平直。

安装门窗扇时，扇与扇、扇与框之间要留适当的缝隙。

现象③：门窗扇自行开关。

防治措施：

安装门扇前，先检查门框是否垂直。

安合页时应使合页槽的位置一致，深浅合适，上下合页的轴线在一个垂直线上。

门窗扇偏口过大或过小。修刨时，要有意刨出偏口。一般控制在 2°～3°并保持一致。

现象④：门窗扇缝隙不均匀、不顺直。

防治措施：

如果直接修刨把握不大时，可根据缝隙大小的要求，用铅笔沿框的里棱在扇上画出应该修刨的位置。修刨时注意不要吃线，要留有一定的修理余地。

安装对扇，尤其是安装上下对扇窗时，应先把扇的口裁出来。裁口缝要直、严，里外一致。合页槽要剔的深浅一致，这样就比较有把握使缝隙上下一致。

1.2.4 吊顶工程施工技术及案例

（1）主要材料及技术要求

1）按设计要求选用龙骨和配件及罩面板，材料品种、规格、质量应符合设计要求。

2）对人造板、胶粘剂的甲醛、苯含量进行复检，检测报告应符合国家环保规定要求。

3）吊顶工程中的预埋件、钢筋吊杆和型钢吊杆应进行防锈处理。

4）罩面板表面应平整，边缘应整齐，颜色应一致。穿孔板的孔距应排列整齐；胶合板、木质纤维板、细木工板不应脱胶、变色。

（2）施工技术

1）定义

吊顶工程是顶棚工程的一种。吊顶工程是指以轻钢龙骨、铝合金龙骨、木龙骨等为骨架，以石膏板、金属板、矿棉板、木板、塑料板或格栅等为饰面材料的一种顶棚工程。

2）施工条件

① 施工环境温度应符合吊顶材料的技术要求，宜在 5℃以上。

② 脚手架搭设应符合有关规范要求，经验收合格。现场用电符合《施工现场临时用电安全技术规范》JGJ 46 的有关规定。

③ 交接检验：安装龙骨前，应按设计要求对房间净高、洞口标高和吊顶内管道设备及其支架的标高进行交接检验。

④ 调试及验收：安装饰面板前应完成吊顶内管道和设备的调试及验收。

3）施工工艺

① 工艺流程

弹顶棚标高水平线→划龙骨分档线→吊顶内管道、设备的安装、调试及验收→吊杆安装→龙骨安装（边龙骨安装、主龙骨安装、次龙骨安装）→填充材料的设置→安装饰面板→安装收口、收边压条。

② 施工方法

a. 测量放线

（a）弹顶棚标高水平线：应根据吊顶的设计标高在四周墙上弹线。弹线应清晰，位置应准确。即从墙面的500mm水准线量至吊顶设计标高加上饰面板厚度为顶棚标高水平线位置，用粉线沿墙（柱）弹出水平线，即为吊顶次龙骨的下皮线。

（b）划龙骨分档线：沿已弹好的顶棚标高水平线，按吊顶平面图，在混凝土顶板划（弹）出主龙骨的分档位置线。主龙骨宜平行房间长向布置，分档位置线从吊顶中心向两边分，间距宜为900～1200mm，并标出吊杆的固定点。吊杆的固定点间距为900～1200mm，如遇到梁和管道固定点大于设计和规程要求或吊杆距主龙骨端部距离超过300mm，应增加吊杆的固定点。

b. 吊杆安装

采用膨胀螺栓固定吊挂杆件（简称吊杆）。不上人的吊顶，吊杆长度小于1000mm，可以采用的$\phi6$吊杆，如果大于1000mm，应采用$\phi8$的吊杆，还应设置反向支撑。吊杆可以采用冷拔钢筋和盘圆钢筋，但采用盘圆钢筋应采用机械将其拉直。上人的吊顶，吊杆长度小于1000mm，可以采用$\phi8$的吊杆，如果大于1000mm，应采用$\phi10$的吊杆，还应设置反向支撑。吊杆的一端用L30×3角码焊接（角码的孔径应根据吊杆和膨胀螺栓的直径确定），另一端可以用攻丝套出大于100mm的丝杆，也可以买成品丝杆焊接。制作好的吊杆应做防锈处理，吊杆用膨胀螺栓固定在楼板上，用冲击电锤打孔，孔径应稍大于膨胀螺栓的直径。

吊杆应通直，并有足够的承载能力。吊杆距主龙骨端部距离不得大于300mm，当大于300mm时，应增加吊杆。当吊杆长度大于1.5m时，应设置反支撑。当吊杆与设备相遇时，应调整并增设吊杆。当预埋的杆件需要接长时，必须搭接焊牢，焊缝要均匀饱满。

吊顶灯具、风口及检修口等应设附加吊杆。大于3kg的重型灯具、电扇及其他重型设备严禁安装在吊顶工程的龙骨上，必须增设附加吊杆。

c. 龙骨安装

（a）安装边龙骨

边龙骨的安装应按设计要求弹线，沿墙（柱）上的水平龙骨线把L形镀锌轻钢条用自攻螺钉固定在预埋木砖上；如为混凝土墙（柱），可用射钉固定，射钉间距应不大于吊顶次龙骨的间距。

（b）安装主龙骨

主龙骨应吊挂在吊杆上。主龙骨间距、起拱高度应符合设计要求。当设计无要求时，主龙骨间距宜为900～1200mm，一般取1000mm，主龙骨分为轻钢龙骨和T形龙骨。轻钢龙骨分为不上人UC38和UC50龙骨、上人UC60龙骨两种。主龙骨应平行房间长向安装，同时应按房间短向跨度的1‰～3‰起拱。主龙骨的接长应采取对接，相邻龙骨的对接接头要相互错开。主龙骨安装后应及时校正其位置、标高。

跨度大于15m以上的吊顶，应在主龙骨上，每隔15m加一道大龙骨，并垂直主龙骨焊接牢固。如有大的造型顶棚，造型部分应用角钢或扁钢焊接成框架，并应与楼板连接牢固。

（c）安装次龙骨

次龙骨分明龙骨和暗龙骨两种。暗龙骨吊顶：即安装饰面板时将次龙骨封闭在棚内，在顶棚表面看不见次龙骨。明龙骨吊顶：即安装饰面板时次龙骨明露在饰面板下，在顶棚表面能够看见次龙骨。次龙骨应紧贴主龙骨安装。次龙骨间距宜为300～600mm，在潮湿地区和场所间距宜为300～400mm。次龙骨分为T形烤漆龙骨、T形铝合金龙骨，和各种条形扣板厂家配带的专用龙骨。用T形镀锌铁片连接件把次龙骨固定在主龙骨上时，次龙骨的两端应搭在L形边龙骨的水平翼缘上，条形扣板有专用的阴角线做边龙骨。

（d）安装横撑龙骨

暗龙骨系列横撑龙骨应用连接件将其两端连接在通长次龙骨上。明龙骨系列的横撑龙骨与通长龙骨搭接处的间隙不得大于1mm。

d. 饰面板安装

（a）明龙骨吊顶饰面板安装

明龙骨吊顶饰面板以石膏板、金属板、矿棉板、塑料板、玻璃板或格栅等为饰面材料，以轻钢龙骨、铝合金龙骨、木龙骨等为骨架。饰面板的安装方法有：搁置法、嵌入法、卡固法等。搁置法是将饰面板直接放在T形龙骨组成的格栅框内，即完成吊顶安装。有些轻质饰面板考虑刮风时会被掀起（包括空调风口附近）应有防散落措施，宜用木条、卡子等固定。嵌入法是将饰面板事先加工成企口暗缝，安装时将T型龙骨两肋插入企口缝内。卡固法是饰面板与龙骨采用配套卡具卡接固定，多用于金属饰面板安装。明龙骨饰面板的安装应符合以下规定：

a）饰面板安装应确保企口的相互咬接及图案花纹的吻合。

b）饰面板与龙骨嵌装时应防止相互挤压过紧或脱挂。

c）采用搁置法安装时应留有板材安装缝，每边缝隙不宜大于1mm。

d）玻璃吊顶龙骨上留置的玻璃搭接宽度应符合设计要求，并应采用软连接。

e）装饰吸声板的安装如采用搁置法安装，应有定位措施。

（b）暗龙骨吊顶饰面板安装

暗龙骨吊顶饰面板以石膏板、纤维水泥加压板、金属板、矿棉板、木板、塑料板或格栅等为饰面材料，以轻钢龙骨、铝合金龙骨、木龙骨等为骨架。饰面板的安装方法有：钉固法、粘贴法、嵌入法、卡固法等。钉固法是将饰面板用圆钉、自攻钉、射钉、螺钉等连接件固定在龙骨上。其中圆钉钉固法主要用于胶合板、纤维板的安装，钉距一般为200mm；自攻钉钉固法主要用于塑料板、石膏板、矿棉板安装，在安装前饰面板四周按螺钉间距先钻孔，钉距一般为200mm。粘贴法分为直接粘贴法和复合粘贴法。直接粘贴法是将饰面板用胶粘剂直接粘贴在龙骨上。每块饰面板安装前应进行预装，然后在预装部位龙骨框底面刷胶，同时在饰面板四周刷胶，刷胶宽度为10～15mm，经5～10min后，将饰面板压粘在预装部位。每间顶棚先由中间行开始，然后向两侧分行逐块粘贴。胶粘剂按设计要求选用，设计无要求时，应经试验选用。复合粘贴法是将饰面板粘贴在石膏板等基层板上，其基本构造为龙骨＋石膏板或基层饰面板＋面层饰面板。

暗龙骨饰面板的安装应符合下列要求：

a）以轻钢龙骨、铝合金龙骨为骨架，采用钉固法安装时应使用沉头自攻钉固定。

b）以木龙骨为骨架，固定方式分为钉固法、粘结法两种方法。

c）采用复合粘贴法安装时，胶粘剂未完全固化前板材不得有强烈振动。

d）金属饰面板采用吊挂连接件插接件固定时应按产品说明书的规定放置。

纸面石膏板和纤维水泥加压板安装应符合下列要求：

a）板材应在自由状态下进行固定，固定时应从板的中间向板的四周固定。

b）纸面石膏板的长边（即纸包边）应垂直于次龙骨安装，短边平行搭接在次龙骨上，搭接宽度宜为次龙骨宽度的1/2。

c）采用钉固法时，螺钉与板边距离：纸面石膏板纸包边宜为10～15mm，切割边宜为15～20mm；水泥加压板螺钉与板边距离宜为8～15mm；板周边钉距宜为150～170mm，板中钉距不得大于200mm。

d）石膏板的接缝应按设计要求或构造要求进行板缝防裂处理。安装双层石膏板时，面层板与基层板的接缝应错开，并不得在同一根龙骨上接缝。

e）螺钉头宜略埋入板面，并不得使纸面破损。钉眼应做防锈处理并用腻子抹平。石膏板的接缝应按设计要求进行板缝处理。

4）质量标准及检验方法

① 暗龙骨吊顶工程

主控项目

a. 吊顶标高、尺寸、起拱和造型应符合设计要求。

检验方法：观察；尺量检查。

b. 饰面材料的材质、品种、规格、图案和颜色应符合设计要求。

检验方法：观察；检查产品合格证书、性能检测报告、进场验收记录和复验报告。

c. 暗龙骨吊顶工程的吊杆、龙骨和饰面材料的安装必须牢固。

检验方法：观察；手扳检查；检查隐蔽工程验收记录和施工记录。

d. 吊杆、龙骨的材质、规格、安装间距及连接方式应符合设计要求。金属吊杆、龙骨应经过表面防腐处理；木吊杆、龙骨应进行防腐、防火处理。

检验方法：观察；尺量检查；检查产品合格证书、性能检测报告、进场验收记录和隐蔽工程验收记录。

e. 石膏板的接缝应按其施工工艺标准进行板缝防裂处理。安装双层石膏板时，面层板与基层板的接缝应错开，并不得在同一根龙骨上接缝。

检验方法：观察。

② 明龙骨吊顶工程

主控项目

a. 吊顶标高、尺寸、起拱和造型应符合设计要求。

检验方法：观察；尺量检查。

b. 饰面材料的材质、品种、规格、图案和颜色应符合设计要求。当饰面材料为玻璃板时，应使用安全玻璃或采取可靠的安全措施。

检验方法：观察；检查产品合格证书、性能检测报告和进场验收记录。

c. 饰面材料的安装应稳固严密。饰面材料与龙骨的搭接宽度应大于龙骨受力面宽度的 2/3。

检验方法：观察；手扳检查；尺量检查。

d. 吊杆、龙骨的材质、规格、安装间距及连接方式应符合设计要求。金属吊杆、龙骨应进行表面防腐处理；木龙骨应进行防腐、防火处理。

检验方法：观察；尺量检查；检查产品合格证书、进场验收记录和隐蔽工程验收记录。

e. 明龙骨吊顶工程的吊杆和龙骨安装必须牢固。

检验方法：手扳检查；检查隐蔽工程验收记录和施工记录。

5）常见质量通病及防治

现象①：吊顶轻钢龙骨、铝合金龙骨纵横方向线条不平直。

防治措施：

凡是受扭折的主龙骨、次龙骨一律不宜采用。

当吊杆与设备相遇时，应调整好高度，并增设吊杆。

对于不上人吊顶，龙骨安装时，挂面不应挂放施工安装器具；对于大型上人吊顶，龙骨安装后，应为机电安装等人员铺设通道板，避免龙骨随过大的不均匀荷载而产生不均匀变形。

现象②：吊顶造型不对称，罩面板布局不合理。

防治措施：

按吊顶设计标高，在房间四周的水平线位置拉十字中心线。

严格按设计要求布置主龙骨和次龙骨。

中间部分先铺整块罩面板，余量应平均分配在四周最外边一块，或不被人注意的次要部位。

现象③：金属板吊顶不平。

防治措施：

对于吊顶四周的标高线，应准确地弹到墙上，其误差不能大于±5mm。跨度较大时，应在中间适当位置加设标高控制点。在一个断面内应拉通线控制，线要拉直，不能下沉。

安装板条前，应先将龙骨调直调平。

安装较重的设备，不能直接悬吊在吊顶上，应另设吊杆，直接与结构固定。安装前要先检查板调平、直情况，发现不符合标准者，应进行调整。

现象④：金属板吊顶接缝明显。

防治措施：

做好下料工作。板条切割时，控制好切割的角度。

切口部位应用锉刀将其修平，将毛边及不平处修整好。

用相同色彩的胶粘剂（如硅胶）对接口部位进行修补，使接缝密合，并对切口白边进行遮掩。

（3）案例

【背景】

随着国内建筑业的迅速发展，最近几年国内相继出现了多种完全以金属材料（如铝合金板、彩色镀锌钢板或镀锌钢板等）制成的吊顶板材，配合新颖的金属龙骨材料来组装成风格独特的，能适应特殊需要的吊顶。这些金属吊顶在形式上、安装方法上、装饰效果上、应用场所上都有创新。其中方形金属板吊顶应用最多，方形金属板吊顶是以方形金属板（镀锌钢板、彩色镀锌钢板和铝合金板）作为吊顶板材的吊顶。该种吊顶具有以下突出的特点：

1）吊顶自重轻。由于金属吊顶板是采用厚度为 0.5mm 的钢板或铝合金板制成，所以重量很轻，从而降低了吊顶本身的自重。

2）防火、防潮、保温、吸声性能好。由于金属板是不燃材料，所以防火性能好。由于金属吊顶板表面经过处理（钢板经过被锌和涂漆，铝合金板经过氧化镀膜），所以防潮性能好，更不会产生其他类板材受潮而变形的缺点。在吊顶金属板的背面如果复合一层保温、吸声性能好的材料（如玻璃棉、矿物棉、泡沫石棉等），则使吊顶具有良好的保温、吸声性能。

3）装饰性好。由于吊顶金属板可以通过涂漆或氧化镀膜而使其具有不同的色泽，而且由于金属板其有良好的延展性能，故可以使吊顶板表面被加工成各种凸凹的图案，以适应不同的环境、气氛和风格的要求。

4）便于施工和检修。由于方形金属板是采用卡装的安装方法，所以拆卸、安装极为方便。

正是由于方形金属板吊顶具有上述特点，所以可被广泛地应用于各种建筑的室内吊顶，特别是对于一些湿度较大的建筑空间（如室内花园、厨房、浴室等）更为适宜。

【问题】

1）吊顶施工前的基本要求有哪些？

2）说明吊顶施工前的现场准备有哪些工作？

3）吊顶工程施工必须具备相应的条件，这些条件对于吊顶的施工质量以及对其他工程的影响都非常重要。请简述吊顶施工的作业条件。

4）铝格栅吊顶安装后，经常出现其下表面的拱度不均匀不平整，甚至形成波浪形、格栅周边或四角不平、短期使用后产生凹凸变形等质量问题，请分析产生的原因和防治措施。

【分析】

1）吊顶施工前的基本要求：

① 施工准备工作应有组织、有计划、分阶段、有步骤地进行。

a. 建立施工准备工作的组织机构，明确相应管理人员；

b. 编制施工准备工作计划表，保证施工准备工作按计划落实；

c. 将施工准备工作按工程的具体情况分期、分阶段、有步骤地进行。

② 建立严格的施工准备工作责任制及相应的检查制度。

由于施工准备工作项目多、范围广，因此必须建立严格的责任制，按计划将责任落实到有关部门及个人，明确各级技术负责人在施工准备工作中应负的责任，使各级技术负责人认真做好施工准备工作。

在施工准备工作实施过程中，应定期进行检查，检查的目的在于督促、发现薄弱环节、不断改进工作。检查内容是：主要检查施工准备工作计划的执行情况。如果没有完成计划的要求，应进行分析，找出原因，排除障碍，协调施工准备工作进度或调整施工准备工作计划。检查的方法可采用实际与计划对比法，或采用相关单位人员分割制，检查施工准备工作情况，当场分析产生问题的原因，提出解决问题的方法。后一种方法解决问题及时见效快，现场常采用。

③施工准备工作必须贯穿施工全过程。

施工准备工作不仅要在开工前集中进行，而且工程开工后，也要及时、全面地做好各施工阶段的准备工作，贯穿在整个施工过程中。

④施工准备工作要取得各协作相关单位的友好支持与配合。

由于施工准备工作涉及面广，因此，除了施工单位自身努力做好外，还要取得建设单位、监理单位、设计单位、材料供应单位、交通运输单位等的协作，以及相关单位的大力支持，步调一致，分工负责，共同做好施工准备工作。以缩短施工准备工作的时间，争取早日开工，施工中密切配合、关系融洽，保证整个施工过程顺利进行。

2）吊顶施工前的现场准备工作：

① 做好施工场地的控制网测量；

② 搞好“三通一平”，即路通、水通、电通和平整场地；

③ 建造临时设施；

④ 安装、调试施工机具；

⑤ 做好构（配）件、制品和材料的储存和堆放；

⑥ 及时提供材料的试验申请计划；

⑦ 设置消防、保安设施。

3）吊顶施工前的作业条件如下：

① 现浇钢筋混凝土板或预制楼板板缝中，按设计预埋吊顶固定件，如设计无要求时，可在板底埋设预埋件或 $\phi6$ 或 $\phi8$ 钢筋，间距根据主龙骨或搁栅的间距而定，一般为1000mm 左右。

② 墙为砌体时，应根据吊顶标高，在四周墙上预埋固定龙骨的木砖或预留固定龙骨的孔洞。

③ 吊顶内的各种管线、设备及其他设施，均应安装完毕，采暖管、水管等试压完毕，并办理验收手续，建筑结构已经验收并符合质量要求。

④ 直接接触建筑结构的木龙骨，应预先做好防腐处理。

⑤ 吊顶的房间应做完墙面及地面等湿作业和屋面防水等工程。

⑥ 搭好吊顶施工所需的操作平台架。

4）分析铝格栅吊顶安装后，经常出现的质量问题所产生的原因和防治措施。

①产生的原因：

a. 材质不好，木材含水率较大，产生收缩变形。

b. 施工中未按要求弹线起拱，形成拱度不均匀。

c. 吊杆或吊筋间距过大，格栅的拱度未调匀，受力后产生不规则挠度。

d. 格栅接头装钉不平或硬弯，造成吊顶不平整。

e. 受力节点结合不严，受力后产生位移。

②防治措施：

a. 选用优质软质木材，如松木、杉木。

b. 按设计要求起拱，纵横拱度应均匀。

c. 格栅尺寸应符合设计要求，木材应顺直，遇有硬弯时应锯断调直。并用双面夹板连接牢固。木材在两吊点间应稍有弯度，弯度应向上。

d. 受力节点应装钉严密、牢固。保证格栅整体刚度。

e. 预埋木砖应位置正确且牢固，其间距不大于1m，整个吊顶搁栅应固定在墙内，以保持整体性。

f. 吊顶内应设通风窗，室内抹灰时，应将吊顶上人孔封严，待墙面干后，再将上人孔打开通风，以使整个吊顶处于干燥环境之中。

g. 利用吊杆或吊筋螺栓调整拱度。

h. 吊筋螺母处应加垫板以利拱度调整，吊筋过短，垫板来调整拱度。

i. 吊木被钉劈裂，节点松动时，应更换已裂吊木。吊顶格栅接头有硬弯时，应起掉夹板，调直后再钉牢。

1.2.5 轻质隔墙施工技术及案例

（1）主要材料及技术要求

1）板材隔墙的墙板、骨架隔墙的饰面板和龙骨、玻璃隔墙的玻璃应有产品合格证书，并符合设计要求。

2）饰面板表面应平整，边缘应整齐，不得有污垢、裂纹、缺角、翘曲、起皮、色差和图案不完整等缺陷，胶合板不得有脱胶、变色和腐朽。

3）复合轻质墙板的板面与基层（骨架）粘结必须牢固。

4）轻质隔墙工程应对人造木板的甲醛含量需进行复验。

（2）施工技术

1）分类

轻质隔墙特点是自重轻、墙身薄、拆装方便、节能环保、有利于建筑工业化施工。轻质隔墙分为板材隔墙、骨架隔墙、活动隔墙、玻璃隔墙四种类型。

①板材隔墙：是指不需设置隔墙龙骨，由隔墙板材自承重，将预制或现制的隔墙板材直接固定于建筑主体结构上的隔墙工程。

②骨架隔墙：是指在隔墙龙骨两侧安装墙面板以形成墙体的轻质隔墙。这一类隔墙主要是由龙骨作为受力骨架固定于建筑主体结构上。骨架隔墙的构造由骨架和墙面板组成。轻钢龙骨石膏板隔墙就是典型的骨架隔墙。骨架中根据隔声或保温设计要求可以设置填充材料，根据设备安装要求安装一些设备管线等。

③活动隔墙：是指推拉式活动隔墙、可拆装的活动隔墙等。这类隔墙大多使用成品板材及其金属框架、附件在现场组装而成。活动隔墙一般由滑轮、导轮和隔扇构成。按采用的材料和活动方式的不同分为硬质折叠式隔墙和帷幕式隔墙。

④玻璃隔墙：是指以成品玻璃砖、透明玻璃、彩色玻璃、刻花玻璃、压花玻璃或采用夹花、喷漆玻璃等玻璃制品为饰面材料，以金属材料、木材为支承骨架形成的轻质墙体。

玻璃隔墙按采用的材料不同分为玻璃砖隔墙工程、玻璃板隔墙工程。

2）施工条件

①主体结构完成及交接验收，并清理现场。

②当设计要求隔墙有地枕带时，应待地枕带施工完毕，并满足设计要求后，方可进行隔墙安装。

③木龙骨必须进行防火处理，并应符合有关防火规范要求。直接接触结构的木龙骨应预先刷防腐漆。

④轻钢骨架隔断工程施工前，应先安排外装，安装罩面板时先安装好一面，待隐蔽验收工程完成后，并经有关单位，部门验收合格，办理完工种交接手续，再安装另一面。

⑤安装各种系统的管、线盒弹线及其他准备工作已到位。

⑥轻质隔墙工程应对下列隐蔽工程项目进行验收：

a. 骨架隔墙中设备管线的安装及水管试压。

b. 木龙骨防火、防腐处理。

c. 预埋件或拉结筋。

d. 龙骨安装。

e. 填充材料的设置。

3）施工工艺

①板材隔墙

a. 工艺流程

结构墙面、地面、顶棚清理找平→墙位放线→配板→配置胶结材料→安装固定卡→安装隔墙板→安装门窗框→板缝处理。

b. 施工方法

（a）墙位放线：应按设计要求，沿地、墙、顶弹出隔墙的中心线和宽度线，宽度线应与隔墙厚度一致。弹线应清晰，位置应正确。

（b）组装顺序：当有门洞口时，应从门洞口处向两侧依次进行；当无洞口时，应从一端向另一端顺序安装。

（c）配板：板材隔墙饰面板安装前应按品种、规格、颜色等进行分类选配。板的长度应按楼层结构净高尺寸减 20mm。计算并测量门窗洞口上部及窗口下部的隔板尺寸，并据此配有预埋件的门窗框板。

（d）安装隔墙板：板材隔墙安装拼接应符合设计和产品构造要求。安装方法主要有刚性连接、柔性连接。刚性连接是用粘接砂浆将板材顶端与主体结构粘接，下端先用木楔顶紧，然后在下端板缝填入细石混凝土固定的方式；柔性连接是在板材顶端与主体结构间的板缝垫以弹性材料，在板材顶端拼缝处设 U 形或 L 形钢板卡与主体结构连接的方式。刚性连接适用于非抗震设防区的内隔墙安装，柔性连接适用于抗震设防区的内隔墙安装。安装板材隔墙时宜使用简易支架。在板材隔墙上开槽、打孔应用云石机切割或电钻钻孔，不得直接剔凿和用力敲击。安装板材隔墙所用的金属件应进行防腐处理。板材隔墙拼接用的芯材应符合防火要求。

②骨架隔墙

a. 工艺流程

墙位放线→安装沿顶龙骨、沿地龙骨→安装门洞口框的龙骨→竖向龙骨分档→安装竖向龙骨→安装横向贯通龙骨、横撑、卡档龙骨→水电暖等专业工程安装→安装一侧的饰面板→墙体填充材料→安装另一侧的饰面板→板缝处理。

b. 施工方法

(a) 墙位放线

在基体上弹出水平线和竖向垂直线，以控制隔断龙骨安装的位置、龙骨的平直度和固定点。

(b) 龙骨安装

沿弹线位置固定沿顶和沿地龙骨，各自交接后的龙骨，应保持平直。固定点间距应不大于1000mm，龙骨的端部必须固定牢固。边框龙骨与基体之间，应按设计要求安装密封条。当选用支撑卡系列龙骨时，应先将支撑卡安装在竖向龙骨的开口上，卡距为400～600mm，距龙骨两端的距离为20～25mm。选用通贯系列龙骨时，高度低于3m的隔墙安装一道；3～5m时安装两道；5m以上时安装三道。门窗或特殊节点处，应使用附加龙骨，加强其安装应符合设计要求。隔墙的下端如用木踢脚板覆盖，隔墙的饰面板下端应离地面20～30mm；如用大理石、水磨石踢脚时，饰面板下端应与踢脚板上扣齐平，接缝要严密。

(c) 饰面板安装

骨架隔墙一般以纸面石膏板、人造木板、水泥纤维板等为墙面板。

a) 石膏板安装

安装石膏板前，应对预埋隔断中的管道和附于墙内的设备采取局部加强措施。

石膏板应竖向铺设，长边接缝应落在竖向龙骨上。双面石膏饰面板安装，应与龙骨一侧的内外两层石膏板错缝排列接缝不应落在同一根龙骨上；需要隔声、保温、防火的应根据设计要求在龙骨一侧安装好石膏饰面板后，进行隔声、保温、防火等材料的填充；一般采用玻璃丝棉或30～100mm岩棉板进行隔声、防火处理；采用50～100mm苯板进行保温处理。再封闭另一侧的板。

石膏板应采用自攻螺钉固定。周边螺钉的间距不应大于200mm，中间部分螺钉的间距不应大于300mm，螺钉与板边缘的距离应为10～15mm。安装石膏板时，应从板的中部开始向板的四边固定。钉头略埋入板内，但不得损坏纸面；钉眼应用石膏腻子抹平。

石膏板应按框格尺寸裁割准确；就位时应与框格靠紧，但不得强压。隔墙端部的石膏板与周围的墙或柱应留有3mm的槽口。施铺饰面板时，应先在槽口处加注嵌缝膏，然后铺板并挤压嵌缝膏使面板与邻近表层接触紧密。在丁字形或十字形相接处，如为阴角应用腻子嵌满，贴上接缝带，如为阳角应做护角。石膏板的接缝，一般为3～6mm，必须坡口与坡口相接。

b) 胶合板和纤维复合板安装

安装胶合板的基体表面，应用油毡、釉质防潮时，应铺设平整，搭接严密，不得有皱折、裂缝和透孔等。

胶合板如用钉子固定，钉距为80～150mm，宜采用直钉或门型钉固定。需要隔声、保温、防火的隔墙，应根据设计要求，在龙骨一侧安装好胶合板饰面板后，进行隔声、保温、防火等材料的填充；一般采用玻璃丝棉或30～100mm岩棉板进行隔声、防火处理；

采用 50～100mm 苯板进行保温处理。再封闭另一侧的饰面板。墙面用胶合板、纤维板装饰时，阳角处宜做护角。胶合板、纤维板用木压条固定时，钉距不应大于 200mm，钉帽应打扁，并钉入木压条 0.5～1mm，钉眼用油性腻子抹平。

用胶合板、纤维板作饰面时，应符合防火的有关规定，在湿度较大的房间，不得使用未经防水处理的胶合板和纤维板。胶合板如涂刷清油等涂料时，相邻板面的木纹和颜色应近似。

③ 活动隔墙

a. 工艺流程

墙位放线→预制隔扇（帷幕）→安装轨道→安装隔扇（帷幕）。

b. 施工方法

活动隔墙安装按固定方式不同分为悬吊导向式固定、支承导向式固定方式。活动隔墙的轨道必须与基体结构连接牢固并应位置正确。

（a）预制隔扇（帷幕）

应根据图纸，结合实际测量出活动隔墙的高、宽净尺寸，并确认轨道的安装方式，然后确定每一块活动隔扇的尺寸。隔扇（帷幕）宜由专业加工厂制作。

（b）安装轨道

当采用悬吊导向式固定时，隔扇荷载主要由天轨承载。天轨安装时，以水平仪扫描轨道，将天轨平行放置于楼板或天花板下方，然后以空气钉枪击钉或转尾螺丝固定，高差处须裁切成 45°相接，各处相接须平整，缝隙须小于 0.5mm。并根据隔扇的安装要求在地面上设置导向轨。

当采用支承导向式固定时，隔扇荷载主要由地轨承载。地轨安装时，依放样地点将地轨置于恰当位置，并预留门及转角位置，以空气钉枪击钉于地面上，钉距宜为 1000mm。如地面为瓷砖或石材时，则必须以电钻钻孔，然后埋入塑料塞，以螺钉固定地轨，地轨长度方向的直线度必须控制在±1mm/m 以内，将高低调整组件按隔扇的预定位置，置放于地轨凹槽内，最后盖上踢脚板盖板。同时在楼板或天花板下方安装导向轨。

（c）安装隔扇（帷幕）

根据安装方式，准确地划出滑轮安装位置，将滑轮的固定架用螺钉固定在隔扇的上挺或下挺的顶面上，逐块将隔扇装入轨道，并推移到预定位置，并调整各块隔扇，当其都能自由的回转且垂直于地面时，便可进行连接或做最后的固定。每相邻隔扇用不少于三副合页连接。

④ 玻璃隔墙

a. 玻璃砖隔墙

（a）工艺流程

墙位放线→制作隔墙框架→安装隔墙框架→砌筑玻璃砖或安装玻璃板→嵌缝→边框装饰→保洁。

（b）施工方法

a）玻璃砖砌体宜采用十字缝立砖砌法。

b）玻璃砖墙宜以 1.5m 高为一个施工段，待下部施工段胶结材料达到设计强度后再进行上部施工。

c）当玻璃砖墙面积过大时应增加支撑。玻璃砖墙的骨架应与结构连接牢固。

d）玻璃砖应排列均匀整齐，表面平整，嵌缝的油灰或密封膏应饱满密实。

b. 玻璃板隔墙

玻璃板隔墙应使用安全玻璃。玻璃板隔墙按框架不同分为有竖框玻璃隔墙和无竖框玻璃隔墙。

（a）工艺流程

墙位放线→制作隔墙型材框架→安装隔墙框架→安装玻璃→嵌缝打胶→边框装饰→保洁。

（b）施工方法

a）框架制作、安装

有竖框玻璃隔墙的框架一般采用铝合金边框，铝合金框架与墙、地面固定应通过铁件与墙、地面上设置金属膨胀螺栓焊接或螺栓连接。铁件在安装前应进行防腐处理。

无竖框玻璃隔墙的框架一般采用型钢（角钢或薄壁槽钢）与预埋铁件或金属膨胀螺栓焊接。型钢在安装前应进行防腐处理。

b）安装玻璃

框架安装后，将其槽口清理干净，垫好防振橡胶垫块。用2～3个玻璃吸盘吸取玻璃。安装时，先将玻璃竖着插入上框槽口内，然后垂直放入下框槽口内。如果采用吊挂式安装，将玻璃插入上框槽口内，同时放入玻璃夹具内。然后，调整玻璃位置，调整顺序为先调整靠墙（柱）的玻璃就位，使其插入沿墙（柱）的边框槽口内，然后调整中间部位的玻璃。两块玻璃之间的接缝应留2～3mm缝隙或留出与玻璃稳定器（玻璃肋）厚度相同的缝；如采用吊挂式安装，此时应将吊挂玻璃的夹具逐块夹牢。

c）嵌缝打胶

玻璃全部就位后，校正平整度、垂直度，同时用聚苯乙烯泡沫条嵌入槽口内，使玻璃与金属槽接缝平伏、紧密，然后注硅酮结构胶。玻璃板块间接缝应注胶嵌缝，注胶嵌缝时，首先在玻璃上沿四周粘上纸胶带，然后按设计要求将各种玻璃胶均匀注入，待玻璃胶完全干后撕掉纸胶带；如玻璃板块间接缝采用“工”字形胶条时，应在安装玻璃时就卡在玻璃板上。

d）边框装饰

无竖框玻璃隔墙的边框嵌入墙柱面、地面的，用墙柱面、地面饰面材料隐蔽金属框架；如边框为明框，应按设计要求对边框进行装饰。

⑤ 节点处理

a. 接缝处理：轻质隔墙与顶棚和其他墙体的交接处应采取防开裂措施。隔墙板材所用接缝材料的品种及接缝方法应符合设计要求；设计无要求时，板缝处粘贴50～60mm宽的纤维布带，阴阳角处粘贴200mm宽纤维布（每边各100mm宽），并用石膏腻子刮平，总厚度应控制在3mm内。

b. 防腐处理：接触砖、石、混凝土的龙骨、埋置的木楔和金属型材应作防腐处理。

c. 踢脚处理：当轻质隔墙下端用木踢脚覆盖时，饰面板应与地面留有20～30mm缝隙；当用大理石、瓷砖、水磨石等做踢脚板时，饰面板下端应与踢脚板上口齐平，接缝应严密。

d. 民用建筑轻质隔墙工程的隔声性能应符合现行国家标准《民用建筑隔声设计规范》GB 50118 的规定。

4）质量标准及检验方法

① 板材隔墙工程

板材隔墙工程的检查数量应符合下列规定：

每个检验批应至少抽查 10%，并不得少于 3 间；不足 3 间时应全数检查。

主控项目

a. 隔墙板材的品种、规格、性能、颜色应符合设计要求。有隔声、隔热、阻燃、防潮等特殊要求的工程，板材应有相应性能等级的检测报告。

检验方法：观察；检查产品合格证书、进场验收记录和性能检测报告。

b. 安装隔墙板材所需预埋件、连接件的位置、数量及连接方法应符合设计要求。

检验方法：观察；尺量检查；检查隐蔽工程验收记录。

c. 隔墙板材安装必须牢固。现制钢丝网水泥隔墙与周边墙体的连接方法应符合设计要求，并应连接牢固。

检验方法：观察；手扳检查。

d. 隔墙板材所用接缝材料的品种及接缝方法应符合设计要求。

检验方法：观察；检查产品合格证书和施工记录。

②骨架隔墙工程

骨架隔墙工程的检查数量应符合下列规定：

每个检验批应至少抽查 10%，并不得少于 3 间；不足 3 间时应全数检查。

主控项目：

a. 骨架隔墙所用龙骨、配件、墙面板、填充材料及嵌缝材料的品种、规格、性能和木材的含水率应符合设计要求。有隔声、隔热、阻燃、防潮等特殊要求的工程，材料应有相应性能等级的检测报告。

检验方法：观察；检查产品合格证书、进场验收记录、性能检测报告和复验报告。

b. 骨架隔墙工程边框龙骨必须与基体结构连接牢固，并应平整、垂直、位置正确。

检验方法：手扳检查；尺量检查；检查隐蔽工程验收记录。

c. 骨架隔墙中龙骨间距和构造连接方法应符合设计要求。骨架内设备管线的安装、门窗洞口等部位加强龙骨应安装牢固、位置正确，填充材料的设置应符合设计要求。

检验方法：检查隐蔽工程验收记录。

d. 木龙骨及木墙面板的防火和防腐处理必须符合设计要求。

检验方法：检查隐蔽工程验收记录。

e. 骨架隔墙的墙面板应安装牢固，无脱层、翘曲、折裂及缺损。

检验方法：观察；手扳检查。

f. 墙面板所用接缝材料的接缝方法应符合设计要求。

检验方法：观察。

③活动隔墙工程

活动隔墙工程的检查数量应符合下列规定：

每个检验批应至少抽查 20%，并不得少于 6 间；不足 6 间时应全数检查。

主控项目

a. 活动隔墙板、配件等材料的品种、规格、性能和木材的含水率应符合设计要求。有阻燃、防潮等特性要求的工程，材料应有相应性能等级的检测报告。

检验方法：观察；检查产品合格证书、进场验收记录、性能检测报告和复验报告。

b. 活动隔墙轨道必须与基体结构连接牢固，并应位置正确。

检验方法：尺量检查；手扳检查。

c. 活动隔墙用于组装、推拉和制动的构配件必须安装牢固、位置正确，推拉必须安全、平稳、灵活。

检验方法：尺量检查；手扳检查；推拉检查。

d. 活动隔墙制作方法、组合方式应符合设计要求。

检验方法：观察。

④玻璃隔墙工程

玻璃隔墙工程的检查数量应符合下列规定：

每个检验批应至少抽查 20%，并不得少于 6 间；不足 6 间时应全数检查。

主控项目

a. 玻璃隔墙工程所用材料的品种、规格、性能、图案和颜色应符合设计要求。玻璃板隔墙应使用安全玻璃。

检验方法：观察；检查产品合格证书、进场验收记录和性能检测报告。

b. 玻璃砖隔墙的砌筑或玻璃板隔墙的安装方法应符合设计要求。

检验方法：观察。

c. 玻璃砖隔墙砌筑中埋设的拉结筋必须与基体结构连接牢固，并应位置正确。

检验方法：手扳检查；尺量检查；检查隐蔽工程验收记录。

d. 玻璃板隔墙的安装必须牢固。玻璃板隔墙胶垫的安装应正确。

检验方法：观察；手推检查；检查施工记录。

5）常见质量通病及防治措施

现象①：轻钢龙骨石膏板隔墙接槎明显，拼接处裂缝。

防治措施

a. 板材拼接应选择合理的接点构造。一般有两种做法：一是在板材拼接前先倒角，或沿板边 20mm 刨去宽 40mm 厚 3mm 左右；在拼接时板材间应保持一定的间距，一般以 2～3mm 为宜，清除缝内杂物，将腻子批嵌至倒角边，待腻子初凝时，再刮一层较稀的厚约 1mm 的腻子，随即贴布条或贴网状纸带，贴好后应相隔一段时间，待其终凝硬结后再刮一层腻子，将纸带或布条罩住，然后把接缝板面找平；二是在板材拼缝处嵌装饰条或勾嵌缝腻子，用特制小工具把接缝勾成光洁清晰的明缝。

b. 选用合适的勾、嵌缝材料。勾、嵌缝材料应与板材成分一致或相近，以减少其收缩变形。

c. 采用质量好、制作尺寸准确、收缩变形小、厚薄一致的侧角板材，同时应严格操作程序，确保拼接严密、平整，连接牢固。

d. 房屋底层做石膏板隔断墙，在地面上应先砌三皮砖（1/2 砖），再安装石膏板，这样既可防潮，又可方便粘贴各类踢脚线。

现象②：门框固定不牢固或镶嵌的灰浆腻子脱落。

防治措施

a. 门框安装前，应将槽内杂物清理干净，刷108胶稀溶液1～2道；槽内放小木条以防粘结材料下坠；安装门框后，沿门框高度钉3枚钉子，以防外力碰撞门框导致错位。

b. 尽量不采用后塞门框的做法，应先把门框临时固定，龙骨与门框连接，门框边应增设加强筋，固定牢固。

c. 为使墙板与结构连接牢固，边龙骨预粘木块时，应控制其厚度不得超过龙骨翼缘；安装边龙骨时，翼缘边部顶端应满涂掺108胶水的水泥砂浆，使其粘结牢固；梁底或楼板底应按墙板放线位置增贴100mm宽石膏垫板，以确保墙面顶端密实。

现象③：细部做法不妥（隔墙与原墙、吊顶交接处不顺直，门框与墙板面不交圈，接头不严、不平；装饰压条、贴面制作粗糙，见钉子印等）。

防治措施

a. 施工前质量交底应明确，严格要求操作人员做好装饰细部工程。

b. 门框与隔墙板面构造处理应根据墙面厚度而定，墙厚等于门框厚度时，可钉贴面；小于门框厚度时应加压条；贴面与压条应制作精细，切实起到装饰条的作用。

c. 为防止墙板边沿翘起，应在墙板四周接缝处加钉盖缝条，或根据不同板材，采取四周留缝的做法，缝宽10mm左右。

（3）案例

【背景】

某研发中心精装修工程，施工单位对室内玻璃隔断工程进行了专业分包，分包单位进场后编制了专项施工方案。

GRC是Glass Fiber Rinforced Cement（玻璃纤维增强水泥）的缩写，是一种新型轻质墙体材料，近年来已广泛应用，尤其在高层建筑物内作隔墙（在建筑物非承重部位代替黏土砖）。GRC板特点是重量轻、强度高、防潮、保温、不燃、隔声、厚度可锯、可钻、可钉、可刨、安装快，加工性能良好，节省资源。GRC板价格适中、施工简便、安装施工速度快，比砌砖快了3～5倍。安装过程中避免了湿作业，改善了施工环境。它的重量约为黏土砖的1/6～1/8，在高层建筑中应用大大减轻自重，缩小了基础及主体结构规模，降低了总造价。它的厚度为6cm或9cm，条板宽度600mm或900mm，房间使用面积可扩大6%～8%（按每间房16m^{2}计）。

针对GRC墙板作隔断时易产生裂缝问题，施工单位采取了一些新的技术处理方法，在实际工程中取得了预期的效果。

【问题】

1）写出室内玻璃隔断安装的施工方案。

2）简要阐述室内GRC隔墙的安装技术。

【分析】

1）室内玻璃隔断安装的施工方案：

①施工准备

材料构配件玻璃隔墙采用钢化玻璃材料在玻璃制品工厂加工制作。

主要机具：

机具：电锤。

工具：螺钉旋具、玻璃胶枪等。

②工艺流程

玻璃隔断墙的制安施工程序：测量放线→材料订购→上、下部位钢件制安→安装玻璃→涂胶→清洗。

测量放线：根据设计图纸尺寸测量放线，测出基层面的标高，玻璃墙中心轴线及上、下部位，收口U形3×3、3×4钢槽的位置线。

预埋铁件下部侧边上部玻璃槽安装：根据设计图纸的尺寸安装槽底钢部件，用膨胀螺栓固定，然后安装上部、侧边钢玻璃槽。调平直，然后固定。安装槽内垫底胶带，所有非不锈钢件涂刷防锈漆。

玻璃块安装定位：防火钢化平板玻璃全部在专业厂家定做，运至工地。首先将玻璃槽及玻璃块清洁干净，用玻璃安装机或托运吸盘将玻璃块安放在安装槽内，调平、竖直后用塑料块塞紧固定，同一玻璃墙全部安装调平，竖直才开始注胶。

注胶：首先清洁干净上、下部位、侧边U形30mm×30mm、30mm×40mm钢槽及玻璃缝注胶处，然后将注胶两侧的玻璃、不锈钢板面用白色胶带粘好，留出注胶缝位置，按国家规定要求，注胶时同一缝一次性注完刮平，不停歇。

注胶缝必须干燥时才能注胶，切忌潮湿。

上、下部不锈钢槽所注的胶为结构性硅胶，玻璃块间夹缝所注的胶为透明防火玻璃胶。

清洁卫生：将安装好的玻璃块用专用的玻璃清洁剂清洗干净。切勿用酸性溶液清洗。

③ 无竖框玻璃隔墙安装

操作程序：弹线→安装固定玻璃的型钢边框→安装大玻璃→安装玻璃稳定器（玻璃肋）→嵌缝打胶→边框装饰→清洁。

操作要点：

弹线：弹线时注意核对已做好的预埋铁件位置是否正确（如果没有预埋铁件，则应画出金属膨胀螺栓位置）。落地无竖框玻璃隔墙应留出地面饰面层厚度（如果有踢脚线，则应考虑踢脚线三个面饰面层厚度）及顶部限位标高（吊顶标高）。先弹地面位置线，再弹墙、柱上的位置线。

安装固定玻璃的型钢边框：如果没有预埋铁件，或预埋铁件位置不符合要求，则应首先设置金属膨胀螺栓。然后将型钢（角钢或薄壁槽钢）按已弹好的位置线安放好，在检查无误后随即与预埋铁件或金属膨胀螺栓焊牢。型钢材料在安装前应刷好防腐涂料，焊好以后在焊接处应再补刷防锈漆。

④安装大玻璃

当较大面积的玻璃隔墙采用吊挂式安装时应先在建筑结构梁或板下做出吊挂玻璃的支撑架并安好吊挂玻璃的夹具及上框。其上框位置即吊顶标高。

厚玻璃就位：在边框安装好后，先将其槽口处理干净，槽口内不得有垃圾或积水，并垫好防振橡胶垫块。用2～3个玻璃吸盘把厚玻璃吸牢，同时抬起玻璃，先将玻璃竖着插入上框槽口内，然后轻轻垂直落下，放入下框槽口内。如果是吊挂式安装，在将玻璃送入上框时，还应将玻璃放入夹具中。

调整玻璃位置：先将靠墙（或柱）的玻璃推到墙（柱）边，使其插入贴墙的边框槽口内，然后安装中间部位的玻璃。两块玻璃面板之间和玻璃与玻璃肋之间的接缝应按设计要求留缝，为打胶做准备。如果采用吊挂式安装，应将吊挂玻璃的夹具逐块将玻璃夹牢；

嵌缝打胶：玻璃全部就位后，校正平整度、垂直度，同时用聚苯乙烯泡沫嵌条嵌入槽口内使玻璃与金属槽接合平伏、紧密，然后打硅酮结构胶；

边框装饰：一般无竖框玻璃隔墙的边框是将边框嵌入墙、柱面和地面的饰面层中，此时只要精细加工墙、柱面和地面的饰面块材并在镶贴或安装时与玻璃接好即可；

清洁及成品保护：无竖框玻璃隔断墙安装好后，用棉纱和清洁剂清洁玻璃表面的胶迹和污痕，然后用粘贴不干胶纸条等办法做出醒目的标志，以防止碰撞玻璃的意外发生。

⑤ 质量标准

主控项目：玻璃隔断工程所用材料的品种、规格、性能、图案和颜色应符合设计要求；玻璃隔断的安装方法应符合设计要求；玻璃板隔墙安装必须牢固，胶垫的安装应正确。

⑥ 成品保护

玻璃隔断安装完成后，对于进入玻璃安装完毕的需要施工的工种和人员实行登记制度，把成品保护工作落实到人。

玻璃安装完毕，挂上门锁或门插销，以防风吹碰坏玻璃。并随手关门及上门锁。

木龙骨及玻璃安装时，应注意保护顶棚、墙内装好的各种管线；木龙骨的天龙骨不准固定在通风管道及其他设备上。

施工部位已安装的门窗，已施工完的地面、墙面、窗台等应注意保护、防止损坏。

木骨架材料，特别是玻璃材料，在进场、存放、使用过程中应妥善管理，使其不变形、不受潮、不损坏、不污染。

其他专业的材料不得置于已安装好的木龙骨架和玻璃上。

将隔板靠在支架上，拆除货物保护箱后的2块厚木板用作支撑架，从而可以为隔板提供保护。

⑦ 质量、进度保证措施

在供货阶段，项目部派专人对厂商用材和生产等环节进行监控，从源头控制产品质量。货物运到现场后，按规定程序会同有关单位进行进场材料验收，验收合格后方可入库。

在深化设计和厂商现场尺寸测量完后，尽快确认最终图纸，保证在图纸确认后十五个工作日内，第一批货物到场进行施工。

安装阶段，要求厂家在现场派常驻工程师指导和监督。

建立健全进场检查、验收和取样送验制度。加强材料和设备的“四验”工作，即：验规格、验品种、验质量、验数量。凡属不合格的产品，不能运到现场。验收中，发现数量不对、质量不符合要求、损坏等情况要查明原因，分清责任，及时处理。

做好现场和仓库的管理工作。材料和设备的贮存方法正确，并做到分类分批保管和堆放。合格证、化验单与材料相符。现场的大宗材料和大型设备应按施工平面图和施工顺序，就近合理堆放。应加强材料的限额管理和发放。

各级材料和设备的管理人员都要加强技术业务学习，掌握常用材料的质量标准和性能，熟悉材料的保管和运输规定。

2）GRC隔墙的安装技术

①施工准备

a. 材料准备

干燥的GRC空心板轻质条板及配套门窗板，SG791建筑用胶及贴缝玻璃纤维带或0.8厚的钢板网。

b. 施工工具

临时固定用卡具：U形卡具、L形卡具，带横向角铁的撬棒，木工板锯及抹灰板、油灰刀、靠尺板、木楔等。

c. 作业准备

建筑结构完成后，根据设计要求将板材及其他料具备齐待用。根据图纸要求，在墙面及顶棚上弹出隔墙位置线及门窗位置。一般办公楼属框架连系梁结构，且办公室、走道、大厅等房间均吊顶，因此需要在隔墙位置高度做吊柱及吊梁。将要安装GRC条板的位置地面清理干净，整平，用墨线弹出GRC板的中心线及边线。在隔墙板顶相应的梁板底面也弹出GRC板的安装边线，用铅垂线校正。将安装面粘结部位清理干净，凸出部分剔凿平整。配制粘结剂待用，采用胶浆粘结。

②隔墙板安装

a. 安装方法

条板在安装时先将其粘结面（顶面，侧端面）用备好的配套粘结剂涂抹，全部抹实，两侧做八字角。然后在隔墙板顶端的梁板底面、弹有安装线的位置，用膨胀螺丝将配套“U”形卡固定牢固，开口朝下。U形卡的开口宽度为条板厚度6cm或9cm。安装时，一人在一边推挤。一人在下门用宽口手撬棒撬起，边顶边撬，使之挤紧缝隙，以挤出胶浆为宜。在推挤时，应注意条板挤入U形卡后，是否偏离已弹好的安装边线，并及时用铅垂线校正，将板面找平，找直。安装好第一块条板后，检查其与砖墙面或柱面及梁板底面的粘结缝隙不大于5mm为宜，并检查垂度不大于2mm为宜，合格后即用木楔楔紧条板底部，使之向上顶紧，替下橇棒，用刮刀将挤出的粘结剂刮平补齐，然后开始安装第二块条板。

b. 接缝处理

安装隔墙第二块板的方法和第一块板的方法一样，以安装好的第一块板为基础，以后每装完一块板都要用木靠尺来找平。按照这种方法依次安装GRC条板，只是注意每隔0.6～0.9m的地方需要在顶端固定一个U形卡，用以嵌固条板。板安装完毕后，在第一块板和最后一块板的上下端，隔墙板与墙柱交接处，用L形卡具两侧夹紧条板，使条板与墙拄交接紧密，接缝良好，以防该交接处凝固后开裂。条板顶端与梁板底面的粘接处用粘结剂加涂一层，在边接阴角内用圆抹灰板压实。条板与条板两面的接缝处均用配套玻璃纤维网格布条贴缝，先在接缝处涂抹一层粘结剂，然后将玻璃纤维网格布贴上去，将玻璃纤维网格布抹平、顺直，不得使网格布皱折，最后再在玻璃纤维网格布上涂抹一层粘结剂，用刮刀刮平，将来做装饰的一面应比条板低1～2mm为宜。条板底部用细石混凝土将缝隙填嵌密实，等细石混凝土发挥强度后，才能拆除木楔，用水泥砂浆找平。

c. 门窗结点处理

门框两侧采用门框条板（带钢埋件），墙体安装完毕后将门框立入预留洞内并焊接即可，木门框需要在连接处用木螺丝拧上－40×3扁钢，然后与条板埋件焊接。门框与墙板间隙用粘结剂腻子塞实、刮平。条板安装后一周内不得打孔凿眼，以免粘结剂固化时间不足而使板受震动开裂。若门洞一侧靠混凝土柱墙，则应在门洞顶角用角钢焊牢混凝土柱墙的预埋铁，以支承洞顶的条板。

d. 管线结点由于GRC样板上不能横向敷设管路，因此施工图中管路必须在预埋时从楼板中敷设。

电管、喷淋管在穿越GRC样板时需设置穿墙套管。首先，根据线路的走向确定开孔的位置，在确定位置时最好避开GRC墙板的板筋，在圆孔处开孔；其次对于圆孔可以采用机械开孔，通过专用或自制的工具开孔，工程中，我们采用专用开孔器装在电锤上开孔，效果较好，第三，对于尺寸较大的矩形孔，由于GRC墙板良好的可加工性，可锯、可割，因此没有多大问题。

由于GRC墙板是企口槽连接拼装而成，经不起重锤猛击，特别是在GRC墙板安装后的一周内，因此一般是间隔10d左右，放线定位后用切割机开凿，并尽量避开企口槽连接处和板筋。管路直接敷设在圆孔内。敷设完工即用混凝土砂浆掺入适量粘结剂（如107胶等）补平。待砂浆硬化后在开槽处粘贴玻璃纤维网格带，防止开裂。

对于小型器具，如：埋设水电墙管时，根据过墙管位置划线开凿，不可用重锤猛击，以免震坏墙板。管线埋好后，立即用粘结剂腻子塞实、刮平。在安装水箱、卫生洁具、电气开关、插座、壁灯等水电器具处，按尺寸要求剔凿孔口（不可剔通）后，将木砖或钢埋件用粘结剂粘牢、塞实，7d后，再安装各类器具、器件，小电气器件、衣帽钩等。而对于体积较大，自重较重的器具如动力箱则要按尺寸要求凿孔洞（不可凿通），再将木砧或钢埋件用水泥砂浆掺粘结剂灌筑塞实，过7d后再安装。

e. 饰面处理

GRC轻板和砖墙一样，可进行多种面层装饰。对安装完毕的轻板墙面，先用界面剂即SG791胶对水1∶1满刷一遍，然后抹灰或批刮腻子，可以按房间部位的不同使用要求刷涂料、贴面砖、墙纸等。若做涂料饰面，则用腻子（或用混合砂浆）找平；若做石材、瓷砖饰面，则用水泥石灰混合砂浆找平。

③防止板缝开裂措施

a. 以往施工过程中，发现板缝开裂的主要原因有两点：第一是条板没有充分干燥，安装完后，条板会自动缩水干燥，那么就会在抗拉最薄弱的环节——板与板、板与墙柱、梁板或房顶的交接处开裂。还有，如果配制粘接胶浆用的水泥标号与GRC板所用水泥标号不一致，也容易在粘接处2种水泥的缩水性能不一致而导致开裂。所以，施工前必须选用充分干燥的GRC轻板和与GRC轻板同品种、同标号的水泥配制粘接胶浆。

b. GRC条板的大面，在抹灰前采用涂刷SN-1界面剂的方法，确保抹灰砂浆不起壳空鼓，起壳空鼓后将会形成裂缝，久后必将脱落。界面剂亦称粘结剂，其配比见前述，涂刷界面剂的厚度1.5～2.5mm。

c. 为了保证GRC轻质隔墙的刚度，尤其是在楼层高度大的情况下，用钢板网（厚0.8mm）沿竖向和水平向用长型钉书机钉入板体连接，间距为双向@250。条板顶端和两侧连接混凝土柱、墙处再用“L”形附加钢板网复贴，增强连接处强度，这也是避免条板之间及条板和混凝土墙柱之间接缝开裂的有效措施。

1.2.6 地面工程施工技术及案例

（1）主要材料及技术要求

1）建筑地面工程采用的材料应按设计要求和本规范的规定选用，并应符合国家标准的规定；进场材料应有中文质量合格证明文件、规格、型号及性能检测报告，对重要材料应有复验报告。

2）建筑地面采用的大理石、花岗石等天然石材必须符合现行国家标准《民用建筑工程室内环境污染控制规范》GB 50325 中有关无机非金属装修材料放射性限量规定。进场应具有检测报告。

3）胶粘剂、沥青胶结料和涂料等材料应按设计要求选用，并应符合现行国家标准《民用建筑工程室内环境污染控制规范》GB 50325 的规定。

4）厕浴间和有防滑要求的建筑地面的板块材料应符合设计要求。

（2）施工技术

1）分类

建筑地面是建筑物底层地面（地面）和楼层地面（楼面）的总称。房屋建筑物和构筑物四周围的附属工程，即室外散水、明沟、台阶、踏步和坡道等也属于建筑地面工程的范畴。建筑地面按面层材料不同分为：整体面层，板块面层，木、竹面层地面。

建筑地面工程主要由基层和面层两大基本构造层。基层部分包括结构层和垫层，而底层地面的结构层是基土，楼层地面的结构层则是楼板。当基层和面层两大基本构造层之间不能满足使用和构造上要求时，必须增设相应的结合层、找平层、填充层、隔离层等附加层。

2）施工条件

① 材料检验已经完毕并符合设计要求和规范的规定。

② 隐蔽工程验收合格，并进行了隐检会签。

③ 施工前，应做好水平标志，以控制铺设的高度和厚度，可采用竖尺、拉线、弹线等方法。

④ 对所有作业人员已进行了技术交底，特殊工种必须持证上岗。

⑤ 为了使建筑地面工程各层铺设材料和拌合料、胶结材料具有正常凝结和硬化条件，建筑地面工程施工时，各层环境温度及其所铺设材料温度的控制应符合下列要求：

a. 采用掺有水泥、石灰的拌合料铺设以及用石油沥青胶结料铺贴时，不应低于 5℃；

b. 采用有机胶粘剂粘贴时，不宜低于 10℃；

c. 采用砂、石材料铺设时，不应低于 0℃。

如建筑地面工程各层环境温度低于上述规定，施工时应采取相应的技术措施，以保证各层的施工质量。

⑥ 竖向穿过地面的立管已安装完，并装有套管。如有防水层，基层和构造层已找坡，管根已作防水处理。

⑦ 门框安装到位，并通过验收。

⑧ 基层洁净，缺陷已处理完。

3）施工技术

① 施工工艺

a. 整体面层地面（不适用于涂料类面层）施工工艺流程

清理基层→找面层标高、弹线→设标志（打灰饼、冲筋）→镶嵌分格条→结合层（刷水泥浆或涂刷界面处理剂）→铺水泥类等面层→养护（保护成品）→磨光、打蜡、抛光(适用于水磨石类)。

b. 板块面层（不包括活动地板面层、地毯面层）施工工艺流程

清理基层→找面层标高、弹线→设标志→天然石材“防碱背涂”处理→板、块试拼、编号→分格条镶嵌（设计有时）、板材浸湿、晾干→分段铺设结合层、板材→铺设楼梯踏步和台阶板材、安装踢脚线→养护（保护成品）→竣工清理→勾缝、压缝或填缝。

c. 木、竹面层施工工艺流程

建筑木、竹地面面层施工主要有实铺方式、空铺（架空）方式两种形式。其中实木地板、竹地板面层一般采用空铺方式铺设，实木复合地板或中密度（强化）复合地板面层一般采用实铺方式、空铺（架空）方式铺设，可采用整贴和点粘贴法施工。

（a）实木地板、竹地板空铺方式施工工艺流程

清理基层→找面层标高、弹线（面层标高线、安装木格栅位置线）→安装木格栅（木龙骨）→铺设毛地板→铺设面层板→镶边→面层磨光→油漆、打蜡→保护成品。

（b）实木复合地板或中密度（强化）复合地板面层施工工艺流程

a）实铺方式施工工艺流程

清理基层→找面层标高、弹线→安装木格栅（木龙骨）→填充轻质材料（单层条式面板含此项，双层条式面板不含此项）→铺设毛地板（双层条式面板含此项，单层条式面板不含此项）→铺设衬垫→铺设面层板→安装踢脚线→保护成品。

b）空铺（架空）方式施工工艺流程

清理基层→找面层标高、弹线→砌筑砖石地垅墙（墩）或浇筑水泥混凝土地垅墙（墩）或铺设木质、钢材架空构造→安装木格栅→铺垫木→铺设毛地板→铺设面层板→安装踢脚线→保护成品。

（c）粘贴法施工工艺流程

清理基层→找面层标高、弹线→铺设衬垫→整贴和点粘贴面层板→安装踢脚线→保护成品。

② 施工方法

a. 施工程序

（a）贯彻“先地下后地上”的施工原则

建筑地面工程下部遇有沟槽、管道（暗管）等工程项目时，必须贯彻“先地下后地上”的施工原则。建筑地面下的沟槽、暗管等工程完工后，经检验合格并做隐蔽记录，方可进行建筑地面工程的施工。以免因下部工程出现质量问题而造成上部工程不必要的返工，影响建筑地面工程的铺设质量。各类面层的铺设宜在室内装饰工程基本完工后进行。木、竹面层以及活动地板、塑料地板、地毯面层的铺设，应待抹灰工程或管道试压等施工完工后进行。

（b）按构造层次施工

建筑地面工程基层（各构造层）和面层的铺设，均应待其下一层检验合格后方可施工上一层。建筑地面工程各层铺设前与相关专业的分部（子分部）工程、分项工程以及设备管道安装工程之间，应进行交接检验。

（c）保护成品

建筑地面工程完工后，应对面层采取保护措施。特别是大面积整体面层、板块面层、木竹面层和楼梯踏步，防止面层表面碰撞损坏。因为这些项目虽进行修补后仍会影响工程质量，造成永久性的施工缺陷。

整体面层施工后，养护时间不应小于7d；抗压强度应达到5MPa后，方准上人行走；抗压强度应达到设计要求后，方可正常使用。

铺设水泥混凝土板块、水磨石板块、水泥花砖、陶瓷锦砖、陶瓷地砖、缸砖、料石、大理石和花岗石面层等的结合层和填缝的水泥砂浆，在面层铺设后，表面应覆盖、湿润，其养护时间不应少于7d。当板块面层的水泥砂浆结合层的抗压强度达到设计要求后，方可正常使用。

b. 厚度控制

建筑地面工程应严格控制各构造层的厚度，按设计要求铺设，并应符合以下要求：

（a）灰土垫层应采用熟化石灰与黏土（或粉质黏土、粉土）的拌和料铺设，其厚度不应小于100mm。

（b）砂垫层厚度不应小于60mm；砂石垫层厚度不应小于100mm。

（c）碎石垫层和碎砖垫层厚度不应小于100mm。

（d）三合土垫层采用石灰、砂（可掺入少量黏土）与碎砖的拌和料铺设，其厚度不应小于100 mm。

（e）炉渣垫层采用炉渣或水泥与炉渣或水泥、石灰与炉渣的拌合料铺设，其厚度不应小于80 mm。

（f）水泥混凝土垫层的厚度不应小于60mm。

（g）水泥砂浆面层的厚度应符合设计要求，且不应小于20mm。

（h）水磨石面层应采用水泥与石粒拌和料铺设。面层厚度除有特殊要求外，宜为12～18mm，且按石粒粒径确定。

（i）水泥钢（铁）屑面层铺设时应先铺层厚20mm的水泥砂浆结合层。

（j）防油渗面层采用防油渗涂料时，材料应按设计要求选用，涂层厚度宜为5～7mm。

（k）块石面层结合层铺设厚度：垫层不应小于60mm。

（l）铺设有坡度的地面应采用基土高差达到设计要求的坡度；铺设有坡度的楼层地面（或架空地面）应采用在钢筋混凝土板上变更填充层（或找平层）铺设的厚度或以结构起坡达到设计要求的坡度

c. 变形缝设置

建筑地面工程的变形缝应按设计要求设置，并应符合下列要求：

（a）建筑地面的沉降缝、伸缩缝和防震缝，应与结构相应缝的位置一致，且应贯通建筑地面的各构造层。

（b）沉降缝和防震缝的宽度应符合设计要求，缝内清理干净，以柔性密封材料填嵌后用板封盖，并应与面层齐平。

(c) 室内地面的水泥混凝土垫层，应设置纵向缩缝和横向缩缝；纵向缩缝间距不得大于 6m，横向缩缝不得大于 12m。工业厂房、礼堂、门厅等大面积积水泥混凝土垫层应分区段浇筑。分区段应结合变形缝位置、不同类型的建筑地面连接处和设备基础的位置进行划分，并应与设置的纵向、横向缩缝的间距相一致。

垫层的纵向缩缝应做平头缝或加肋板平头缝。当垫层厚度大于 150mm 时，可做企口缝。横向缩缝应做假缝。平头缝和企口缝的缝间不得放置隔离材料，浇筑时应互相紧贴。企口缝尺寸应符合设计要求，假缝宽度为 5～20mm，深度为垫层厚度的 1/3，缝内填水泥砂浆。

(d) 水泥混凝土散水、明沟，应设置伸缩缝，其延米间距不得大于 10m；房屋转角处应做 45°缝。水泥混凝土散水、明沟和台阶等与建筑物连接处应设缝处理。上述缝宽度为 15～20mm，缝内填嵌柔性密封材料。

(e) 为防止实木地板面层、竹地板面层整体产生线膨胀效应，木搁栅应垫实钉牢，木搁栅与墙之间留出 30mm 的缝隙；毛地板木材髓心应向上，其板间缝隙不应大于 3mm，与墙之间留出 8～12mm 的缝隙；实木地板面层、竹地板面层铺设时，面板与墙之间留 8～12mm 缝隙；实木复合地板面层、中密度（强化）复合地板面层铺设时，相邻板材接头位置应错开不小于 300 mm 距离，与墙之间应留不小于 10mm 空隙，大面积铺设实木复合地板面层时，应分段铺设，分段缝的处理应符合设计要求。

d. 防水处理

厕浴间和有防水要求的建筑地面必须设置防水隔离层。

e. 天然石材防碱背涂处理

采用传统的湿作业铺设天然石材，由于水泥砂浆在水化时析出大量的氢氧化钙，透过石材孔隙泛到石材表面，产生不规则的花斑，俗称返碱现象，严重影响建筑室内外石材饰面的装饰效果。因此，在天然石材铺设前，应对石材饰面采用“防碱背涂剂”等进行背涂处理。即采用湿作业法施工的饰面板工程，石材应进行防碱、背涂处理。

f. 镶边

为了保证建筑地面各类面层邻接处连接牢固和面层铺设的美观要求，建筑地面应设置镶边。建筑地面镶边设置应符合设计要求，当设计无要求时，应符合下列要求：

(a) 有强烈机械作用下的水泥类整体面层与其他类型的面层邻接处，应设置金属镶边构件；

(b) 采用水磨石整体面层时，应用同类材料以分格条设置镶边；

(c) 条石面层和砖面层与其他面层邻接处，应用顶铺的同类材料镶边；

(d) 采用木、竹面层和塑料板面层时，应用同类材料镶边；

(e) 地面面层与管沟、孔洞、检查井等邻接处，均应设置镶边；

(f) 管沟、变形缝等处的建筑地面面层的镶边构件，应在面层铺设前装设。

g. 楼梯施工技术要求

水泥混凝土面层、水泥砂浆面层、水磨石面层楼梯踏步的宽度、高度应符合设计要求。楼层梯段相邻踏步高度差不应大于 10mm，每踏步两端宽度差不应大于 10mm；旋转梯梯段的每踏步两端宽度的允许偏差为 5mm。楼梯踏步的齿角应整齐，防滑条应顺直。

砖面层、大理石和花岗岩面层、预制板块面层楼梯踏步和台阶板的缝隙宽度应一致，齿角整齐；楼层梯段相邻踏高度差不应大于10mm；防滑条顺直。

地毯面层楼梯地毯铺设，每梯段顶级地毯应用压条固定于平台上，每级阴角处应用卡条固定牢。

h. 踢脚线（板）施工技术要求

整体面层类踢脚线施工，当采用掺有水泥拌和料做踢脚线时，不得用石灰浆打底。踢脚线与墙面应紧密结合，高度一致，出墙厚度均匀。

板块类踢脚线施工时，不得采用石灰砂浆打底。踢脚线表面应洁净、高度一致、结合牢固、出墙厚度一致。

采用实木制作的踢脚线，背面应抽槽并做防腐处理。踢脚线表面应光滑，接缝严密，高度一致。

4）质量标准及检验方法

①整体面层铺设

a. 一般规定

（a）适用于水泥混凝土（含细石混凝土）面层、水泥砂浆面层、水磨石面层、水泥钢（铁）屑面层、防油渗面层和不发火（防爆的）面层等面层分项工程的施工质量检验。

（b）铺设整体面层时，其水泥类基层的抗压强度不得小于1.2 MPa；表面应粗糙、洁净、湿润并不得有积水。铺设前宜涂刷界面处理剂。

（c）整体面层施工后，养护时间不应少于7d；抗压强度应达到5MPa后，方准上人行走；抗压强度应达到设计要求后，方可正常使用。

（d）当采用掺有水泥拌和料做踢脚线时，不得用石灰砂浆打底。

（e）整体面层的抹平工作应在水泥初凝前完成，压光工作应在水泥终凝前完成。

b. 水泥砂浆面层

水泥砂浆面层的厚度应符合设计要求，且不应小于20mm。

主控项目

（a）水泥宜采用硅酸盐水泥、普通硅酸盐水泥，不同品种、不同强度等级的水泥严禁混用；砂应为中粗砂，当采用石屑时，其粒径应为1～5mm，且含泥量不应大于3%。

检验方法：观察检查和检查材质合格证明文件及检测报告。

（b）水泥砂浆面层的体积比（强度等级）应符合设计要求；且体积比应为1∶2，强度等级不应小于M15。

检验方法：检查配合比通知单和检测报告。

（c）面层与下一层应结合牢固，无空鼓和开裂。当出现空鼓时，空鼓面积不应大于400cm^2，且每自然间（标准间）不应多于2处。

检验方法：用小锤轻击检查。

（d）防水水泥砂浆掺入的外加剂应符合国家标准，品种和掺量应经试验确定。

（e）有排水要求的地面，坡向应正确、排水畅通；防水砂浆面层不应渗漏。

②板块面层铺设

a. 一般规定

（a）适用于砖面层、大理石面层和花岗石面层、预制板块面层、料石面层、塑料板面层、活动地板面层和地毯面层等面层分项工程的施工质量检验。

（b）铺设板块面层时，其水泥类基层的抗压强度不得小于 1.2 MPa。

（c）铺设板块面层的结合层和板块间的填缝采用水泥砂浆，应符合下列规定：

配制水泥砂浆应采用硅酸盐水泥、普通硅酸盐水泥或矿渣硅酸盐水泥；其水泥强度等级不宜小于 32.5；

配制水泥砂浆的砂应符合国家现行行业标准《普通混凝土用砂、石质量及检验方法标准》JGJ 52 的规定；

配制水泥砂浆的体积比（或强度等级）应符合设计要求。

（d）结合层和板块面层填缝的沥青胶结材料应符合国家现行有关产品标准和设计要求。

（e）板块的铺砌应符合设计要求，当设计无要求时，宜避免出现板块小于 1/4 边长的边角料。

（f）铺设水泥混凝土板块、水磨石板块、水泥花砖、陶瓷锦砖、陶瓷地砖、缸砖、料石、大理石和花岗石面层等的结合层和填缝的水泥砂浆，在面层铺设后，表面应覆盖、湿润，其养护时间不应少于 7d。当板块面层的水泥砂浆结合层的抗压强度达到设计要求后，方可正常使用。

（g）板块类踢脚线施工时，不得采用石灰砂浆打底。

b. 砖面层

（a）砖面层采用陶瓷锦砖、缸砖、陶瓷地砖和水泥花砖应在结合层上铺设。

（b）有防腐蚀要求的砖面层采用的耐酸瓷砖、浸渍沥青砖、缸砖的材质、铺设以及施工质量验收应符合现行国家标准《建筑防腐蚀工程施工及验收规范》GB 50212 的规定。

（c）在水泥砂浆结合层上铺贴缸砖、陶瓷地砖和水泥花砖面层时，应符合下列规定：

在铺贴前，应对砖的规格尺寸、外观质量、色泽等进行预选，浸水湿润晾干待用；

勾缝和压缝应采用同品种、同强度等级、同颜色的水泥，并做养护和保护。

（d）在水泥砂浆结合层上铺贴陶瓷锦砖面层时，砖底面应洁净，每联陶瓷锦砖之间、与结合层之间以及在墙角、镶边和靠墙处，应紧密贴合。在靠墙处不得采用砂浆填补。

（e）在沥青胶结料结合层上铺贴缸砖面层时，缸砖应干净，铺贴时应在摊铺热沥青胶结料上进行，并应在胶结料凝结前完成。

（f）采用胶粘剂在结合层上粘贴砖面层时，胶粘剂选用应符合现行国家标准《民用建筑工程室内环境污染控制规范》GB 50325 的规定。

（g）主控项目：

a）面层所用的板块的品种、质量必须符合设计要求。

检验方法：观察检查和检查材质合格证明文件及检测报告。

b）面层与下一层的结合（粘结）应牢固，无空鼓。凡单块砖边角有局部空鼓，且每自然间（标准间）不应超过总数的 5%。

检验方法：用小锤轻击检查。

c. 大理石面层和花岗石面层

（a）大理石、花岗石面层采用天然大理石、花岗石（或碎拼大理石、碎拼花岗石）板材应在结合层上铺设。

(b) 天然大理石、花岗石的技术等级、光泽度、外观等质量要求应符合现行国家标准《天然大理石建筑板材》GB/T 19766、《天然花岗石建筑板材》GB 18601 的规定。

(c) 板材有裂缝、掉角、翘曲和表面有缺陷时应予剔除，品种不同的板材不得混杂使用；在铺设前，应根据石材的颜色、花纹、图案、纹理等按设计要求，试拼编号。

(d) 铺设大理石、花岗石面层前，板材应浸湿、晾干；结合层与板材应分段同时铺设。

(e) 主控项目：

a) 大理石、花岗石面层所用板块的品种、质量应符合设计要求。

检验方法：观察检查和检查材质合格记录。

b) 面层与下一层应结合牢固，无空鼓。凡单块板块边角有局部空鼓，且每自然间(标准间) 不应超过总数的 5% 。

检验方法：用小锤轻击检查。

c) 所用板块进入现场应有放射性限量合格的检测报告。

③ 木、竹面层铺设

a. 一般规定

(a) 本章适用于实木地板面层、实木复合地板面层、中密度（ 强化）复合地板面层、竹地板面层等（ 包括免刨免漆类）分项工程的施工质量检验。

(b) 木、竹地板面层下的木搁栅、垫木、毛地板等采用木材的树种、选材标准和铺设时木材含水率以及防腐、防蛀处理等，均应符合现行国家标准《木结构工程施工质量验收规范》GB 50206 的有关规定。所选用的材料，进场时应对其断面尺寸、含水率等主要技术指标进行抽检，抽检数量应符合产品标准的规定。

(c) 与厕浴间、厨房等潮湿场所相邻木、竹面层连接处应做防水（防潮）处理。

(d) 木、竹面层铺设在水泥类基层上，其基层表面应坚硬、平整、洁净、干燥、不起砂。

(e) 建筑地面工程的木、竹面层搁栅下架空结构层（或构造层）的质量检验，应符合相应国家现行标准的规定。

(f) 木、竹面层的通风构造层包括室内通风沟、室外通风窗等，均应符合设计要求。

b. 中密度（ 强化）复合地板面层

(a) 中密度（强化）复合地板面层的材料以及面层下的板或衬垫等材质应符合设计要求，并采用具有商品检验合格证的产品，其技术等级及质量要求均应符合国家现行标准的规定。

(b) 中密度（强化）复合地板面层铺设时，相邻条板端头应错开不小于 300mm 距离；衬垫层及面层与墙之间应留不小于 10mm 空隙。

(c) 主控项目：

中密度（强化）复合地板面层所采用的材料，其技术等级及质量要求应符合设计要求。木搁栅、垫木和毛地板等应做防腐、防蛀处理。

检验方法：观察检查和检查材质合格证明文件及检测报告。

木搁栅安装应牢固、平直。

检验方法：观察、脚踩检查。

面层铺设应牢固。

检验方法：观察、脚踩检查。

5）常见质量通病及防治措施

现象①：水泥楼地面起砂、空鼓、裂缝。

防治措施：

a. 面层为水泥砂浆时，应采用1∶2水泥砂浆。

b. 细石混凝土面层的混凝土强度等级不应小于C20。

c. 宜采用早强型的硅酸盐水泥和普通硅酸盐水泥；选用中、粗砂，含泥量≤3%；面层为细石混凝土时，细石粒径不大于15mm，且不大于面层厚度的2/3；石子含泥量应≤1%。

d. 浇筑面层混凝土或铺设水泥砂浆前，基层应清理干净并湿润，消除积水；基层处于面干内潮时，应均匀涂刷水泥素浆，随刷随铺水泥砂浆或细石混凝土面层。

e. 严格控制水灰比，用于面层的水泥砂浆稠度应≤35mm，用于铺设地面的混凝土坍落度应≤30mm。

f. 水泥砂浆面层要涂抹均匀，随抹随用短杆刮平；混凝土面层浇筑时，应采用平板振捣或辊子滚压，保证面层强度和密实。

g. 掌握和控制压光时间，压光次数不少于2遍，分遍压实。

h. 地面面层24h后，应进行养护，并加强对成品的保护，连续养护时间不应少于7d；当环境温度低于5℃时，应采用防冻施工措施。

现象②：楼梯踏步阳角开裂或脱落、尺寸不一致。

防治措施：

a. 踏步阳角开裂或脱落：

（a）应在阳角处增设护角。

（b）踏步抹面（或抹底糙）前，应将基层清理干净，并充分洒水湿润。

（c）抹砂浆前应先刷一度素水泥浆或界面剂，并严格做到随刷随抹。

（d）砂浆稠度应控制在35mm左右。抹面工作应分次进行，每次抹砂浆厚度应控制在10mm之内。

（e）踏步平、立面的施工顺序应先抹立面，后抹平面，使平立面的接缝在水平方向，并应将接缝搓压紧密。

（f）抹面（或底糙）完成后应加强养护。养护天数为7～14d，养护期间应禁止行人上下。正式验收前，宜用木板或角钢置于踏级阳角处，以防被碰撞损坏。

b. 踏步尺寸不一致：

（a）楼梯结构施工阶段，踏步、模板应用木模板制作，尺寸一致。

（b）计算楼梯平台处结构标高与建标高差值，经此差值控制地面面层厚度。

（c）统一楼梯面层做法，若平台与踏步面层做法不一致，应在梯段结构层施工时调整结构尺寸。

（d）面层抹灰时，调整楼面面层厚度使楼梯踏步尺寸统一。

现象③：厨、卫间楼地面渗漏水。

防治措施：

a. 厨卫间和有防水要求的建筑地面必须设置防水隔离层。

b. 厨卫间和有防水要求的楼板周边地面除门洞外，应向上做一道高度不小于200mm的混凝土翻边，与楼板一同浇筑，地面标高应比室内其他房间地面低30mm以上。

c. 主管道穿过楼面处，应设置金属套管。

d. 上下水管等预留洞口坐标位置应正确，洞口形状上大下小。

e. PVC管道穿过楼面，宜采用预埋接口配件的方法。

f. 现浇板预留洞口填塞前，应将洞口清洗干净、毛化处理、涂刷加胶水水泥浆作粘结层。洞口填塞分两次浇筑，先用掺入抗裂防渗的微膨胀细石混凝土浇筑至楼板厚度的2/3处，待混凝土凝固4h蓄水试验；无渗漏后，用掺入抗裂防渗剂的水泥砂浆填塞。管道安装后，应在管周进行24h蓄水试验，不渗不漏后再做防水层。

g. 防水层施工前应先将楼板四周清理干净，阴角处粉成小圆弧。防水层的泛水高度不得小于300mm。

h. 地面找平层朝地漏方向的排水坡度为1%～1.5%，地漏要比相邻地面低5mm。

i. 有防水要求的地面施工完毕后，应进行24h蓄水试验，蓄水高度为20～30mm，不渗不漏为合格。

j. 烟道根部向上300mm范围内宜采用聚合物防水砂浆粉刷，墙面应用防水砂浆分2次刮糙。

现象④：石材表面不平整，接缝缝隙大小不均匀。

防治措施：

a. 不合格的石材不允许进场，对进场的石材，应严格验收手续，需复试的原材料进场后必须进行相应复试检测，合格后方可用于工程。用于工程的石材要进行严格筛选。凡有翘曲变形、拱背、裂缝、掉角、厚薄不一、宽窄不方正等质量缺陷的板材一律不得使用。

b. 地面铺贴前应进行挑选，板材在铺贴前要通过试排查出板块间的缝隙大小，在试排的基础上，弹出互相垂直的十字线，对每块板材按位置进行编号，铺贴时先铺贴十字线中间的一块，从此块处向两侧和后退方向挂线铺贴，边铺贴边注意缝隙的宽度。

c. 新铺砌的房间应临时封闭，禁止行人和堆放物品，必要人员进入时，要穿软底鞋，并且轻踏在一块板材上。

现象⑤：面层空鼓。

防治措施：

a. 认真清理基层表面的浮灰、油质、杂物，并冲洗净。若基层表面过于光滑，则应凿毛处理。基层必须具有粗糙、洁净和潮湿的表面，以保证结合层与基层结合牢固。

b. 基层与板材铺贴前必须湿润，板材背面必须冲刷干净，不得有灰尘或污物。

c. 粘结层水泥砂浆的比例宜为1∶3（体积比）。水泥应选用325普通硅酸盐水泥，水泥砂浆的铺设厚度应接近石材饰面层标高，铺贴后用橡皮锤（或木槌垫板）敲实后，以砂浆从缝中挤出为宜。

d. 铺贴24h后，应及时覆盖保湿，以减少水分的蒸发，保证石材与砂浆粘结牢固。

（3）案例

【背景】

北方某商业楼地面工程，建筑面积为450m²，地面做法设计有三种：水泥砂浆地面、地砖地面和实木复合地板地面，具体做法：

1）水泥砂浆地面——用于变配电间、设备用房；

2）地砖地面——用于超市、卫生间；

3）实木复合地板地面——用于办公室、会议室。

因冬季进行施工，投入使用后地转地面出现大面积空鼓现象。

【问题】

1）办公室采用地板供暖方式，选购地暖地板应该注意哪些问题?

2）如何进行地砖质量的检验?

3）写出防治地砖地面空鼓的现场控制措施。

4）按照《建筑地面工程施工质量验收规范》GB 50209 规定，写出实木复合地板面层质量验收中的主控项目。

【分析】

1）选购地暖地板应该注意的问题

a. 首先应选择实木复合地板：实木复合地板是由不同树种的板材交错层压而成，克服了实木地板单向同性的缺点，干缩湿胀率小，具有较好的尺寸稳定性，有效地调整了木材之间的内应力，不易翘曲开裂，并保留了实木地板的自然木纹和舒适的脚感。实木复合地板既适合普通地面铺设，又适合地采暖地板铺设。

b. 注意地板的厚度：地暖的工作原理是通过低温辐射传递热能，木材纤维孔有绝热的作用。地板不能太厚，当厚度超过 15mm 的时候辐射热能就很难达到地板表层，热能利用率低，地板采暖效果就差，不经济。地板太薄储热效果太差，容易造成室内温差。

c. 注意地板热阻系数适中的地板：热阻系数与蓄能成正比，与传热效果成反比。热阻系数越大，地板传热效果越差。

d. 注意使用地点的气候、环境湿度，选择变形系数小的地板作为地暖地板。

2）地砖质量的检验

一看：地砖花色品种非常多，按品种及工艺可分为釉面砖、防滑砖、玻化砖、抛光砖、微粉砖、渗花砖等地砖。质量等级分优等、合格品。地砖的表面有龟裂不平、边角不齐和釉层内或釉层中有夹杂物斑点、有色差等，不可以使用。

二敲：检查地砖镶贴有无空鼓，检验方法通常采用专用小钢锤或小铁锤、小铁棒，绕着房间轻轻敲击地砖的四角与中间，检测地砖有无空鼓声。响声清脆，为正常；如有空洞的声音为空鼓，说明镶贴不实装修质量不合格，必须及时铲除更换。在检查中，对空鼓地砖做上标志，发现地砖有破碎、暴边现象也做上标志必更换。

三泼：做泼水试验，地砖镶贴对阳台、卫生间、厨房间还有一个排水坡度要求。检查卫生间、厨房、阳台的地面有无坑坑洼洼，排水是否顺畅。用盛水器具装上水泼洒到地上，稍等片刻，哪里积水就表明哪里的地砖铺得不平或排水坡度做得不够。

3）现场控制措施

①严格处理底层（垫层或基层）：

a. 认真清理表面的浮灰、浆膜以及其他污物，并冲洗干净。如底层表面过于光滑，则应凿毛。门口处砖层过高时应予剔凿。

b. 控制基层平整度，用 2m 直尺检查，其凹凸度不应大于 10mm，以保证面层厚度均匀一致，防止厚薄差距过大，造成凝结硬化时收缩不均而产生裂缝、空鼓。

c. 面层施工前1～2d，应对基层认真进行浇水湿润，使基层具有清洁、湿润、粗糙的表面。

②注意结合层施工质量：

a. 素水泥浆结合层在调浆后应均匀涂刷，不宜采用先撒干水泥面后浇水的扫浆方法。素水泥浆水灰比以0.4～0.5为宜。

b. 刷素水泥浆应与铺设面层紧密配合，严格做到随刷随铺。铺设面层时，如果素水泥浆已风干硬结，则应铲去后重新涂刷。

③保证混凝土垫层的施工质量：

a. 碎石最大粒径不应大于40mm，且不得超过垫层厚度的1/2。粒径在5～31.5mm为宜。5mm以下者，不得超过总体积的40%。

b. 混凝土拌合应均匀，严格控制用水量。铺设后，宜用滚子滚压至表面泛浆，并用木抹子搓打平，表面不应有松动的颗粒。

c. 在垫层内埋设管道时，管道周围应用细石混凝土通长稳固好。

d. 垫层铺设后，应认真做好养护工作，养护期间应避免受水浸蚀，待其抗压强度达到1.2MPa后，方可进行下道工序的施工。

e. 混凝土垫层应用平板振捣器振实，高低不平处，应用水泥砂浆或细石混凝土找平。

4）实木复合地板面层

主控项目：

① 实木复合地板面层采用的地板、胶粘剂等应符合设计要求和国家现行有关标准的规定。

检验方法：观察检查和检查型式检测报告，出厂检验报告，出厂合格证。

检查数量：同一工程、同一材料、同一生产厂家、同一型号、同一规格、同一批号检查一次。

② 实木复合地板面层采用的材料进入施工现场时，应有以下有害物质限量合格的检测报告：

a. 地板中的游离甲醛（释放量或含量）。

b. 溶剂型胶粘剂中的挥发性有机化合物（VOC）、苯、甲苯+二甲苯。

c. 水性胶粘剂中的挥发性有机化合物（VOC）和游离甲醛。

检验方法：检查检测报告。

检查数量：同一工程、同一材料、同一生产厂家、同一型号、同一规格、同一批号检查一次。

③ 木搁栅、垫木和垫层地板等应做防腐、防蛀处理。

检查方法：观察检查和检查验收记录。

检查数量：按本规范第3.0.21条规定的检验批检查。

④ 木搁栅安装牢固、平直。

检验方法：观察、行走、钢尺测量等检查和检查验收记录。

检量数量：按本规范第3.0.21条规定的检验批检查。

⑤ 面层铺设应牢固；粘贴应无空鼓、松动。

检验方法：观察、行走或用小锤轻击检查。

检验数量：按本规范第 3.0.21 条规定的检验批检查。

1.2.7 细部工程施工技术及案例

（1）主要材料及技术要求

1）按设计要求选用材料及构配件，材料的品种、规格、质量应符合设计及规范的规定。

2）对人造木板的甲醛含量进行复验，检测报告应符合国家环保规定的要求。

3）细部工程中的预埋件、连接件应进行防腐处理和隐蔽工程验收。

（2）施工技术

1）分类

细部工程的制作与安装在建筑装饰装修工程中的比重越来越大，主要包括橱柜制作与安装，窗帘盒、窗台板、散热器罩制作与安装，门窗套制作与安装，护栏和扶手制作与安装，花饰制作与安装等 5 个分项工程。

2）施工条件

① 细部工程施工前应熟悉施工图纸和设计要求。

② 细部工程验收时应检查下列文件和记录：

a. 施工图、设计说明及其他设计文件。

b. 材料的产品合格证书、性能检测报告、进场验收记录和复验报告。

c. 隐蔽工程验收记录。

d. 施工记录。

3）施工工艺

① 橱柜制作与安装

橱柜制作与安装是指位置固定的壁柜、吊柜等橱柜制作安装，不包括移动式橱柜和家具的制作安装。固定橱柜依结构可分为框架式和板式二种，其制作安装各不相同。

② 窗帘盒、窗台板、散热器罩制作与安装

窗帘盒有木材、塑料、金属等多种材料做法，散热器罩以木材为主，窗台板有木材、天然石材、水磨石等多种材料做法。木窗帘盒又分为单轨和双轨木窗帘盒两种，单轨木窗帘盒用于吊单层窗帘，双轨木窗帘盒用于吊双层窗帘。

a. 木窗帘盒制作安装的重点是：盒宽、龙骨、盒底板、窗帘、轨道五部分。

（a）窗帘盒宽度应符合设计要求。当设计无要求时，窗帘盒宜伸出窗口两侧 200～300mm，窗帘盒中线应对准窗口中线，并使两端伸出窗口长度相同。窗帘盒下沿与窗口上沿应平齐或略低。

（b）当采用木龙骨双包夹板工艺制作窗帘盒时，遮挡板外立面不得有明榫、露钉帽，底边应做封边处理。

（c）窗帘盒底板可采用后置木楔或膨胀螺栓固定，遮挡板与顶棚交接处宜用角线收口。窗帘盒靠墙部分应与墙面紧贴。

（d）窗帘轨道安装应平直。窗帘轨固定点必须在底板的龙骨上，连接必须用木螺钉，严禁用圆钉固定。采用电动窗帘轨时，应按产品说明书进行安装调试。

b. 窗台板制作安装的重点是：材质、规格、造型、安装位置和固定方法等。

（a）窗台板的厚度、宽度、长度尺寸应符合设计要求，木窗台板与砌体或混凝土构件接触处应做防腐处理。

（b）窗台板安装标高应符合设计要求，窗台低于 0.80m 时，应采取防护措施。

（c）安装窗台板时，两端应嵌入洞口侧壁内，挑出窗洞两侧的尺寸一致；与窗框衔接处宜搭接，即窗台板插入窗框下。

（d）窗台板与墙面、窗框的衔接处应严密、密封，胶缝应顺直、光滑。

（e）窗台板表面应平整、洁净、线条顺直、接缝严密、色泽一致，不得有裂缝、翘曲及损坏。

c. 散热器罩制作与安装的重点是：材质、规格、造型、安装位置和固定方法等。

（a）散热器罩的尺寸应与槽的尺寸相适应。

（b）散热器罩内与散热器顶面的净空应不小于 180mm。

（c）散热器罩底部标高应与踢脚线高度相同。

③ 门窗套制作与安装工程

门窗套是门窗筒子板、贴脸板的统称。筒子板是指门、窗框两侧墙面饰板；贴脸板是指筒子板侧面的墙面饰板。门窗套制作与安装工程是指门窗筒子板、贴脸板制作与安装。

木门窗套制作安装的重点是：洞口、骨架、面板、贴脸、线条五部分。门窗套制作与安装工程的施工技术要求如下：

a. 门窗洞口应方正垂直。预埋木砖应符合设计要求，并应进行防腐处理，也可以采用在洞口侧壁上钻孔，后置木楔用于固定木搁栅（木龙骨）、后置膨胀螺栓用于连接金属类龙骨或面板。

b. 木龙骨应根据洞口尺寸、门窗中心线和位置线，用方木制成搁栅骨架，并应做防腐处理，采用钉固法与木砖或木楔固定。骨架可分片制作安装，立杆一般为二根，当门窗套较宽时可适当增加；横撑应根据面板厚度确定间距，横撑位置必须与预埋件位置重合。

c. 安装洞口搁栅骨架时，一般先上端后两侧，洞口上部骨架应与紧固件连接牢固。搁栅骨架安装除预留板面厚度外，搁栅骨架与木砖间的间隙应垫以木垫。搁栅骨架制作安装应方正、平整、牢固，表面刨平。

d. 与墙体对应的基层板板面应进行防腐处理，基层板安装应牢固。

e. 饰面板颜色、花纹应协调。板面应略大于搁栅骨架，大面应净光，小面应刮直。木纹根部应向下，长度方向需要对接时，花纹应通顺，其接头位置应避开视线平视范围，宜在室内地面 2m 以上或 1.2m 以下，接头应留在横撑上。

f. 贴脸、线条的品种、颜色、花纹应与饰面板协调。贴脸接头应成 45°角，贴脸与门窗套板面结合应紧密、平整，贴脸或线条盖住抹灰墙面应不小于 10mm。

g. 在门窗套上下端部，宜各做一组通风孔，孔径为 $\phi10$，孔距 400～500mm。

④ 护栏和扶手制作与安装工程

扶手一般是设在室内外楼梯、台阶等边缘部位的安全防护设施。护栏和扶手制作与安装应符合以下技术要求：

a. 护栏高度、栏杆间距、安装位置必须符合设计要求。扶手高度不应小于 0.90m（建筑物设置幼儿扶手的除外。设置幼儿扶手的，其高度不应大于 0.60m）；护栏高度不应小于1.05m，高层建筑的护栏高度应再适当提高，但不宜超过1.20m；栏杆间距不应大于0.11m。

b. 护栏和扶手制作与安装所使用材料的材质、规格、数量和木材塑料的燃烧性能等级应符合设计要求。护栏和扶手制作与安装应采用坚固、耐久材料，并能承受规范允许的水平荷载。不承受水平荷载的栏板玻璃应按《建筑玻璃应用技术规程》规定的“安全玻璃最大许用面积表”选用，且公称厚度不小于5mm的钢化玻璃或6.38mm的夹层玻璃。承受水平荷载的栏板玻璃的公称厚度不应小于12mm的钢化玻璃或16.76mm的钢化夹层玻璃。当栏板玻璃最低点离一侧楼地面高度大于5m时，不得使用承受水平荷载的栏板玻璃。使用护栏玻璃应使用厚度不小于12mm的钢化玻璃或钢化夹层玻璃，当护栏一侧距楼地面高度为5m及以上时，应使用钢化夹层玻璃。

c. 护栏和扶手安装必须牢固。

⑤ 花饰制作与安装工程

花饰制作与安装工程是指混凝土、石材、木材、塑料、金属、玻璃、石膏等花饰制作与安装。

a. 花饰的安装必须牢固。

b. 木（竹）质装饰线、件的接口应拼对花纹，拐弯接口应齐整无缝，同一种房间的颜色应一致，封口压边条与装饰线、件应连接紧密、牢固。

c. 石膏装饰线、件安装的基层应干燥，石膏线与基层连接的水平线和定位线的位置、距离应一致，接缝应45°角拼接。当使用螺钉固定花件时，应用电钻打孔，螺钉钉头应沉入孔内，螺钉应做防锈处理；当使用胶粘剂固定花件时，应选用短时间固化的胶粘材料。

d. 金属类装饰线、件安装前应做防腐处理。基层应干燥、坚实。铆接、焊接或紧固件连接时，紧固件位置应整齐，焊接点应在隐蔽处、焊接表面应无毛刺。刷漆前应去除氧化层。

e. 随着装饰花件品种的增加，合成类装饰线、件在工程中已有较普遍的应用，合成类装饰线、件可不做防潮防腐，但有些以中密度板为基材的合成线、件仍需做防潮、防腐处理。

4）质量标准及检验方法

① 橱柜制作与安装工程

检查数量应符合下列规定：

每个检验批应至少抽查3间（处），不足3间（处）时应全数检查。

主控项目：

a. 橱柜制作与安装所用材料的材质和规格、木材的燃烧性能等级和含水率、花岗石的放射性及人造木板的甲醛含量应符合设计要求及国家现行标准的有关规定。

检验方法：观察；检查产品合格证书、进场验收记录、性能检测报告和复验报告。

b. 橱柜安装预埋件或后置埋件的数量、规格、位置应符合设计要求。

检验方法：检查隐蔽工程验收记录和施工记录。

c. 橱柜的造型、尺寸、安装位置、制作和固定方法应符合设计要求。橱柜安装必须牢固。

检验方法：观察；尺量检查；手扳检查。

d. 橱柜配件的品种、规格应符合设计要求。配件应齐全，安装应牢固。

检验方法：观察；手扳检查；检查进场验收记录。

e. 橱柜的抽屉和柜门应开关灵活、回位正确。

检验方法：观察；开启和关闭检查。

②窗帘盒、窗台板和散热器罩制作与安装工程

检查数量应符合下列规定：

每个检验批应至少抽查 3 间（处），不足 3 间（处）时应全数检查。

主控项目：

a. 窗帘盒、窗台板和散热器罩制作与安装所使用材料的材质和规格、木材的燃烧性能等级和含水率、花岗石的放射性及人造木板的甲醛含量应符合设计要求及国家现行标准的有关规定。

检验方法：观察；检查产品合格证书、进场验收记录、性能检测报告和复验报告。

b. 窗帘盒、窗台板和散热器罩的造型、规格、尺寸、安装位置和固定方法必须符合设计要求。窗帘盒、窗台板和散热器罩的安装必须牢固。

检验方法：观察；尺量检查；手扳检查。

c. 窗帘盒配件的品种、规格应符合设计要求，安装应牢固。

检验方法：手扳检查；检查进场验收记录。

③ 门窗套制作与安装工程

检查数量应符合下列规定：

每个检验批应至少抽查 3 间（处），不足 3 间（处）时应全数检查。

主控项目：

a. 门窗套制作与安装所使用材料的材质、规格、花纹和颜色、木材的燃烧性能等级和含水率、花岗石的放射性及人造木板的甲醛含量应符合设计要求及国家现行标准的有关规定。

检验方法：观察；检查产品合格证书、进场验收记录。性能检测报告和复验报告。

b. 门窗套的造型、尺寸和固定方法应符合设计要求，安装应牢固。

检验方法：观察；尺量检查；手扳检查。

④ 护栏和扶手制作与安装工程

检查数量应符合下列规定：

每个检验批的护栏和扶手应全部检查。

主控项目：

a. 护栏和扶手制作与安装所使用材料的材质、规格、数量和木材、塑料的燃烧性能等级应符合设计要求。

检验方法：观察；检查产品合格证书、进场验收记录和性能检测报告。

b. 护栏和扶手的造型、尺寸及安装位置应符合设计要求。

检验方法：观察；尺量检查；检查进场验收记录。

c. 护栏和扶手安装预埋件的数量、规格、位置以及护栏与预埋件的连接节点应符合设计要求。

检验方法：检查隐蔽工程验收记录和施工记录。

d. 护栏高度、栏杆间距、安装位置必须符合设计要求。护栏安装必须牢固。

检验方法：观察；尺量检查；手扳检查。

e. 护栏玻璃应使用公称厚度不小于 12mm 的钢化玻璃或钢化夹层玻璃。当护栏一侧距楼地面高度为 5m 及以上时，应使用钢化夹层玻璃。

检验方法：观察；尺量检查；检查产品合格证书和进场验收记录。

⑤ 花饰制作与安装工程

检查数量应符合下列规定：

室外每个检验批应全部检查。

室内每个检验批应至少抽查 3 间（处）；不足 3 间（处）时应全数检查。

主控项目：

a. 花饰制作与安装所使用材料的材质、规格应符合设计要求。

检验方法：观察；检查产品合格证书和进场验收记录。

b. 花饰的造型、尺寸应符合设计要求。

检验方法：观察；尺量检查。

c. 花饰的安装位置和固定方法必须符合设计要求，安装必须牢固。

检验方法：观察；尺量检查；手扳检查。

5）常见质量通病及防治措施

①现象：防护栏杆、扶手设置不符合要求。

防治措施：

a. 阳台、外廊、室内回廊、内天井、上人屋面及室外楼梯等临空处应设置防护栏杆。临空高度在 24m 以下时，栏杆高度应≥1.05m；临空高度在 24m 及以上时，栏杆高度应≥1.10m（栏杆高度应从楼地面或屋面至栏杆扶手顶面垂直高度计算。如底部有宽度≥0.22m，且高度≤0.45m 的可踏部位，应从可踏部位顶面起计算）。

b. 室内楼梯扶手高度自踏步前缘线量起≥0.90m，靠楼梯井一侧水平扶手长度超过 0.50m 时，其高度≥1.05m。

c. 窗台低于 0.90m 时，应采取防护措施。防护高度当窗台高度≤0.45m 时，从窗台面起计算，当窗台高度>0.45m 时，从楼地面面层起计算，其高度不应低于窗台高度。

d. 梯井净宽大于 0.20m 时，必须采取防止少年儿童攀滑的设施。楼梯栏杆应采取不易攀登的构造，采用垂直杆件作为栏杆时，其杆件净距不应大于 0.11m。

②现象：不按规定使用安全玻璃。

防治措施：

a. 设计单位必须在设计文件中标明安全玻璃的品种和规格。

b. 安全玻璃应有产品质量合格证书和国家强制性产品认证证书复印件。复印件必须加盖生产企业公章，作为质量控制资料存档。

c. 用于建筑物的安全玻璃必须有强制性认证标志。

d. 必须使用安全玻璃的部位：

a）七层及七层以上建筑物外开窗；

b）面积大于 $1.5m^2$ 的窗玻璃和玻璃底边离最终装修面小于 0.5m 的落地窗；

c）玻璃幕墙；

d）天窗、采光顶、吊顶、雨棚；

e）室内隔断、浴室围护和屏风；

f）楼梯、阳台、平台、走廊的栏杆和内天井栏杆；

g）易受撞击、冲击而造成人体伤害的其他部位；

h）安装在易于受到人体或物体碰撞部位的建筑玻璃，如落地窗、玻璃隔断等，应采取保护措施。对碰撞后可能发生高处人体或玻璃坠落情况的，必须采用可靠的护栏。

③ 木花格、玻璃花格安装

现象1：外框变形。

原因分析：

a. 木材含水率超过规定。

b. 选材不适当。

c. 堆放不平，露天堆放无遮盖。

防治措施：

a. 按规定含水率干燥木材。

b. 选用优质木材加工。

c. 堆放时，底面应支承在一个平面内，上盖油布防止日晒雨淋。

d. 对变形严重者应予矫正。

现象2：外框对角线不相等。

原因分析：

a. 榫头加工不方正。

b. 拼装时未校正垂直。

c. 搬运过程中碰撞变形。

防治措施：

a. 加工、打眼要方正。

b. 拼装时应校正垂直。

c. 搬运时留心保护。

现象3：木材表面有明显刨痕，手感不光滑而且粗糙。

原因分析：

木材加工参数（如进给速度、转速、刀轴半径等）选用不当。

防治措施：

调整加工参数，必要时可改用手工工具精刨一次

现象4：花格中的垂直立梃变形弯曲。

原因分析：

a. 选用木材不当。

b. 保管不善，日晒雨淋。

c. 未认真检查杆件垂直度。

防治措施：

a. 选用优质木材。

b. 爱护半成品，码放整齐通风。

c. 安装时应在两个方向同时检查。

现象 5：横向杆件安装位置偏差大。

原因分析：

a. 加工安装粗糙。

b. 原有框架尺寸不准或整体外框变形。

防治措施：

a. 认真加工，量准尺寸。

b. 不要使花格外框尺寸过分大或小于建筑洞口尺寸，需加以修复。

现象 6：花格尺寸与建筑物洞口缝隙过大或过小。

原因分析：

a. 框的边梃四周缝很宽，填塞砂浆会脱落。

b. 抹灰后，框边梃外露很少。

防治措施：

a. 事先检查洞口与外框口尺寸误差情况，予以调整。

b. 将误差分散处理掉，不要集中一处。

（3）案例

【背景】

某工程楼梯栏杆采用不锈钢拉丝管栏杆，材质设计为 301 号不锈钢拉丝管。不锈钢栏杆施工常见的质量通病有：

1）管材表面光亮度不够，颜色发暗，镀钛管材表面色差大；

2）栏杆扶手整体刚度不够，用手拍击扶手有颤抖感；

3）立柱不垂直，排列不在同一直线上，晃动不牢固；

4）扶手拐弯处不通顺；

5）管材连接处有缝隙；

6）圆弧形扶手弧线不通顺，有拆棱；

7）焊缝处管壁被磨透，抛光度不够；

8）表面有划痕、凹坑。施工单位制定了防止措施。

橱柜是厨房装修中最重要的组件，橱柜包括底柜、台面、吊柜。橱柜的安装是否到位不仅直接关系到橱柜的美观，还关系到日后的使用。橱柜的安装顺序是：

靠墙后底板→侧立板顶→板→下底板→搁板→柜门→五金→调试、清洁。

【问题】

1）简要写出该工程不锈钢栏杆施工方案。

2）按照《民用建筑设计通则》GB 50352—2005，写出对于防护栏杆的强制性条文。

3）说明不锈钢栏杆施工常见质量通病的防止措施。

4）简要说明橱柜安装的技巧。

【分析】

1）施工方案：

① 材料及机具准备

a. 原材料：301 号不锈钢管。

b. 主要机具：氩弧电焊机、切割砂轮机、冲击电钻、角磨机、不锈钢丝细毛刷、小锤等。

② 作业前技术准备

a. 熟悉图纸，做不锈钢栏杆施工工艺技术交底。

b. 施工前应检查电焊工合格证有效期限，应证明焊工所能承担的焊接工作，选择合适的焊接工艺、焊条直径、焊接电流、焊接速度等，通过焊接工艺试验验证；现场供电应符合焊接用电要求；施工环境能满足不锈钢栏杆施工的需要。

③ 现场安装施工方法

a. 放线

由于工程楼梯为预埋件施工，有可能产生误差，因此，在立柱安装之前，应重新放线，以确定埋板位置与焊接立杆的准确性，如有偏差，及时修正。应保证不锈钢内衬管全部坐落在钢板上，并且四周能够焊接，后补埋件安装完毕后，必须进行防腐处理，涂刷防锈漆两遍。

b. 埋件制作和安装

(a) 包括埋件钢板、膨胀螺栓、氧气、乙炔、冲击电钻及其他构件。

(b) 楼梯间装饰工程中楼梯栏杆先种好预埋件，其做法是采用膨胀螺栓与钢板来制作后置连接件，先在结构踏步和休息平台基层上放线，确定立柱固定点的位置，然后在楼梯地面上用冲击电钻钻孔，再安装膨胀螺栓，螺栓保持足够的长度（膨胀螺栓不高于垫层，高出部分割除），在螺栓定位以后，将螺栓拧紧同时将螺母与螺杆间焊死，防止螺母与钢板松动；扶手与墙体面的连接也同样采取上述方法。

c. 栏杆安装

(a) 安装立柱

焊接立柱时，需双人配合，一个扶住钢管使其保持垂直，在焊接时不能晃动，另一人施焊，立柱与面管满焊，立柱与支杆点焊，焊接应符合规范。

(b) 扶手面管与立柱连接

立柱在安装前，通过拉长线放线，根据楼梯的倾斜角度及所用扶手面管的圆度，在其上端加工出凹槽。然后把扶手面管直接放入立柱凹槽中，从一端向另一端顺次焊接安装，相邻扶手安装对接准确，接缝严密。相邻钢管对接好后，将接缝用不锈钢填料棒进行氩弧焊接。焊接前，必须将沿焊缝每边 30～50mm 范围内的油污、毛刺、锈斑等清除干净，否则应选择三氯代乙烯、苯、汽油、中性洗涤剂或其他化学药品用不锈钢丝细毛刷进行刷洗，必要时可用角磨机进行打磨，磨出金属表面后再进行焊接。

d. 打磨抛光

全部焊接好后，用手提砂轮打磨机将焊缝打平砂光，直到不显焊缝。抛光时采用绒布砂轮或毛毡进行抛光，同时采用相应的抛光膏，直到与相邻的母材基本一致，不显焊缝为止。

④ 安装操作要点

a. 栏杆立杆安装应按要求及施工墨线从起步处向上的顺序进行，楼梯起步处平台两端立杆应先安装。

b. 两端立杆安装完毕后，拉通线用同样方法安装其余横杆或立杆。立杆安装必须牢固，不得松动。立杆焊接除不锈钢外，在安装完后，均应进行防腐防锈处理，并且不得外露，应在根部安装装饰罩或盖。

⑤ 质量标准

a. 按照各种管件的长度准确进行下料，其管件下料长度允许偏差为 1mm。

b. 管件下料前必须检查是否平直，否则必须矫直或调换。

c. 栏杆排列均匀、竖直有序，与踏步相交尺寸符合设计要求，栏板与踏步埋件及扶手连接处焊接牢固，露明部位接缝严密，打磨光滑无明显痕迹，光洁度一致。扶手安装的坡度与楼梯的坡度一致。

d. 安装立杆时，间距应不小于 900mm、不大于 1200mm；上横杆与面管间距以 110mm 为准，下横杆与踏步面装饰层间距以踏步根部垂直向上 250mm 为准；当中立杆间距以均匀排列为基本模数，间距不大于 110 mm。悬空部位栏杆高度不低于 1100mm。

e. 焊接时焊条或焊丝应选用适合于所焊接的材料的品种，且应有出厂合格证。

f. 焊接时管件必须放置的位置准确。

g. 焊接时管件之间的焊点应牢固，焊缝应饱满，焊缝表面的焊波应均匀，不得有咬边、未焊满、裂纹、渣滓、焊瘤、烧穿、电弧擦伤、弧坑和针状气孔等缺陷。

⑥ 应注意的施工质量问题

a. 尺寸超出允许偏差：对焊缝长宽、宽度、厚度不足，中心线偏移，弯折等偏差，应严格控制焊接部位的相对位置尺寸，合格后方准焊接，焊接时精心操作。

b. 焊缝裂纹：为防止裂纹产生，应选择适合的焊接工艺参数和焊接程序，避免用大电流，不要突然熄火，焊缝接头应搭接 10～15mm，焊接中不允许搬动、敲击焊件。

c. 表面气孔：焊接部位必须刷洗干净，焊接过程中选择适当的焊接电流，降低焊接速度，使熔池中的气体完全逸出。

d. 保护：拉丝管型材出厂前做保护膜，避免运输、下料过程中的产品污染，产品保护膜在焊接安装前拆除。

2）《民用建筑设计通则》GB 50352—2005 中强制性条文第 6.6.3 条：

阳台、外廊、室内回廊、内天井、上人屋面及室外楼梯等临空处应设置防护栏杆，应符合下列规定：

① 栏杆应以坚固、耐久的材料制作，并能承受荷载规范规定的水平荷载；

② 临空高度在 24m 以下时，栏杆高度不应低于 1.05m，临空高度在 24m 及 24m 以上（包括中高层住宅）时，栏杆高度不应低于 1.10m；

③ 栏杆离楼面或屋面 0.10m 高度内不宜留空；

④ 住宅、托儿所、幼儿园、中小学及少年儿童专用活动场所的栏杆必须采用防止少年儿童攀登的构造，当采用垂直杆件做栏杆时，其杆件净距不应大于 0.11m；

⑤ 文化娱乐建筑、商业服务建筑、体育建筑、园林景观建筑等允许少年儿童进入活动的场所，当采用垂直杆件做栏杆时，其杆件净距也不应大于 0.11m。

3）不锈钢栏杆施工常见质量通病的防治措施

① 首先要选用质量合格的管材。不同牌号的管材其含元素量不同，即使在同一工厂内镀钛，其成品表面颜色也有色差。因此应注意选用同一类别和牌号的不锈钢管，且应加

强镀钛过程的质量管理。

② 因选用管壁太薄，使整体强度不足，应选用壁厚大于等于 1.2mm 的管材做扶手。立管管径不能太小，当扶手直线段长度较长时，立柱设计应有侧向稳定加强措施。

③ 弹线不准，安装方法不当。施工时必须精确弹线，先用水平尺校正两端基准立柱和固定，然后拉通线按各立柱定位将各立柱固定。施焊前应加强检查预埋件，发现有问题的埋杆应加固好。应防止固定立柱底座的胀管螺栓太短，或饰面石材下的水泥砂浆层不饱满。应加强每道施工工序的质量检查，以便及时纠正质量问题。

④ 加工技术不高。应采用专业工厂生产的直角弯头，非标准角度弯管，可按施工放样详图专门加工，加工厂应有专用生产设备。

⑤ 焊接应满焊。最好采用有内衬的套管。

⑥ 因选用的管材壁厚太薄，在加工弯头时易发生凹瘪，并使管不圆，在对焊时又没有内衬套管，这样焊接后磨平焊缝时，容易将鼓起一端的管壁磨透，应选用厚度合适的管材，对焊时最好附加内衬套管。

⑦ 成品保护不当，在交叉作业中被物体碰撞，划伤，应合理安排施工工序，最后将扶手安装放在后期进行。对完工的扶手进行保护和隔离，防止异物碰撞和划伤。

4）橱柜安装的技巧：

① 壁柜的测量。壁柜的柜体既可以是墙体，也可以是夹层，这样既保证有效利用空间，又不变形，但一定要做到顶部与底部水平、两侧垂直，如有误差，则要求洞口左右两侧高度差小于 5mm，壁柜门的底轮可以通过调试系统弥补误差。

② 轨道的安装。做柜体时需为轨道预留尺寸，上下轨道预留尺寸为折门 8cm、推拉门 10cm。

③ 隔架的安装。家居柜体一般都有抽屉设计，为不影响使用，设计抽屉的位置时要注意：做三扇推拉门时应避开两门相交处；做两扇推拉门时应置于一扇门体一侧；做折叠门时抽屉距侧壁应有 17cm 空隙。

④ 壁柜门的安装。其步骤是：首先固定顶轨，轨道前饰面与柜橱表面在同一平面，上下轨平放于预留位置；然后将两扇门装入轨道内，用水平尺或直尺测量门体垂直度，调整上下轨位置并固定好；再次查看门体是否与两侧平行，可通过调节底轮来调节门体，达到边框与两侧水平；最后将防跳装置固定好，并出示质量保护书。

1.2.8 电气管线及灯具安装知识

（1）主要材料及技术要求

1）主要电气设备、材料、成品和半成品进场检验结论应有记录，建立设备、材料入库出库的复验制度，确认合格后，才能在施工中使用。

2）主要电气设备、材料的内外包装标识、产品合格证、有关技术资料、说明书等实物应与设计图和装箱单吻合。

3）照明灯具及附件应查验合格证，新型气体放电灯具有随带技术文件；外观检查时灯具涂层应完整，无损伤，附件齐全。防爆灯具铭牌上应有防爆标志和防爆合格证号，普通灯具有安全认证标志；对成套灯具的绝缘电阻、内部接线等性能应进行现场抽样检测。

灯具的绝缘电阻值不小于 2MΩ，内部接线为铜芯绝缘电线，芯线截面积不小于 0.5mm²，橡胶或聚氯乙烯（PVC）绝缘电线的绝缘层厚度不小于 0.6mm。

4）开关、插座、接线盒应查验合格证，防爆产品有防爆标志和防爆合格证号，实行安全认证制度的产品有安全认证标志；外观检查时开关、插座的面板及接线盒盒体完整、无碎裂、零件齐全。

对开关、插座的电气和机械性能进行现场抽样检测。检测规定如下：

① 不同极性带电部件间的电气间隙和爬电距离不小于 3mm；

② 绝缘电阻值不小于 5MΩ；

③ 用自攻锁紧螺钉或自切螺钉安装的，螺钉与软塑固定件旋合长度不小于 8mm，软塑固定件在经受 10 次拧紧退出试验后，无松动或掉渣，螺钉及螺纹无损坏现象；

④ 金属间相旋合的螺钉螺母，拧紧后完全退出，反复 5 次仍能正常使用。

对开关、插座、接线盒及其面板等塑料绝缘材料阻燃性能有异议时，按批抽样送有资质的试验室检测。

5）电线、电缆应按批查验合格证，合格证有生产许可证编号，按《额定电压 450/750V 及以下聚氯乙烯绝缘电缆》GB 5023.1～5023.7 标准生产的产品有安全认证标志；外观检查时包装应完好，抽检的电线绝缘层完整无损，厚度均匀。电缆无压扁、扭曲，铠装不松卷。耐热、阻燃的电线、电缆外护层有明显标识和制造厂标。

按制造标准，现场抽样检测绝缘层厚度和圆形线芯的直径；线芯直径误差不大于标称直径的 1%。

对电线、电缆绝缘性能、导电性能和阻燃性能有异议时，按批抽样送有资质的试验室检测。

6）电气导管的材质证明书齐全，管径、壁厚及均匀度抽检合格，钢导管无压扁，内壁光滑，非镀锌钢管无严重锈蚀，镀锌钢导管镀层覆盖完整，表面无锈斑，绝缘导管及配件无碎裂，表面有阻燃标记和制造厂标。

7）型钢材质证明书应齐全，表面无严重锈蚀，无过度扭曲、弯折变形，镀锌制品（支架、横担、接地极、避雷用引下线及接闪器等）应有镀锌质量证明书，且镀锌层覆盖完整，表面无锈斑，用于防雷及接地系统的镀锌材料应为热镀锌产品。

8）电缆桥架、线槽的合格证应齐全，表面平直光滑，无变形，连接部件、配件完整、齐全，钢制桥架油漆涂层完好，无锈蚀，铝合金桥架涂层完好，无扭曲变形，表面无划伤。

（2）施工技术

1）分类

额定电压交流 1kV 及以下、直流 1.5kV 及以下的应为低压电器设备、器具和材料；额定电压大于交流 1kV、直流 1.5kV 的应为高压电器设备、器具和材料。

2）施工条件

① 安装电工、焊工和电气调试人员等，按有关要求持证上岗。

② 安装和调试用各类计量器具，应检定合格，使用时在有效期内。

③ 图纸已进行自审、会审、设计交底，项目部已进行技术交底；施工现场具备施工的条件等。

3）施工工艺

① 施工程序

a. 照明工程施工程序

施工准备→进户管预埋→配合土建预埋暗配管→配电箱、户内箱、接线箱预埋壳体→开关盒、插座盒安装→总配电柜及电表箱安装→预分支电缆敷设→管内穿线→测试绝缘电阻→电气器具安装→配电箱安装接线→调试→竣工验收。

b. 弱电工程（有线电视、电话、对讲、综合布线、防盗对讲）施工程序

施工准备→配合土建预埋管至盒、箱→盒、箱埋设安装→线槽安装→部分明管敷设→管内穿线→插座安装→排线架安装接线→调试→试运行→竣工验收。

②施工方法和措施

a. 电气配管工程

配管及预埋前，必须熟悉施工图纸，除完全掌握图纸设计功能及敷设途径、方法外，还应与暖通、给水排水等有关专业核对图纸，并与土建建筑图及装修图详细对照，如发现差错，应及时找设计更正。

认真整理施工图纸中发现的疑难问题，参加设计方的图纸会审及交底工作，力求将图中问题解决在施工以前。

根据图纸及相关标准编制材料计划。管、箱、盒规格正确。

做好施工班组技术、质量、安全交底工作。

做好管、箱、盒、材料进场验收工作，防止不合格品材料使用在工程中，电管除满足规范要求，还应无严重锈蚀，管内不得有尖锐棱角，箱、盒尺寸符合设计规定。

b. 管内穿线和接线

导线规格、型号应符合设计要求，应有产品合格证及检验报告。

管内穿线前应熟悉图纸，了解电气系统的原理、设备的控制及连锁、灯具的控制方式，并了解每根管内有几个回路数、几对导线以及导线的规格型号，始、终端在何处，导线能不剪断的地方尽量不剪断，以免浪费导线和导线过多产生接头。

照明和电力系统按规范对管内导线应有分色，相线和零线的颜色应不同；同一建筑物导线颜色选择统一；配电箱电源线及所有三相电源的干线，相线A、B、C为黄、绿、红三色，零线为淡蓝色，保护接地线（PE）为黄绿相间双色线；照明支线、火线为红色；开关线为黄色；零线为淡蓝色；保护接地线为浅黄绿色；其余设备的导线也应有明显的色泽区分。

管内穿线前一定要清理干净管内积水和杂物，并在管口套好护圈。

管内穿线时，应采用放线架人工放线，导线应顺直地穿入管中，在放线、穿线过程中，防止导线在管内扭绞，以免影响导线质量。

所有管内导线不得有接头，所有接头应放在接线盒内或者在电气设备端子上进行。

导线在与电气设备或器具连接时，应对敷设的全部线路进行接线及绝缘电阻值测试，要求1000V以下的电气线路在500V摇表测试绝缘电阻值应不小于0.5MΩ，线路要求全部接通，且符合设计要求。

导线在接线盒内连接宜采用压接帽，多股铜线在连接设备或接线端子前，必须拧紧搪锡。

c. 配电箱、柜及电气器具安装

所有照明柜、箱应安装牢固，垂直偏差不得大于规范及设计要求。

所有配电箱、控制柜的型号及规格应符合设计要求，垂直偏差不得大于规范要求；箱体开孔必须采用开孔器，严禁用气焊割孔；墙上明装箱体用膨胀螺丝固定；墙上暗装箱体应用水泥砂浆固定，面板四周紧贴墙面，配管进箱内应整齐，并不大于5mm。

所有配电箱、柜均应分别设置零线和保护地线（PE）端子，明管敷设至箱体应采用锁母，并焊好保护地线（PE）。

箱内接线排列整齐，并有明显回路编号，各开关启闭灵活，多股铜线应用压线鼻，凡有电气元件的箱、柜，门扇均应接PE线。

电气器具等配件均应齐全，无机械损伤，导线进入器具绝缘保护应良好。

照明灯具安装应牢固，多股软线应搪锡；螺口灯头，零线必须接在灯头螺纹的端子上。

成排灯具安装前应先放线定灯位，避免安装时偏差过大，吊链荧光灯双链应平行。

开关、插座安装高度应符合设计规定，开关控制相线，单相三孔插座，接线严格按左零右火，上线为接地线连接。

暗装箱、盒均需采用专用接线盒，接线盒四周不应有空隙，安装后板面端正，紧贴墙面。

安装在同一建筑内的开关、插座，宜采用同一系列产品，且操作灵活，接触可靠。开关的安装位置应便于操作，开关边缘距门的距离为0.15～0.2m。

d. 弱电工程（有线电视、电话、对讲、综合布线、防盗对讲系统）安装

弱电部分配管以前首先应熟悉图纸，必须对整个系统原理有所了解，才能进行配管。

配管具体措施方法及要点参照电气部分。

熟悉施工规范《有线电视系统工程技术规范》GB 50200—94、《建筑与建筑群综合布线系统工程施工及验收规范》CECS 8997，并认真对班组进行质量技术和安全交底。

根据设计图纸和现行规范编制设备、材料计划，计划中除说明规格、型号外，还应规定信息插座的颜色。

认真进行材料进场检验工作，对缆线器材规格、型号、数量、质量进行检查，接线排和信息插座及其他插接件的塑料材质应具有阻燃性。

缆线在布放前，两端应贴有标签，表明起止位置，标签书写清楚、正确。

连接线盒两端的焊管必须跨接地线。

弱电管线接线盒不得与强电管线接线盒合用。

管内穿线前要检查所穿导线是否与设计相符合。

弱电线槽安装基本方法同电缆桥架安装。

4）质量标准及检验方法

按相关规范的质量标准进行检验。

5）常见质量通病及防治

① 管线敷设

a. 通病现象

管路暗敷处出现规则裂缝；

金属管未做跨接接地线或者不论材质一律焊接跨接接地线；

镀锌管直接采用套管熔焊连接，套管连接不牢；

金属软管脱落，未跨接接地。

b. 预防措施

管路保护层的厚度应大于15mm，且抹面水泥砂浆强度应大于Ml0，成排管道处应支模并浇混凝土或贴钢丝网粉刷；

非镀锌导管采用螺纹连接时，连接处两端应使用专用接地固定跨接接地线；

镀锌或壁厚小于等于2mm的钢导管不得用套管熔焊连接，套管与紧螺钉应配套并经强度和电气连续性试验。金属软管与刚性导管或电气设备、器具间的连接应采用专用接头，且不能做拉地或接零的接续导线。

② 灯具、开关、插座及风扇的安装

a. 通病现象

灯具、吊扇的挂钩直径不足，扇叶距地高度不足；

插座接线混乱，使用类型不合适；

开关切断零线，开启方向不一。

b. 预防措施

灯具、吊扇挂钩的直径不小于8mm，扇叶距地高度不小于2.5m；

单相两、三孔插座面对插座“左零右火”，单相三孔插座及三相四、五孔插座的上孔与PE（PEN）线相连，潮湿场所采用密封型并带保护地线触头的保护型插座，安装高度不低于1.5m，安装高度低于1.4m应采用安全插座；

开关应切断相线，同一场所开关分合方向应一致。

③防雷接地系统

a. 通病现象

以金属管代替PE线，等电位联结支线、桥架（金属管、带电器的柜、箱门），跨接地线线径不足；

插座接地线从一个插座串接另一个插座时，接地线开断并接；

低于2.4m的灯具可接近金属导体未接地；

设备的“地排”没与接地干线直接连接，而是经过支架、基础槽钢等过渡，接地线的位置、截面积皆不清楚；

多层住宅采用TN-S系统时，进线在总电表箱处没有重复接地。

b. 预防措施

金属管必须在保证不受机械、化学或电化学侵蚀的电气通路的情况下可做接地线，当设计标明PE线规格时，应按图施工，等电位连接线应用不小于$6mm^2$的铜导体；桥架（金属管、带电器的柜门）跨接地线须用不小于$4mm^2$的铜芯软导线；

插座接地线接入插座端子前采用焊接或压接，避免由于端子松动造成后续插座接地失效；

低于2.4m的灯具可接近裸露导体应有专用的接地螺栓及标识且必须接地可靠；

设备的“地排”必须与接地干线相连接，其基础槽钢应跨接接地，而接地标识和有震动的接地线应有防松动措施；

TN-S 系统的 PE 线在总表箱处应重复接地。

④吊顶层内配管问题

a. 通病现象

配管走向不规则，线路歪斜，高低起伏。钢管跨接接地线焊接质量差，虚焊、夹渣、焊穿及“点焊”。金属软管未作跨接接地保护线；留管长度不合适，使导线外露：接线盒不盖板；防锈、防腐不到位。

吊支架设置不对称，距离过大，有的把管子直接搭在龙骨上用铁丝或导线固定。

b. 预防措施

要求施工人员在顶棚内配管应按明配管工艺要求施工，尽量横平竖直，少走斜道少交叉。

镀锌管或黑铁管跨接接地线仍按明、暗管的规定去做。黑铁管和各焊接处应除锈、去渣、刷防锈漆和面漆。

吊架、支架、管卡的设置按规定施工，并除锈、刷防锈漆和面漆。

1.2.9 给水排水、采暖、空调安装知识

（1）主要材料及技术要求

1）建筑给水排水及采暖工程所使用的主要材料、成品、半成品、配件、器具和设备必须具有中文质量合格证明文件，规格、型号及性能检测报告应符合国家技术标准或设计要求。进场时应做检查验收，并经监理工程师核查确认。

2）所有材料进场时应对品种、规格、外观等进行验收。包装应完好，表面无划痕及外力冲击破损。

3）主要器具和设备必须有完整的安装使用说明书。在运输、保管和施工过程中，应采取有效措施防止损坏或腐蚀。

4）阀门安装前，应作强度和严密性试验。试验应在每批（同牌号、同型号、同规格）数量中抽查 10%。且不少于一个。对于安装在主干管上起切断作用的闭路阀门，应逐个作强度和严密性试验。

5）阀门的强度和严密性试验，应符合以下规定：阀门的强度试验压力为公称压力的 1.5 倍；严密性试验压力为公称压力的 1.1 倍；试验压力在试验持续时间内应保持不变，且壳体填料及阀瓣密封面无渗漏。

6）管道上使用冲压弯头时，所使用的冲压弯头外径应与管道外径相同。

（2）施工技术

1）分类

建筑给水排水及采暖工程的分部工程包括室内给水系统、室内排水系统、室内热水供应系统、卫生器具安装、室内采暖系统、室外给水管网、室外排水管网、室外供热管网、建筑中水系统及游泳池系统、供热锅炉及辅助设备安装十个子分部工程。

室内给水系统是指工作压力不大于 1.0MPa 的室内给水和消火栓系统管道安装工程。

室内排水系统是指室内排水管道、雨水管道安装工程。

卫生器具安装是指室内污水盆、洗涤盆、洗脸（手）盆、盥洗槽、沐浴、淋浴器、大便器、小便器、小便槽、大便冲洗槽、妇女卫生槽、妇女卫生盆、化验盆、排水栓、地漏、加热器、煮沸消毒器和饮水器等卫生器具的安装。

2）施工过程质量控制

①建筑给水排水及采暖工程与相关各专业之间，应进行交接质量检验，并形成记录。隐蔽工程应在隐蔽前经验收各方检验合格后，才能隐蔽，并形成记录。各种承压管道系统和设备应做水压试验，非承压管道系统和设备应做灌水试验。

②地下室或地下构筑物外墙有管道穿过的，应采取防水措施。对有严格防水要求的建筑物，必须采用柔性防水套管。管道穿过结构伸缩缝、抗震缝及沉降缝敷设时，应根据情况采取下列保护措施：

a. 在墙体两侧采取柔性连接。

b. 在管道或保温层外皮上、下部留有不小于 150mm 的净空。

c. 在穿墙处做成方形补偿器，水平安装。

③在同一房间内，同类型的采暖设备、卫生器具及管道配件，除有特殊要求外，应安装在同一高度上。明装管道成排安装时，直线部分应互相平行。曲线部分：当管道水平或垂直并行时，应与直线部分保持等距；管道水平上下并行时，弯管部分的曲率半径应一致。

④管道支、吊、托架的安装，应符合下列规定：

a. 位置正确，埋设应平整牢固。

b. 固定支架与管道接触应紧密，固定应牢靠。

c. 滑动支架应灵活，滑托与滑槽两侧间应留有 3～5mm 的间隙，纵向移动量应符合设计要求。

d. 无热伸长管道的吊架、吊杆应垂直安装。

e. 有热伸长管道的吊架、吊杆应向热膨胀的反方向偏移。

f. 固定在建筑结构上的管道支、吊架不得影响结构的安全。

⑤钢管水平安装的支、吊架间距应符合规范的要求。

⑥采暖、给水及热水供应系统的塑料管及复合管垂直或水平安装的支架间距应符合规范的要求。采用金属制作的管道支架，应在管道与支架间加衬非金属垫或套管。

⑦铜管垂直或水平安装的支架间距应符合规范的要求。

⑧采暖、给水及热水供应系统的金属管道立管管卡安装应符合下列规定：

a. 楼层高度小于或等于 5m，每层必须安装 1 个。

b. 楼层高度大于 5m，每层不得少于 2 个。

c. 管卡安装高度，距地面应为 1.5～1.8m，2 个以上管卡应匀称安装，同一房间管卡应安装在同一高度上。

⑨管道穿过墙壁和楼板，应设置金属或塑料套管。安装在楼板内的套管，其顶部应高出装饰地面 20mm；安装在卫生间及厨房内的套管，其顶部应高出装饰地面 50mm，底部应与楼板底面相平；安装在墙壁内的套管其两端与饰面相平。穿过楼板的套管与管道之间缝隙应用阻燃密实材料和防水油膏填实，端面光滑。穿墙套管与管道之间缝隙宜用阻燃密实材料填实，且端面应光滑。管道的接口不得设在套管内。

⑩管道接口应符合下列规定：

a. 管道采用粘接接口，管端插入承口的深度应符合规范的要求。

b. 熔接连接管道的结合面应有一均匀的熔接圈，不得出现局部熔瘤或熔接圈凸凹不匀现象。

c. 采用橡胶圈接口的管道，允许沿曲线敷设，每个接口的最大偏转角不得超过2°。

d. 法兰连接时衬垫不得凸入管内，其外边缘接近螺栓孔为宜。不得安放双垫或偏垫。

e. 连接法兰的螺栓，直径和长度应符合标准，拧紧后，突出螺母的长度不应大于螺杆直径的1/2。

f. 螺纹连接管道安装后的管螺纹根部应有2～3扣的外露螺纹，多余的麻丝应清理干净并做防腐处理。

g. 承插口采用水泥捻口时，油麻必须清洁、填塞密实，水泥应捻入并密实饱满，其接口面凹入承口边缘的深度不得大于2mm。

h. 卡箍（套）式连接两管口端应平整、无缝隙，沟槽应均匀，卡紧螺栓后管道应平直，卡箍（套）安装方向应一致。

3）施工工艺

①管道支架安装

a. 管道支吊架选型、活动和固定支架的设置应符合规范、标准要求。

b. 支吊架安装前，应对支吊架进行外观检查。外形尺寸应符合设计、规范要求，不得有漏焊。

c. 支吊架的标高必须符合设计要求，安装前，必须根据管道标高、尺寸大小弹线，确定支架位置，复核无误后方可固定支架。对于有坡度的管道应根据两点间的距离和坡度的大小，算出高差后放坡后固定支架。

d. 管道支架水平间距应符合规范要求。

e. 管卡安装要求：层高小于5m每层设一个管卡，层高大于5m每层设两个，管卡安装距地面1.5～1.8m，如果设两个管卡可均匀安装。

②PP-R管热熔连接要点

a. 同种材质的PP-R管及管配件之间，应采用热熔连接，安装应使用专用热熔工具。暗敷墙体、地坪面层内的管道不得采用丝扣或法兰连接。

b. PP-R管与金属管件连接，应采用带金属嵌件的聚丙烯管件作为过渡，该管件与塑料管采用热熔连接，与金属管件或卫生洁具五金配件采用丝扣连接。

c. 热熔连接应按下列步骤进行：

（a）热熔工具接通电源，到达工作温度指示灯亮后方能开始操作。

（b）切割管材，必须使端面垂直于管轴线。管材切割一般使用管子剪或管道切割机，必要时可使用锋利的钢锯，但切割后管材断面应去除毛边和毛刺。

（c）管材与管件连接端面必须清洁、干燥、无油。

（d）连接时，无旋转地把管端导入加热套内，插入到所标志的深度，同时，无旋转地把管件推到加热头上，达到规定标志处。加热时间必须满足规范的规定。

（e）达到加热时间后，立即把管材与管件从加热套与加热头上同时取下，迅速无旋转地直线均匀插入到所标深度，使接头处形成均匀凸缘，刚熔接好的接头还可校正，但严禁旋转。

③刚性套管安装

主体结构钢筋绑扎好后，按照给排水施工图标高几何尺寸找准位置，然后将套管置于钢筋中，焊接在钢筋网中，如果需气割钢筋安装的，安装后必须用加强筋加固，并做好套管的防堵工作。

④UPVC 排水管的连接

a. 管材或管件在粘合前将承口内侧和插口外侧擦拭干净，无尘砂与水迹。当表面沾有油污时，采用清洁剂擦净。

b. 管材根据管件实测承口深度在管端表面画出插入深度标记。

c. 胶粘剂涂刷先涂管件承口内侧，后涂管件插口外侧。插口涂刷为管端至插入深度标记范围内。胶粘剂涂刷应迅速、均匀、适量，不得漏涂。

d. 承插口涂刷胶粘剂后，即找正方向将管子插入承口，施压使管端插入至预先划出的插入深度标记处。擦净挤出的胶粘剂，静置至接口固化。

e. 立管穿越楼层处伸缩节设置于水流汇合管件之下。

⑤管道的焊接

a. 焊前准备

(a) 工程中所使用的母材及焊接材料，使用前必须进行查核，确认实物与合格证件相符合方可使用。

(b) 焊条必须存放在干燥、通风良好的地方，严防受潮变质。

(c) 管道对接焊口的中心线距管子弯曲起点不应小于管子外径，且不小于 100mm，与支吊架边缘的距离不应小于 50mm。管道两相邻对接焊口中心线间的距离应符合下列要求：公称直径大于或等于 150mm 时，不应小于管子外径；公称直径大于或等于 150mm 时，不应小于 150mm。

(d) 焊件的切割口及坡口加工宜采用机械方法，坡口型工采用 V 形。

(e) 焊前应将坡口表面及坡口边缘内侧不小于 10mm 范围内的油、漆、垢、锈、毛刺及镀锌层等清除干净，并不得有裂纹、夹层等缺陷。

(f) 管子或管件的对口，应做到内壁平齐，内壁错量要求不应超过管壁厚度的 10%，且不大于 1mm。

b. 焊接工艺

(a) 焊件组对时，点固焊选用的焊接材料及工艺措施应与正式焊接要求相同，管子对口的错口偏差不超过壁厚的 20%，且不超过 2mm，调整对口间隙，不得用加热张拉和扭曲管道的办法，双面焊接管道法兰，法兰内侧不凸出法兰密封面。

(b) 不得在焊件引弧和试验电流，管道表面不应有电弧擦伤等缺陷。

(c) 焊接完毕后，应将焊缝表面熔渣及其两侧的飞溅清理干净。

(d) 焊接完毕后，应将焊缝表面熔渣及飞溅清理干净。

c. 焊后检查

(a) 焊后必须对缝进行外观检查，检查前，应将妨碍检查的渣皮飞溅清理干净。

(b) 焊缝焊完后，应在其附近打上焊工钢印代号。

(c) 对不合格的焊缝，应进行质量分析，定出措施后返修，同一部位的返修次数不应超过三次。

⑥管道安装

a. 给水管道安装工艺流程

安装准备→材料检查→预制加工→干管安装→管道试压→支管安装→管道试压→立管安装→管道防腐→管道冲洗。

b. 排水管道安装

安装准备→材料检查→预制加工→立管安装→支管安装→闭水试验→干管安装→导管安装→闭水试验→承管安装→闭水试验→防腐蚀面处理。

⑦阀门安装

a. 阀门安装前，应做耐压强度试验。试验应以每批（同牌号、同规格、同型号）数量中抽查10%。如有漏裂不合格的，应再抽查20%，如仍有不合格的则须逐个试验。强度和严密性试验压力应为阀门出厂规定之压力。并做好阀门试验记录。

b. 阀门安装时，应仔细核对阀件的型号与规格是否符合设计要求。阀体上标示箭头，应与介质流动方向一致。

c. 阀门安装，位置应符合设计要求，便于操作。

⑧管道试压吹洗

a. 管道试压按系统分段进行，既要满足规范要求，又要考虑管材和阀件因高程静压增加的承受能力。水压强度试验的测试点设在管网的最低点。对管网注水时，应先将管网内的空气排净，并缓缓升压，达到试验压力后，稳压30min，目测管网，应无泄漏和无变形，且压力降不应大于0.05MPa。

b. 调节阀，过滤器的滤网及有关仪表在管道试压吹洗后安装。吹洗时水流不得经过所有设备。冲洗后的管道要及时封堵，防止污物进入。

⑨管道的防腐及保温

a. 管道的防腐

金属支吊架、明装钢管、排水铸铁管除锈后刷防锈漆二道，再刷调和漆一道，然后刷面漆一道。做好防腐后的管道要进行成品保护，防止防腐层的破坏。

b. 管道的保温

管道的保温应在防腐和水压试验合格后进行。保温层的厚度应符合规范要求。

⑩卫生洁具安装

a. 工艺流程

安装准备→卫生洁具及配件检验→卫生洁具安装→卫生洁具配件预装→卫生洁具稳装→卫生洁具与墙、地缝隙处理→卫生洁具外观检查→卫生洁具满水试验。

b. 作业条件

所有与卫生洁具连接的管道、压力闭水试验已完毕，并已办好隐预检手续。

c. 操作工艺

(a) 卫生器具的规格、型号必须符合设计要求，并有出厂合格证，卫生器具外观应规矩，造型周正，表面光滑美观，无裂纹，边缘光滑，色调一致。

(b) 安装卫生设备时，宜采用预埋支架或用膨胀螺栓进行固定，如采用木螺丝固定时，宜采用预埋浸泡沥青已作防腐处理的木砖，且木砖深入净墙面10mm。

(c) 卫生器具的位置、标高、间距要符合设计要求。

(d) 管道或附件与卫生器具的陶瓷件连接处，应垫以胶支、油灰等填料和垫料。

(e) 大便器、小便器的排水出口接头应用油灰填充，不得用水泥砂填充，*DN*100（或 *DN*50）的铸铁管应高出地面 10mm。

(f) 各种卫生器具安装尺寸和安装质量必须符合验收规范的要求。

(g) 卫生器具安装的共同要求，就是平、稳、准、牢、不漏，使用方便，性能良好。

(h) 安装大便器，首先要根据图示尺寸，确定水弯的位置，先将存水弯安装好，再将大便器安装在存水弯上，找正合格后，用水泥砂浆砌筑便器砖座，当与底同高时，拿下便口，用油灰（或纸筋灰）将接下水口处涂抹严密，用沙子或炉渣填满存水弯管周围空隙再将便器复位。

(i) 小便器安装时，按设计尺寸先在墙上划好十字中心线，并根据耳孔的部位在墙内埋入木砖，待木砖牢固后，用木螺丝将小便斗固定，并保证横平竖直，既美观又便于连接管子，用木螺钉固定便斗时，螺钉与耳孔间需垫铅皮。

(j) 洗脸盆安装时，先在墙上划出安装中心线，根据脸盆架的宽度划出固定孔眼的十字线，在十字线的位置牢固地埋入木砖，将盆架用木螺钉打紧在木砖上，也可以用膨胀螺栓固定，固定时，要用水准尺找平，然后将盆架固定在支架上。

卫生设备安装时，要将上、下水接口临时堵好，卫生设备安装后，要将各进入口堵塞好，并要及时关闭卫生间。

(k) 所有卫生洁具安装完成后，进行满水实验，达到不渗漏、畅通为合格，并报监理公司及甲方验收。

4) 质量标准及检验方法

①室内给水系统安装

a. 一般规定

(a) 给水管道必须采用与管材相适应的管件。生活给水系统所涉及的材料必须达到饮用水卫生标准。

(b) 管径小于或等于 100mm 的镀锌钢管应采用螺纹连接，套丝扣时破坏的镀锌层表面及外露螺纹部分应做防腐处理；管径大于 100mm 的镀锌钢管应采用法兰或卡套式专用管件连接，镀锌钢管与法兰的焊接处应二次镀锌。

(c) 给水塑料管和复合管可以采用橡胶圈接口、粘接接口、热熔连接、专用管件连接及法兰连接等形式。塑料管和复合管与金属管件、阀门等的连接应使用专用管件连接，不得在塑料管上套丝。

(d) 给水铸铁管管道应采用水泥捻口或橡胶圈接口方式进行连接。

(e) 铜管连接可采用专用接头或焊接，当管径小于 22mm 时宜采用承插或套管焊接，承口应迎介质流向安装；当管径大于或等于 22mm 时宜采用对口焊接。

(f) 给水立管和装有 3 个或 3 个以上配水点的支管始端，均应安装可拆卸的连接件。

(g) 冷、热水管道同时安装应符合下列规定：

上、下平行安装时热水管应在冷水管上方。

垂直平行安装时热水管应在冷水管左侧。

b. 主控项目

(a) 室内给水管道的水压试验必须符合设计要求。当设计未注明时，各种材质的给水管道系统试验压力均为工作压力的1.5倍，但不得小于0.6MPa。

检验方法：金属及复合管给水管道系统在试验压力下观测10min，压力降不应大于0.02MPa，然后降到工作压力进行检查，应不渗不漏；塑料管给水系统应在试验压力下稳压1h，压力降不得超过0.05MPa，然后在工作压力的1.15倍状态下稳压2h，压力降不得超过0.03MPa，同时检查各连接处不得渗漏。

(b) 给水系统交付使用前必须进行通水试验并做好记录。

检验方法：观察和开启阀门、水嘴等放水。

(c) 生产给水系统管道在交付使用前必须冲洗和消毒，并经有关部门取样检验，符合国家《生活饮用水标准》方可使用。

检验方法：检查有关部门提供的检测报告。

(d) 室内直埋给水管道（塑料管道和复合管道除外）应做防腐处理。埋地管道防腐层材质和结构应符合设计要求。

检验方法：观察或局部解剖检查。

②室内排水系统安装

a. 一般规定

生活污水管道应使用塑料管、铸铁管或混凝土管（由成组洗脸盆或饮用喷水器到共用水封之间的排水管和连接卫生器具的排水短管，可使用钢管）。

雨水管道宜使用塑料管、铸铁管、镀锌和非镀锌钢管或混凝土管等。

悬吊式雨水管道应选用钢管、铸铁管或塑料管。易受振动的雨水管道（如锻造车间等）应使用钢管。

b. 主控项目

(a) 隐蔽或埋地的排水管道在隐蔽前必须做灌水试验，其灌水高度应不低于底层卫生器具的上边缘或底层地面高度。

检验方法：满水15min水面下降后，再灌满观察5min，液面不降，管道及接口无渗漏为合格。

(b) 生活污水铸铁管道的坡度必须符合设计或规范的规定。

(c) 生活污水塑料管道的坡度必须符合设计或规范的规定。

(d) 排水塑料管必须按设计要求及位置装设伸缩节。如设计无要求时，伸缩节间距不得大于4m。

高层建筑中明设排水塑料管道应按设计要求设置阻火圈或防火套管。

检验方法：观察检查。

(e) 排水主立管及水平干管管道均应做通球试验，通球球径不小于排水管道管径的2/3，通球率必须达到100%。

检查方法：通球检查。

③卫生器具安装

a. 一般规定

(a) 卫生器具的安装应采用预埋螺栓或膨胀螺栓安装固定。

(b) 卫生器具安装高度如设计无要求时，应符合规范的规定。

（c）卫生器具给水配件的安装高度，如设计无要求时应符合规范的规定。

b. 主控项目

（a）排水栓和地漏的安装应平正、牢固，低于排水表面，周边无泄漏。地漏水封高度不得小于 50mm。

检验方法：试水观察检查。

（b）卫生器具交工前应做满水和通水试验。

检验方法：满水后各连接件不渗不漏；通水试验给水、排水畅通。

5）常见质量通病及防治

现象①：管道螺纹连接处渗漏。

原因分析：螺纹加工时不符合规定，断丝或缺丝的总数已超过规范规定；螺纹连接时，拧紧程度不合适；填料缠绕方向不正确；管道安装后，没有认真进行水压试验

防治措施：加工螺纹时，要求螺纹端正、光滑、无毛刺、不断丝、不乱扣等；螺纹加工后，可以用手拧紧 2～3 扣，再用管钳继续上紧，以上紧后留出 2～3 扣为宜；选用的管钳要合适，用大规格的管钳上小管径的管件，会因用力过大使管件损坏，反之因用力不够致使管件上不紧而造成渗水或漏水；螺纹连接时，应根据管道输送的介质采用相应的辅料，以达到连接严密；安装完毕要严格按施工及验收规范的要求，进行严密性和强度水压试验；经试验合格的管道，应防止踩、踏或用来支撑其他物体，防止因受力不均而导致管道接口漏水。

现象②：排水管道堵塞。

原因分析：排水管道在施工过程中，未及时对管道上临时甩口进行封堵，致使有杂物掉入管内；排水管道管径未按设计要求施工或变径过早，使管道流量变小；排水管道未进行通水、通球试验；排水管倒坡。

预防措施：排水管道在施工过程中的临时甩口需进行临时封堵，并保证封堵严密，防止杂物进入管道内；管道直径应严格按设计要求进行施工，严禁变径过早，造成管道流量变小，容易造成管道堵塞；同时也应保证排水管道坡度坡向立管或检查井，标准坡度为 $DN50=0.035$、$DN75=0.025$、$DN100=0.020$、$DN150=0.010$、$DN200=0.008$，在施工过程中坡度不宜过小。排水管道在竣工验收前，必须做通水和通球试验，把排水管道内的杂物冲洗干净，防止管道堵塞现象的发生。

现象③：地漏排水不畅。

原因分析：排水支管内堵塞；地漏水封内有杂物；地面砖在施工过程中产生倒坡现象；地漏安装高度高于地面。

预防措施：安装地漏前，应对排水支管进行通水试验，保证管道畅通后，方可进行地漏；地漏安装标高，应根据土建提供的建筑标高线进行，以略低于地面 2～3mm 为宜；土建工程在贴砖时，应严格按事先弹好的标高线进行，防止地面砖铺贴标高低于地面，产生地面倒坡；另地漏在安装使用一段时间，应定期对地漏内杂物进行清理，防止杂物掉入排水管道内。

1.2.10　通风、空调安装知识

（1）主要材料及技术要求

①通风与空调工程所使用的主要原材料、成品、半成品和设备的进场，必须对其进行验收。验收应经监理工程师认可，并应形成相应的质量记录。

②设备的地脚螺栓的规格、长度以及平、斜垫铁的厚度、材质和加工精度应满足设备安装要求。

③设备安装所采用的减振器或减振垫的规格、材质和单位面积的承载率应符合设计和设备安装要求。

（2）施工技术

1）分类

当通风与空调工程作为建筑工程的分部工程施工时，其子分部与分项工程的划分应按表 1-4 的规定执行。当通风与空调工程作为单位工程独立验收时，子分部上升为分部，分项工程的划分同上。

通风与空调分部工程的子分部划分　　表 1-4

<table>
<tr><th>子分部工程</th><th colspan="2">分　项　工　程</th></tr>
<tr><td>送、排风系统</td><td rowspan="5">风管与配件部件制作
部件制作
风管系统安装
风管与设备防腐
风机安装
系统调试</td><td>通风设备安装，消声设备制作与安装</td></tr>
<tr><td>防、排烟系统</td><td>排烟风口、常闭正压风口与设备安装</td></tr>
<tr><td>除尘系统</td><td>除尘器与排污设备安装</td></tr>
<tr><td>空调系统</td><td>空调设备安装，消声设备制作与安装，风管与设备绝热</td></tr>
<tr><td>净化空调系统</td><td>空调设备安装，消声设备制作与安装，风管与设备绝热，高效过滤器安装，净化设备安装</td></tr>
<tr><td>制冷系统</td><td colspan="2">制冷机组安装，制冷剂管道及配件安装，制冷附属设备安装，管道及设备的防腐与绝热，系统调试</td></tr>
<tr><td>空调水系统</td><td colspan="2">冷热水管道系统安装，冷却水管道系统安装，冷凝水管道系统安装，阀门及部件安装，冷却塔安装，水泵及附属设备安装，管道与设备的防腐与绝热，系统调试</td></tr>
</table>

2）施工条件

①承担通风与空调工程项目的施工企业，应具有相应工程施工承包的资质等级及相应质量管理体系。施工企业承担通风与空调工程施工图纸深化设计及施工时，还必须具有相应的设计资质及其质量管理体系，并应取得原设计单位的书面同意或签字认可。

②土建主体施工完毕、设备基础及预埋件的强度达到安装条件。

③安装前检查现场，应具备足够的运输空间及场地。应清理干净设备安装地点，要求无影响设备安装的障碍物及其他管道、设备、设施等。

④设备和主、辅材料已运抵现场，安装所需机具已准备齐全，且有安装前检测用的场地、水源、电源。

⑤通风与空调工程中从事管道焊接施工的焊工，必须具备操作资格证书和相应类别管道焊接的考核合格证书。

⑥通风与空调工程的施工应按规定的程序进行，并与土建及其他专业工种互相配合；与通风与空调系统有关的土建工程施工完毕后，应由总承包、监理、设计及施工单位共同会检。会检的组织宜由建设、监理或总承包单位负责。通风与空调工程中的隐藏工程，在隐蔽前必须经监理人员验收及认可签证。

3）通风与空调设备安装施工工艺

①工艺流程

基础验收→开箱检查→搬运→清洗→设备安装就位→找平找正→三次灌浆→精平调整→调试运转→检查验收。

②一般装配式空调安装

阀门启闭应灵活，阀叶须平直。表面式换热器应有合格证，在规定期间内外表面又无损伤时，安装前可不做水压试验，否则应做水压实验。试验压力等于系统最高工作压力的1.5倍，且不低于0.4MPa，试验时间为2～3min；在支架上逐节连接空调器内挡水板，可阻挡喷淋处理后的空气夹带水滴进入风管内，使空调房间湿度稳定。挡水板安装时前后不得装反。要求机组清理干净，箱体内无杂物。

现场有多套空调机组安装前，将段体进行编号，切不可将段位互换调错，按厂家说明书，分清左式、右式，段体排列顺序应与图纸吻合。

从空调机组的一端开始，逐一将段体抬上底座就位、找正，加衬垫，将相邻两个段体用螺栓连接牢固严密，每连接一个段体前，将内部清扫干净。组合式空调机组各功能段间连接后，整体应平直，检查门开幕词要灵活，水路畅通。

加热段与相邻段体间应采用耐热材料作为垫片。

喷淋段连接处要严密、牢固可靠，喷淋段不得渗水，喷淋段的检视门不得漏水。积水槽应清理干净，保证冷凝水畅通不溢水。凝结水管应设置水封，水封高度根据机外余压确定，防止空气调节器内空气外漏或室外空气进来。

安装空气过滤器时方向应符合要求。

框式及袋式粗、中效空气过滤器的安装要便于拆卸及更换滤料。过滤器与框架间、框架与空气处理室的维护结构间应严密。

自动浸油过滤器的网子要清扫干净，传动应灵活，过滤器间接缝要严密。卷绕式过滤器安装时，框架要平整，滤料应松紧适当，上下筒平行。

静电过滤器的安装应特别注意平稳，与风管或风机相连的部位设柔性短管，接地电阻要小于4Ω。

亚高效、高效过滤器的安装应符合以下规定：按出厂标志方向搬运、存放，安置于防潮洁净的室内。其框架端面或刀口端面应平直，其平整度允许偏差为±1mm，其外框不得改动。洁净室全部安装完毕，并全面清扫擦净。系统连续试车12h后，方可开箱检查，不得有变形、破损和漏胶等现象，合格后立即安装。安装时，外框上的箭头与气流方向应一致。用波纹板组合的过滤器在竖向安装时，波纹板垂直地面，不得反向。过滤器与框架间必须加密封垫料或涂抹密封胶，厚度为6～8mm。定位胶贴在过滤边框上，用梯形或榫形拼接，安装后的垫料的压缩率应大于50%。采用硅橡胶密封时，先清除边框上的杂物和油污，在常温下挤抹硅橡胶，应饱满、均匀、平整。采用液槽密封时，槽架安装应水平，槽内保持清洁无水迹。密封液宜为槽深的2/3。现场组装的空调机组，应做漏风量测试。

安装完的空调机组静压为700Pa时，漏风率不大于3%；空气净化系统机组，静压为1000Pa，在室内洁净度低于1000级时，漏风率不应大于2%；洁净度高于或等于1000级时，漏风率不应大于1%。

③整体式空调机组的安装

安装前认真熟悉图纸，设备说明书以及有关的技术资料。检查设备零部件、附属材料及随机专用工具是否齐全。制冷设备充有保护气体时，应检查有无泄漏情况。

空调机组安装时，坐标、位置应正确。基础达到安装强度。基础表面应平整，一般应高出地面 100～500mm。

空调机组加减振装置时，应严格按减振器型号、数量和位置进行安装并找平找正。水冷式空调机组的冷却水系统、蒸汽、热水管道及电气、动力与控制线路和安装工应持证上岗。充流氟利昂和调试应由制冷专业人员按产品说明书的要求进行。

④单元式空调机组安装

分体式室外机组和风冷整体式机组的安装。安装位置应正确。目测呈水平，凝结水的排放应畅通。周边间隙应满足冷却风的循环。制冷剂管道的连接应严密无渗漏。穿过的墙孔必须密封，雨水不得渗入。

水冷柜式空调机组的安装。安装时其四周要留有足够空间，方能满足冷却水管道连接和维修保养的要求。机组安装应平稳。冷却水管连接应严密，不得有渗漏现象，应按设计要求设有排水坡度。

⑤窗式空调器的安装

其支架的固定必须牢靠。应设有遮阳、防雨措施，但注意不得有妨碍冷凝器的排风。安装时其凝结水盘应有坡度，出水口设在水盘最低处，应将凝结水从出口用软塑料管引至排放地。安装后，其面板应平整，不得倾斜，用密封条将四周封闭严密。运转应无明显的窗框振动和噪声。

4）质量标准及检验方法

①通风与空调设备安装的一般规定

a. 适用于工作压力不大于 5kPa 的通风机与空调设备安装质量的检验与验收。

b. 通风与空调设备应有装箱清单、设备说明书、产品质量合格证书和产品性能检测报告等随机文件，进口设备还应具有商检合格的证明文件。

c. 设备安装前，应进行开箱检查，并形成验收文字记录。参加人员为建设、监理、施工和厂商等方单位的代表。

d. 设备就位前应对其基础进行验收，合格后方能安装。

e. 设备的搬运和吊装必须符合产品说明书的有关规定，并应做好设备的保护工作，防止因搬运或吊装而造成设备损伤。

②通风与空调设备安装的主控项目

a. 通风机的安装应符合下列规定：

型号、规格应符合设计规定，其出口方向应正确；

叶轮旋转应平稳，停转后不应每次停留在同一位置上；

固定通风机的地脚螺栓应拧紧，并有防松动措施。

检查放量：全数检查。

检查方法：依据设计图核对、观察检查。

b. 通风机传动装置的外露部位以及直通大气的进、出口，必须装设防护罩（网）或采取其他安全设施。

检查数量：全数检查。

检查方法：依据设计图核对、观察检查。

c. 空调机组的安装应符合下列规定。

型号、规格、方向和技术参数应符合设计要求；

现场组装的组合式空气调节机组应做漏风量的检测，其漏风量必须符合现行国家标准《组合式空调机组》GB/T 14294 的规定。

检查数量：按总数抽检 20%，不得少于 1 台。净化空调系统的机组，1～5 级全数检查，6～9 级抽查 50%。

检查方法：依据设计图核对，检查测试记录。

5）常见质量通病及防治

现象①：采暖干管坡度不适当。

防治措施：

管道安装时必须严格调查。

管道穿墙堵洞时，必须严格检查管道坡度再固定封堵。

管道变径处严格按规范要求制作热水管道，严禁同心变径。

严格控制管道托架、吊卡的问题。

现象②：采暖管道堵塞。

防治措施：

管材灌沙煨弯后，必须认真清通管膛。

管材锯断后，管口的飞刺应及时清除干净。

铸铁散热器组对时，必须设立清除残留砂子的工序，认真清除。

管道全部安装后，按规范规定先冲洗干净再与外线连接。

按设计要求或规范规定，在系统最高点安装放气阀。

现象③：散热器安装漏水、安装不牢固。

防治措施：

散热器在组对前应严格进行外观检查，禁止使用对口不平，丝扣不合适及蜂窝砂眼的散热器。

散热器组对后，必须严格按规范规定进行水压试验，发现渗漏及时修理。

散热器组对时，应使用石棉纸垫，石棉纸垫可浸机油，随用随浸，不得使用麻垫或双层垫。

20 片以上的散热器应加外拉条。

散热器钩卡栽墙深度不得小于 12cm，堵洞应严实，钩卡数量符合规范规定。

石落地安装的散热器支腿均应落实。不得使用木垫加垫，必须用铅垫。断腿的散热器应予更换。

1.2.11 幕墙工程施工技术

（1）建筑幕墙的分类

1）玻璃幕墙

常用的玻璃幕墙有框支承玻璃幕墙、全玻幕墙和点支承玻璃幕墙三类。

框支承玻璃幕墙是玻璃面板周边由金属框架支承的玻璃幕墙。常用的类型有：

①明框玻璃幕墙：金属框架的构件显露于面板外表面的框支承玻璃幕墙，见图 1-2。图中幕墙玻璃面板是安装在铝合金型材的槽内，铝框架显露在玻璃之外，见 1-1 断面图。

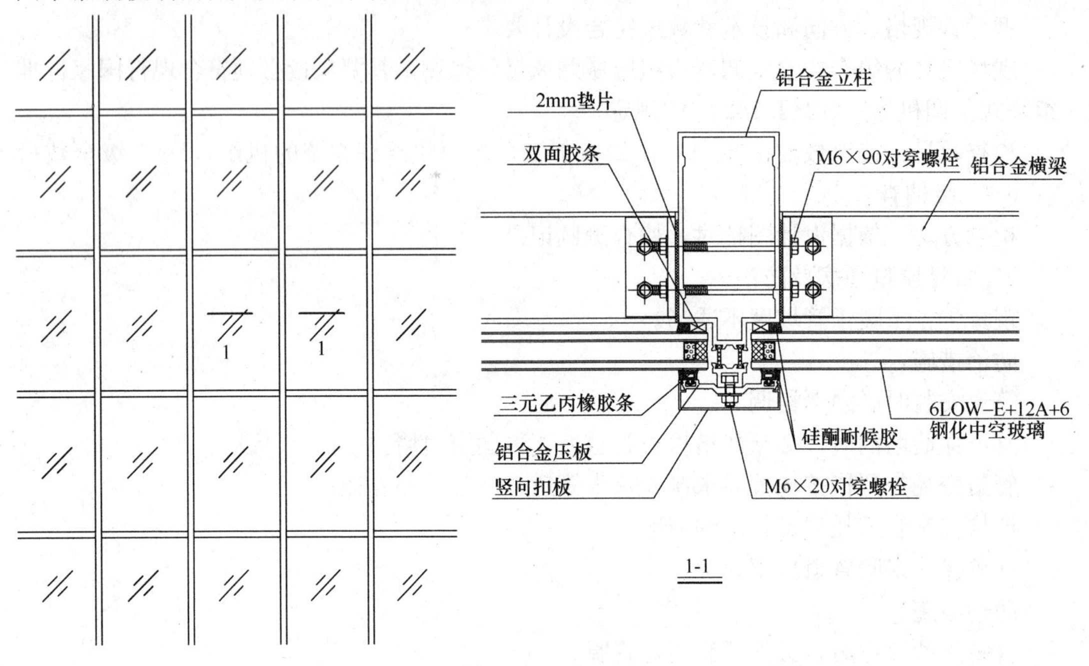

图 1-2　明框玻璃幕墙

②隐框玻璃幕墙：金属框架完全不显露于面板外表面的框支承玻璃幕墙，见图 1-3。图中幕墙面板是隐藏在幕墙玻璃面板的后面，外面看不见幕墙的框架。玻璃面板与铝合金框架之间完全依靠硅酮结构密封胶的胶缝连接，所以结构胶胶缝的质量是十分重要的。玻璃面板与铝合金框架之间连接的硅酮结构密封胶胶缝，见 2-2 断面图。

③半隐框玻璃幕墙：金属框架的竖向或横向构件显露于面板外表面的框支承玻璃幕

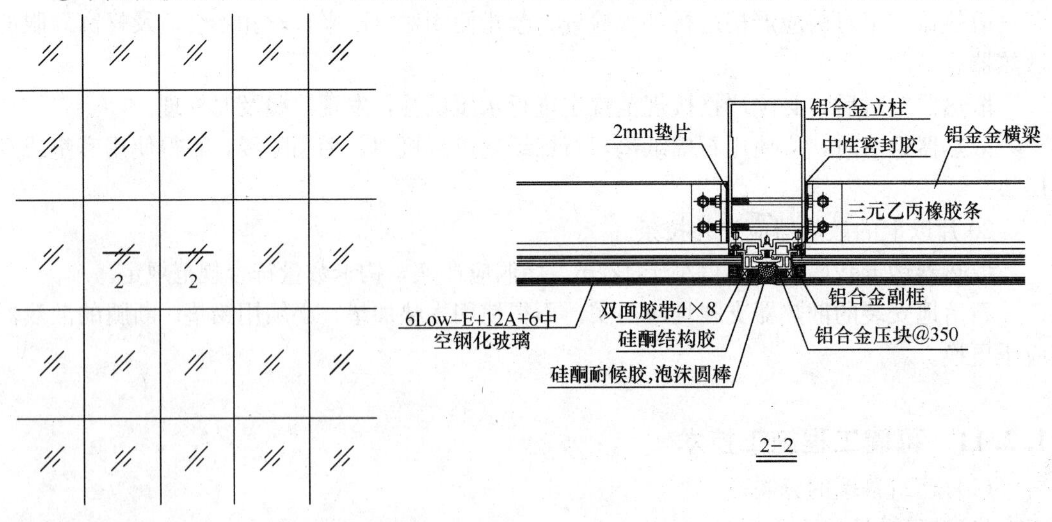

图 1-3　隐框玻璃幕墙

墙，称横隐或竖隐玻璃幕墙。图 1-4（*a*）是横隐竖明玻璃幕墙，图 1-4（*b*）是竖隐横明玻璃幕墙。图 1-4（*a*）的竖框（立柱）的做法与明框幕墙相同，而横框（横梁）隐藏在玻璃面板的后面，其构造与隐框玻璃幕墙相同，见 3-3 断面图。

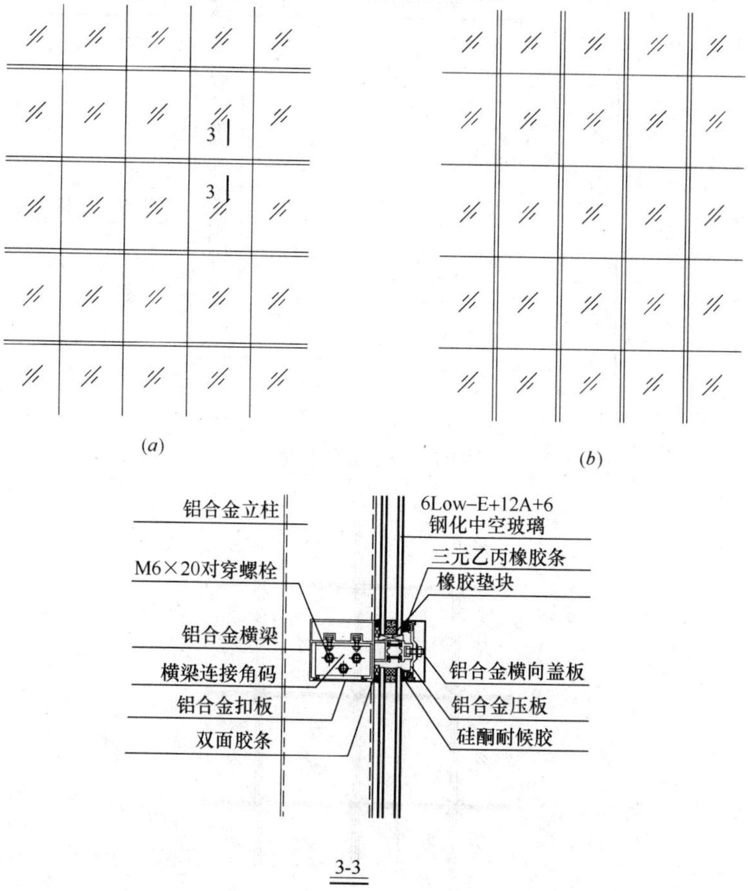

图 1-4　半隐框玻璃幕墙

（*a*）竖隐横明；（*b*）横隐竖明

④全玻幕墙：是由玻璃肋和玻璃面板构成的玻璃幕墙，见图 1-5。玻璃面板所承受的水平荷载和作用通过胶缝传递到玻璃肋上去，所以玻璃面板与玻璃肋之间的胶缝必须采用硅酮结构密封胶，见 5-5 断面图。

⑤点支承玻璃幕墙：是由玻璃面板、点支承装置和支承结构构成的玻璃幕墙。见图 1-6。

2）石材幕墙

石材幕墙通常采用花岗石板材。石材幕墙的框架（立柱和横梁）采用钢材较多。石材面板与框架之间通过金属挂件连接，见图 1-7。

3）金属幕墙

面板为金属板材的幕墙，常用的类型有：单层铝板幕墙、铝塑复合板幕墙、蜂窝铝板幕墙、不锈钢板幕墙、彩色涂层钢板、搪瓷涂层钢板、锌合金板、钛合金板、铜合金板幕墙等，最常用的是单层铝板幕墙，见图 1-8。

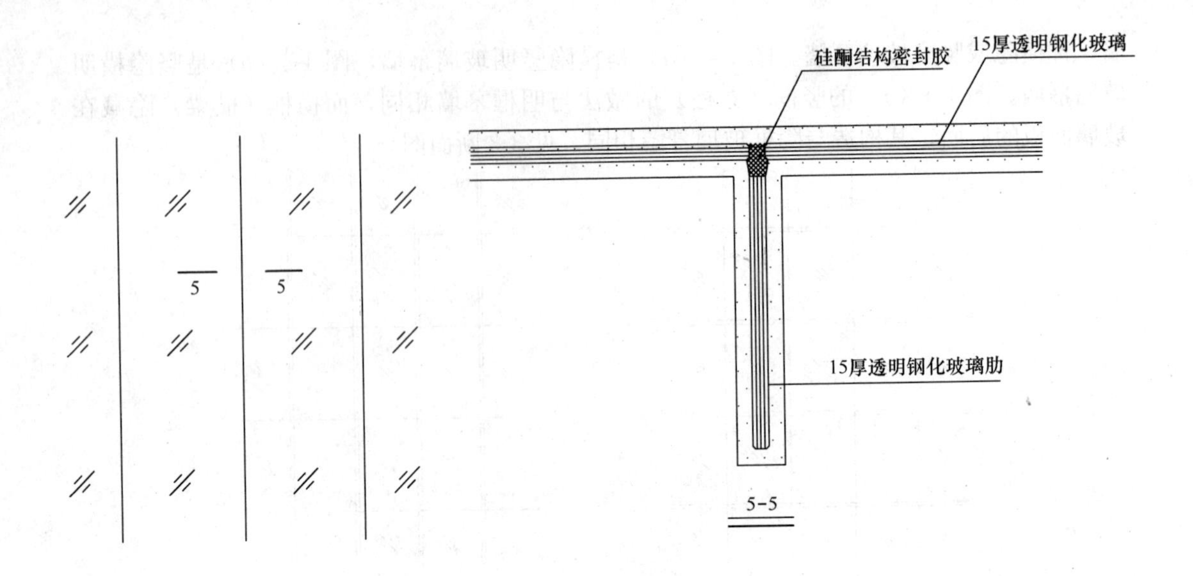

图 1-5　全玻璃幕墙

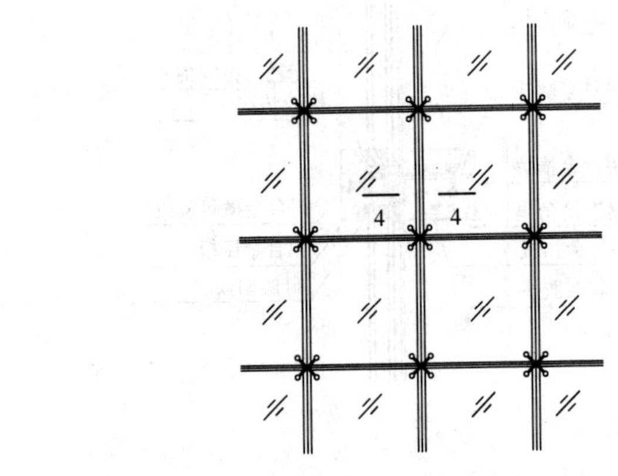

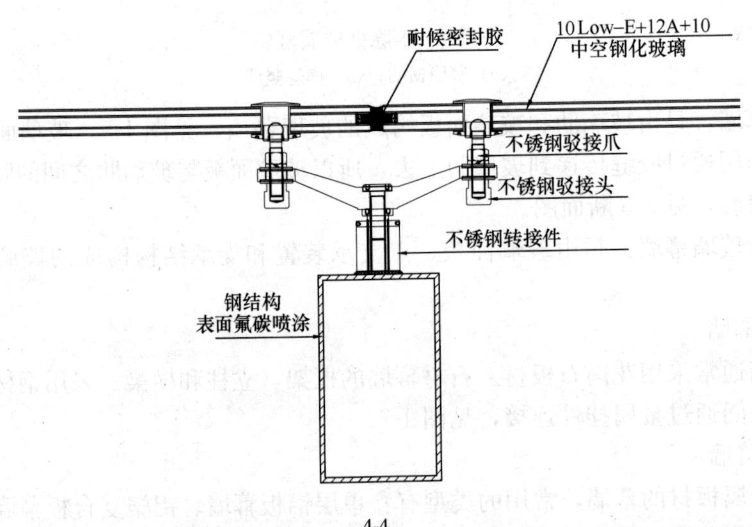

图 1-6　点支承玻璃幕墙

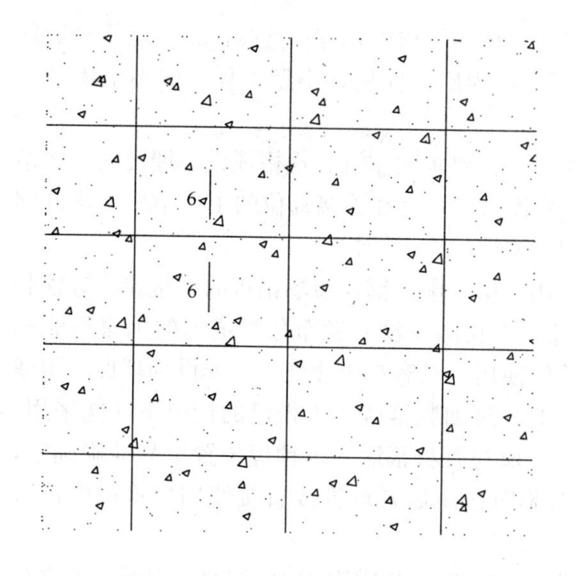

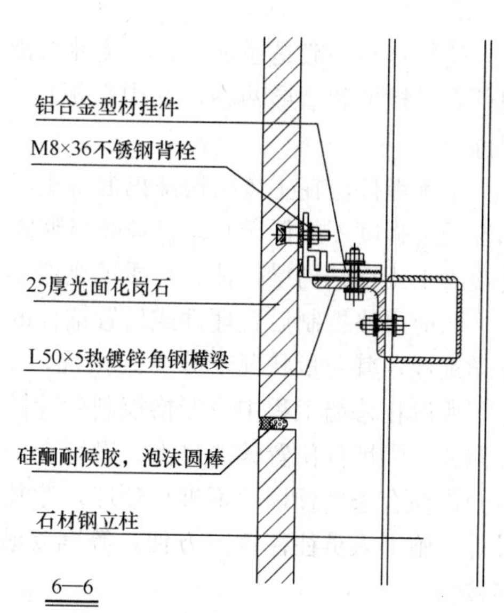

图 1-7　石材幕墙

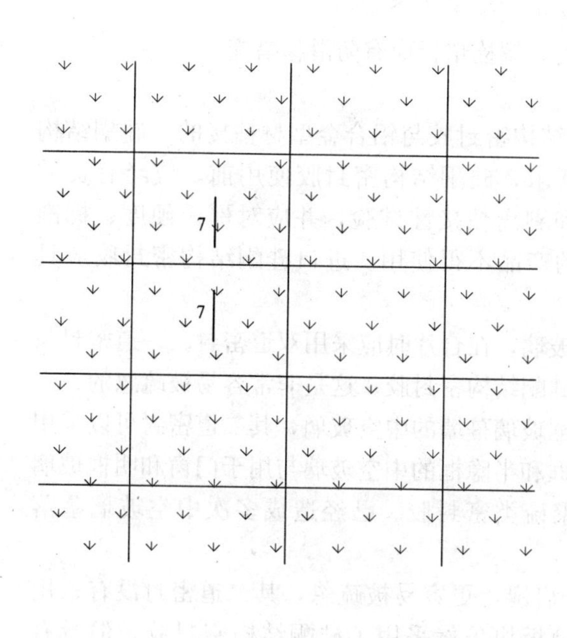

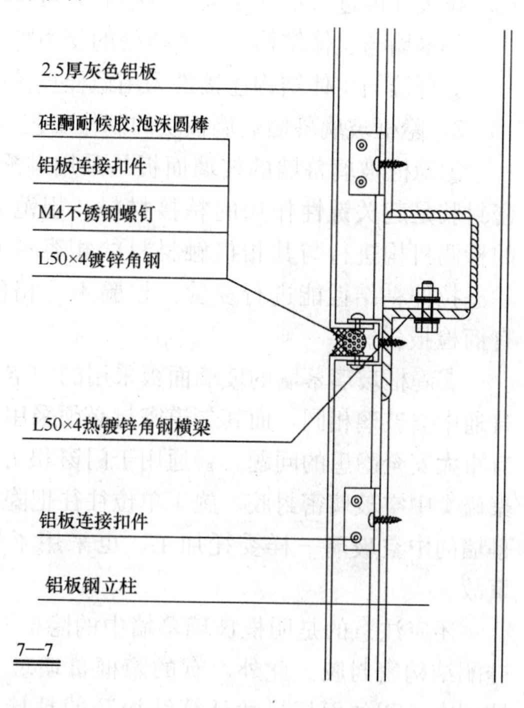

图 1-8　铝板幕墙

4）人造板材幕墙

面板为人造板材（如瓷板、陶土板、微晶玻璃板等）的建筑幕墙。

5）组合幕墙

由玻璃、金属、石材、人造板材等不同面板组成的建筑幕墙。

（2）建筑幕墙施工技术关键工序的质量要求

1）建筑幕墙与主体结构的连接

建筑幕墙一般是通过钢制连接件与预埋在主体结构内的预埋件连接。常用建筑幕墙预埋件有平板形和槽形两种，其中平板形预埋件最为广泛应用，小型工程一般不采用槽式埋件。

①预埋件应在主体结构浇捣混凝土时按照设计要求的位置、规格埋设。埋设的主体结构混凝土强度不应低于C20。幕墙与砌体结构连接时，宜在连接部位的主体结构上增设钢筋混凝土或钢结构梁、柱。轻质填充墙不应作幕墙的支承结构。

②应严格控制后置埋件或后置锚栓的使用。由于国内锚栓市场销售的大量膨胀螺栓和化学锚栓，其质量状况十分令人担忧，而且至今我国还没有发布化学锚栓的国家行业标准，所以在幕墙工程中应严格控制后置锚栓的使用。只有在土建施工中未设预埋件、预埋件漏放、预埋件位置偏离过大、设计变更、旧建筑加装幕墙等不得已的情况下才能采用。不允许在有条件预埋而不进行预埋，尤其是金属与石材幕墙，因预埋位置不易准确确定，设计、施工人员往往贪图方便，等到安装时临时采用后置埋件或直接使用后置锚栓进行连接。

③后置埋件应严格按照设计和规范要求进行施工，施工完成后应按照规定对锚栓进行现场拉拔强度进行抽样检验，合格后方可进行下道工序施工。

④幕墙与主体结构每一连接处的受力螺栓不应少于2个。

⑤幕墙与主体结构连接件采用螺栓连接时，螺栓垫板应有防滑移措施。

2）隐框玻璃幕墙玻璃板块的制作工艺

①隐框玻璃幕墙的玻璃面板是采用硅酮结构密封胶与铝合金型材粘接的。硅酮结构密封胶是起关键性作用的粘接材料。规范要求，硅酮结构密封胶使用前，应经有资质的检测机构进行与其相接触材料的相容性和剥离粘接性试验，并应对邵氏硬度、标准状态拉伸粘结性能进行复验。检验不合格的产品不得使用。进口硅酮结构密封胶应具有商检报告。

②隐框玻璃幕墙的玻璃面板采用的中空玻璃，在合片时应采用双道密封。一道密封与普通中空玻璃相同，而其二道密封必须采用硅酮结构密封胶。这是非常容易被疏忽的一个有重大安全隐患的问题。普通用于门窗和明框玻璃幕墙的中空玻璃，其二道密封可以采用聚硫类中空玻璃密封胶，施工单位往往把隐框和半隐框的中空玻璃与用于门窗和明框玻璃幕墙的中空玻璃一样委托加工，也采用了聚硫类密封胶。已经造成多次中空玻璃坠落事故。

还应注意的是明框玻璃幕墙中的隐框开启扇，更容易被疏忽，其二道密封没有采用硅酮结构密封胶。此外，有的隐框幕墙玻璃板块虽然采用了硅酮结构密封胶，但没有按照本工程的面板尺寸计算结构胶的粘接宽度，而按照中空玻璃产品标准，普通中空玻璃的二道密封宽度仅5～7mm，对于板块较大的隐框玻璃幕墙是远远不够的。规范要求用于隐框、半隐框玻璃幕墙的中空玻璃，其二道密封硅酮结构密封胶的胶缝尺寸应按设计计算确定。

③隐框、半隐框玻璃幕墙玻璃下端规范要求应加金属托条，这一工作也应在板块制作阶段完成。如制作时漏加了金属托条，以后增加是非常困难的。

④半隐框、隐框玻璃幕墙的玻璃板块制作是保证玻璃幕墙工程质量的一项关键性的工作，而在注胶前对玻璃面板及铝框的清洁工作又是关系到玻璃板块加工质量的一个重要工

序。玻璃板块应在洁净、通风的室内注胶。室内的环境温度、湿度条件应符合结构胶产品的规定。清洁工作应采用“两次擦”的工艺进行，即：用一块干净的布把粘结在玻璃和铝框上的尘埃、油渍等污物清除干净，在溶剂完全挥发之前，用第二块干净的布将表面擦干；一块布只能用一次，不许重复使用，应洗净晾干后再行使用；不应将擦布浸泡在溶剂里，应将溶剂倾倒在擦布上；玻璃槽口可用干净的布包裹油灰刀进行清洗。使用和贮存溶剂，应用干净的容器。玻璃面板和铝框清洁后应及时注胶；注胶前再度污染时，应重新清洁。

⑤玻璃板块制作时，应正确掌握玻璃朝向。单片镀膜玻璃的镀膜面一般应朝向室内一侧；阳光控制镀膜中空玻璃的镀膜面应朝向中空气体层；低辐射镀膜中空玻璃的镀膜面位置应符合设计要求。

注胶必须密实、均匀、无气泡，胶缝表面应平整、光滑。做好板块生产记录和各项试验记录。板块制作过程中，应做好结构胶剥离试验和双组分硅酮结构胶的混匀性试验（亦称蝴蝶试验）和拉断试验（亦称胶杯试验）。玻璃板块制作完成后，应放置在干净的室内进行养护，室内的温度和湿度应符合要求。

3）框架式玻璃幕墙构配件安装

①立柱安装：铝合金立柱一般按受拉构件设计，应使立柱的上端采用圆孔铰接节点悬挂在主体结构上，而下端应采用竖向长圆孔或椭圆孔连接，以形成吊挂受拉状态。

②横梁与立柱的连接：近年玻璃幕墙普遍采用中空玻璃。中空玻璃的重量一般比单片玻璃重一倍以上。横梁在玻璃自重荷载作用下，它与立柱之间的连接节点需承受较大的扭矩，容易使横梁向外侧倾斜，所以应采取有效防止横梁外倾措施，如：增加连接螺栓的数量，每个节点不少于 3 个；采用对穿螺栓穿过立柱，与相邻两根横梁同时连接；加大连接件和紧固件的规格；还可以采用某些专利技术等。

③横梁与立柱连接部位应避免刚性接触，防止产生摩擦噪声。规范规定在横梁与立柱接触部位可设置柔性垫片或预留间隙，间隙内填耐候密封胶。

④明框玻璃幕墙玻璃面板安装时不得与框四周直接接触，应保持一定的空隙。每块玻璃下端应至少放置 2 块弹性垫块。垫块长度及玻璃四边嵌入量应符合设计和规范要求。明框玻璃幕墙承受水平荷载的玻璃压条，不得采用自攻螺钉固定。玻璃压条的固定方式、固定点数量应符合设计要求。

明框玻璃幕墙设置的导气孔、排水孔形状、位置、数量，应符合设计要求，应确保导气孔和排水孔通畅。

⑤半隐框、隐框玻璃幕墙的玻璃板块在经过抽样剥离试验和质量检验合格后，方可运输到现场进行安装。安装前，应对四周的立柱、横梁和板块铝合金副框进行清洁工作，以保证嵌缝密封胶的粘结强度。固定板块的压块或勾块，其规格和间距应符合设计要求。固定点的间距应符合设计和规范要求，并不得采用自攻螺钉固定玻璃板块。

隐框和横向半隐框玻璃幕墙的玻璃板块依靠胶缝承受玻璃的自重，而硅酮结构密封胶承受永久荷载的能力很低，所以应在每块玻璃下端设置两个铝合金或不锈钢托条，以保证安全。

半隐框、隐框玻璃幕墙玻璃板块安装完成后，在密封胶嵌缝前应进行隐蔽工程验收。验收后应及时进行密封胶嵌缝。

⑥玻璃幕墙的开启扇一般采用外开上悬窗，其开启角度不宜大于 30°，开启距离不宜大于 300mm。开启窗周边缝隙宜采用氯丁橡胶、三元乙丙橡胶或硅橡胶密封条制品密封。开启窗的五金配件应齐全，安装牢固、开启灵活、关闭严密。

4）全玻幕墙安装

①全玻幕墙面板承受的水平荷载和作用是通过胶缝传递到玻璃肋上去，其胶缝（见图 1-5 中标注的硅酮结构密封胶部位），其胶缝必须采用硅酮结构密封胶。胶缝的厚度应通过设计计算决定，施工中必须保证胶缝尺寸，不得削弱胶缝的承载能力。当胶缝的尺寸满足结构计算要求时，允许在全玻幕墙的板缝中填入合格的发泡垫杆等材料后，再进行前后两面打胶。

②一般全玻幕墙四周都是花岗石等的刚性材料，玻璃面板不应与刚性直接接触。全玻幕墙四周嵌入墙、柱面的部位应设置钢槽。槽底应采用弹性支承块支承；槽壁与玻璃之间应采用硅酮耐候密封胶密封；槽口深度及预留空隙尺寸应符合设计和规范要求，以防止玻璃受力弯曲变形后从槽内拔出或因空隙不足而使玻璃变形受到限制，被挤压破裂。

③规范规定："除全玻幕墙外，（其他玻璃幕墙）不应在现场打注硅酮结构密封胶。"

④超过一定高度的全玻幕墙应根据设计和规范要求采用吊挂式全玻幕墙。吊挂式全玻幕墙是采用专用的"吊挂式玻璃幕墙支承装置"将玻璃面板和玻璃肋悬挂在主体结构上。吊挂玻璃下端与槽底应留有空隙，以满足玻璃伸长变形的要求。吊挂玻璃的夹具不得与玻璃直接接触，夹具衬垫材料与玻璃应平整结合、紧密牢固。

5）点支承玻璃幕墙的安装

点支承玻璃幕墙的支承形式，常用的有：玻璃肋支承的点支承玻璃幕墙；单根型钢或钢管支承的点支承玻璃幕墙；钢桁架支承的点支承玻璃幕墙；拉索式支承的点支承玻璃幕墙等四种类型。小型工程采用前三种类型较多。

①点支承玻璃幕墙的面板必须采用钢化玻璃。因为玻璃面板支承点需打孔，孔的周边应力集中，要求玻璃面板强度较高，故必须采用钢化玻璃或其制品（钢化夹层玻璃、钢化中空玻璃等）。虽然夹层平板玻璃或半钢化夹层玻璃都属于安全玻璃，但它们的强度不能满足点支承玻璃幕墙的要求，故不得应用于点支承玻璃幕墙。由钢化玻璃合成的夹层玻璃和中空玻璃均可应用于点支承玻璃幕墙。

②采用玻璃肋支承的点支承玻璃幕墙，其玻璃肋应采用钢化夹层玻璃。因为点支承玻璃幕墙依靠金属驳接件支承在玻璃肋上，如果玻璃肋采用单片钢化玻璃，一旦自爆或受撞击破碎，则其所支承的相邻两幅点支承玻璃幕墙可能都会垮塌，后果十分严重。

③采用单根型钢或钢管支承的点支承玻璃幕墙，制作、安装工艺较简单，在小型工程中应用较多。施工制作安装过程中，制孔、组装、焊接、螺栓连接和涂装等工序均应符合《钢结构工程施工质量验收规范》GB 50205 的有关规定。

6）金属与石材幕墙工程框架安装的技术要求

①金属与石材幕墙的框架最常用的是钢管或型钢框架，较少采用铝合金型材。铝合金型材框架的安装技术要求与构件式玻璃幕墙相同。以下框架安装都是指钢结构框架。

②金属与石材幕墙的框架安装前，应对进场构件进行检验和校正，不合格的构件不得安装使用。在进行测量放线、墙面基体偏差修整及预埋件调整增补后，先将立柱上墙

安装。

③幕墙立柱与主体结构的连接应有一定的相对位移的能力。立柱应采用螺栓与角码连接，并再通过角码与预埋件或钢构件连接。立柱可每层设一个支承点，也可设两个支承点。

④幕墙横梁应通过角码、螺钉或螺栓与立柱连接。横梁与立柱之间应有一定的相对位移能力。横梁安装时，应将横梁两端的连接件及垫片安装在立柱的预定位置，并应安装牢固，接缝严密。

⑤幕墙钢构件施焊后，其表面应采取有效的防腐措施。

7）金属幕墙面板加工制作要求

①金属板材的品种、规格和色泽应符合设计要求。铝合金板（单层铝板、铝塑复合板、蜂窝铝板）表面氟碳树脂厚度应符合规范和设计要求。

②在制作单层铝板、蜂窝铝板、铝塑复合板和不锈钢板构件时，板材应四周折边；蜂窝铝板、铝塑复合板应采用机械刻槽折边。

③金属板应按需要设置边肋和中肋等加劲肋。铝塑复合板折边处应设边肋。加劲肋可采用金属方管、槽形或角形型材。

④幕墙用单层铝板厚度不应小于2.5mm。加劲肋可采用电栓钉固定，但应确保铝板外表面不变形、褪色，固定应牢固；固定耳子的规格、间距应符合设计要求，可采用焊接、铆接或直接在铝板上冲压而成；板块四周应采用铆接、螺栓或粘结与机械连接相结合的形式固定。

⑤铝塑复合板转角部位折边时，因为铝塑复合板内外层铝板很薄，在切割内层铝板和聚乙烯塑料层时，应保留一定厚度的聚乙烯塑料层，并不得划伤铝板的内表面，否则弯折铝板时，铝板转角处容易开裂。因打孔、切口等原因外露的聚乙烯塑料应采用中性硅酮耐候密封胶密封。在加工过程中铝塑复合板严禁与水接触。

⑥蜂窝铝板在切除铝芯时不得划伤外层铝板的内表面；各部位外层铝板上，应保留一定厚度的铝芯；直角构件的折角应弯成圆弧状，角缝应用硅酮耐候密封胶密封。

8）石板加工制作

①石材幕墙的石板，厚度不应小于25mm，为满足等强度计算要求，火烧石板的厚度应比抛光石板厚3mm。干挂石材不允许有裂缝或暗裂存在。石材厚度与其承受水平风荷载的能力关系很大，而许多厂家往往用足甚至超过产品标准规定的负偏差值，为幕墙安全留下隐患。现行国家推荐性标准《天然花岗石建筑板材》GB/T 18601—2009规定板材厚度最大的负偏差值可达2mm（镜面和细面板）和3mm（粗面板），这一要求适用于一般装饰板材，不适用于干挂石材。所以订购花岗石板时应采用国家建材行业专用于干挂石材的标准《干挂饰面石材及其金属挂件》JC 830.1—2005。该标准规定，干挂石材厚度的负偏差值一律为1mm，这一规定比较合理，执行该行业标准是正确的。

②石材加工后表面应用高压水冲洗或用水和刷子清理，严禁用溶剂型的化学清洁剂清洗石材。

9）金属与石材幕墙面板安装要求

①金属板与石板通常由加工厂一次加工成型后，运抵现场安装。按照板块规格及安装顺序分别送到各楼层适当位置。

②石材幕墙面板与框架的连接方式，《金属与石材幕墙工程技术规范》JGJ 133 规定只有钢销式、通槽式、短槽式三种。其中钢销式只能用于 7 度及以下抗震设计的幕墙工程，且幕墙高度不宜大于 20m。通槽式安装方式应用也很少。广泛应用的是短槽式安装方式，而且大多采用 T 形挂件。由于 T 形挂件存在许多缺陷，近年有的地区已禁用此种挂件。对于小型工程来说，T 形挂件一般还是适用的。它优于钢销式连接的石材幕墙，性价比较高。

新型连接方式的石材幕墙采用较多的是背栓连接，虽然国内已积累了不少背栓式石材幕墙的施工经验，但目前还没有使用背栓和其他连接方式的施工技术规范（指适用于幕墙工程设计、施工及验收的规范）。因此，采用新型连接方式的石材幕墙工程应慎重。

③短槽式石材幕墙安装，先按幕墙面基准线安装好第一层石材，然后依次向上逐层安装，槽内注胶，以保证石板与挂件的可靠连接。

④石板的转角宜采用不锈钢支撑件或铝合金型材组装。现在转角处石材的连接常采用销钉或胶粘剂连接，可靠性差，宜采用专用金属连接件安装。

⑤石板经切割或开槽等工序后均应将石屑用水冲干净。石板与不锈钢或铝合金挂件间应用干挂石材幕墙环氧胶粘剂粘结。注胶时，石材槽底、槽壁及四周都应洁净、干燥。云石胶不得用于石板与金属挂件之间的连接。云石胶属于不饱和聚酯类胶粘剂，由 A、B 两组材料组成，属于“非结构承载用的胶粘剂”，执行《非结构承载用石材胶粘剂》JC 989—2006 建材行业标准。云石胶适用于石材定位、修补等非结构承载粘接，不适用于永久性结构承载粘接。环氧胶粘剂执行《干挂石材幕墙用环氧胶粘剂》JC 887—2001 建材行业标准。它也由 A、B 两组材料组成，俗称 AB 胶，容易与云石胶引起混淆，使用时应注意。环氧胶粘剂与金属、石材具有很强的粘结力，粘接强度高，但固化稍慢。云石胶的特点是固化快，价廉，施工方便，一般现场施工人员喜欢使用。但云石胶粘结强度较低，脆性较大，耐老化性能差，故不能代替环氧树脂胶。

⑥金属板、石板幕墙一般不宜采用空缝安装，必须采用时，应有可靠的防水措施，并应有排水出口。

⑦金属面板的安装应注意与产品指示箭头方向保持一致。

⑧金属面板嵌缝前，先把胶缝处的保护膜撕开，清洁胶缝后打胶；大面上的保护膜待工程验收前方可撕去。

10）玻璃、金属和石材幕墙面板密封胶嵌缝

①半隐框、隐框玻璃幕墙玻璃板块安装完成后，在密封胶嵌缝前应进行隐蔽工程验收。验收后应及时进行密封胶嵌缝。嵌缝前应将板缝清洁干净，并保持干燥。为保护已安装好的玻璃表面不被污染，应在胶两侧粘贴纸基胶带，胶缝嵌好后及时将胶带除去。

板缝宽度和厚度应符合设计和规范规定。密封胶的施工厚度太薄对保证密封质量不利，太厚也容易被拉断或破坏，失去密封和防渗漏作用。密封胶的施工宽度不宜小于厚度的 2 倍。

②密封胶在接缝内应两对面粘结，不应三面粘结，否则，胶在反复拉压时，容易被撕裂。为了防止形成三面粘结，可用无粘结胶带置于胶缝（槽口）的底部，将缝底与胶分开。较深的槽口可用聚乙烯发泡垫杆填塞，既可控制胶缝的厚度，又起到了与缝底的隔离作用。

③不宜在夜晚、雨天打胶。打胶温度应符合设计要求和密封胶产品要求。

④金属与石材幕墙板面嵌缝应采用中性硅酮耐候密封胶。施工方法与半隐框、隐框玻璃幕墙面板嵌缝基本相同。但因石板内部有孔隙，为防止密封胶内的某些物质渗入板内，要求石材幕墙嵌缝采用经耐污染性试验合格的（石材专用）硅酮耐候密封胶。嵌缝前应将槽口清洗干净，完全干燥后方可注胶。

（3）建筑幕墙的防腐蚀要求

①建筑幕墙采用的钢材应采取有效的防腐处理，采用热浸镀锌处理时，锌膜厚度应符合设计和规范要求。

②幕墙支承结构采用氟碳漆喷涂时，涂膜厚度应根据钢材所在地的地理环境和空气污染程度确定。海滨地区应加厚。

③除不锈钢外，幕墙使用的不同金属材料接触处应设置隔离垫片，以防止双金属腐蚀。④预埋件及后置埋件表面应做防腐处理，电焊时损伤的防腐层应补做防腐漆。

（4）建筑幕墙的防火构造要求

①幕墙与各层楼板、隔墙外沿间的缝隙，应采用不燃材料封堵，填充材料可采用岩棉或矿棉，其厚度不应小于100mm，并应满足设计的耐火极限要求，在楼层间形成水平防火烟带。防火层应采用厚度不小于1.5mm的镀锌钢板承托，不得采用铝板。承托板与主体结构、幕墙结构及承托板之间的缝隙应采用防火密封胶密封；防火密封胶应有法定检测机构的防火检验报告。

②无窗槛墙的幕墙，应在每层楼板的外沿设置耐火极限不低于1.0h、高度不低于0.8m的不燃烧实体裙墙或防火玻璃墙。在计算裙墙高度时可计入钢筋混凝土楼板厚度或边梁高度。

③当建筑设计要求防火分区分隔有通透效果时，可采用单片防火玻璃或由其加工成的中空、夹层防火玻璃。

④防火层不应与幕墙玻璃直接接触，防火材料朝玻璃面处宜采用装饰材料覆盖。

⑤同一幕墙玻璃单元不应跨越两个防火分区。

（5）建筑幕墙的防雷构造要求

①幕墙的防雷设计应符合国家现行标准《建筑物防雷设计规范》GB 50057和《民用建筑电气设计规范》JGJ/T 16的有关规定。

②幕墙的金属框架应与主体结构的防雷体系可靠连接。

③幕墙的铝合金立柱，在不大于10m范围内宜有一根立柱采用柔性导线，把每个上柱与下柱的连接处连通。导线截面积铜质不宜小于$25mm^2$，铝质不宜小于$30mm^2$。

④主体结构有水平均压环的楼层，对应导电通路的立柱预埋件或固定件应用圆钢或扁钢与均压环焊接连通，形成防雷通路。避雷接地一般每三层与均压环连接。

⑤兼有防雷功能的幕墙压顶板宜采用厚度不小于3mm的铝合金板制造，铝合金压顶板之间应采用跨接，与主体结构屋顶的防雷系统应有效连通。

⑥在有镀膜层的构件上进行防雷连接，应除去其镀膜层。

⑦使用不同材料的防雷连接应避免产生双金属腐蚀。

⑧防雷连接的钢构件在完成后都应进行防锈油漆。

（6）建筑幕墙的封口构造

①幕墙的封口构造应根据设计图纸施工。封口的面板材料视工程而异，常用的有单层铝板、铝塑复合板、不锈钢板、花岗石板、玻璃等，也有直接与外墙装饰面用密封胶封口的。

②封底：立柱、底部横梁及玻璃板块与主体结构之间应有伸缩空隙，空隙宽度不应小于15mm，并用弹性密封材料嵌填，不得用水泥砂浆或其他硬质材料嵌填。

③封顶：

封顶的女儿墙压顶坡度应符合设计要求，骨架和面板应安装牢固，不松动、不渗漏、无空隙。女儿墙内侧罩板深度不应小于150mm，罩板与女儿墙之间的缝隙应使用密封胶密封。

金属幕墙的女儿墙应用单层铝板或不锈钢板加工成向内倾斜的顶盖。

④周边封口：

幕墙周边与主体结构之间的缝隙，应采用防火保温材料严密填塞，水泥砂浆不得与铝型材直接接触，不得采用干硬性材料填塞。内外表面应采用密封胶连续封闭，接缝应严密不渗漏，密封胶不应污染周边相邻表面。

为了防止玻璃由于变形和位移受阻而开裂，玻璃周边均不得与其他刚性材料直接接触。玻璃周边与建筑内外装饰物之间的缝隙不宜小于5mm；全玻幕墙板面与装修面或结构面之间的空隙不应小于8mm。缝隙表面均应用密封胶密封。

（7）建筑幕墙的保护和清洗

①幕墙框架安装后，不得作为操作人员和物料进出的通道；操作人员不得踩在框架上操作，不得在幕墙框架上悬吊绳索和吊具吊运物品。

②玻璃面板安装后，在易撞、易碎部位，都应有醒目的警示标识或防撞安全装置。

③有保护膜的铝合金型材和面板，在不妨碍下道工序施工的前提下，不应提前撕除，待竣工验收前撕去。撕除的时间应根据施工进度和保护膜的材性合理掌握，过早过迟都不合适。

④对幕墙的框架、面板等应采取措施进行保护，使其不发生变形、污染和被刻划等现象。幕墙施工中表面的粘附物，都应随时清除。

⑤幕墙工程安装完成后，应制订清洁方案。应选择对饰面无腐蚀性的清洁剂进行清洗。不得采用pH值小于4或pH值大于10的清洗剂以及有毒有害化学品。清水可用于清洗轻度污染的墙面。中性清洗剂可用于清洗中度污染、表面光滑的饰面，如金属幕墙和涂料等饰面。pH值8.0～10.0的碱性清洗剂，能与污垢起皂化和乳化反应，适用于清洗石灰石和大理石上的污垢。pH值在4.0～6.0的酸性清洗剂，有良好的除污效果，适用于清洗表面粗糙、硬度高的花岗石上的污垢。但是碱性清洗剂和酸性清洗剂，如果产品pH值控制不严，出现碱性太强或酸性太强的情况时，会对花岗石、石灰石、大理石饰面造成永久性的损伤，严重影响幕墙表面的观感，所以选用碱性或酸性清洗剂，应十分慎重。应通过现场试验确认对幕墙表面无损伤后，才能使用。

⑥幕墙清洗前，应检查幕墙排水系统是否畅通，发现堵塞应及时疏通。

⑦采用擦窗机、吊篮等机具设备进行幕墙外表面检查、清洗作业，不得在5级以上风力和大雨（雪）天气下进行。作业机具设备应安全可靠，每次使用前都应经检查合格后方能使用。为确保安全，不得采用吊绳、吊板的作业方式进行清洗。有的地区已明令禁止使

用吊绳、吊板进行清洗。

⑧清洗作业时，不得在同一垂直方向的上下面同时作业。当施工面下方有出入口通道或人员活动场地时，应在该场地上空设置遮挡防护设施。遮挡设施应具有抵挡下坠物体撞击的足够承载力。

⑨高空作业应符合《建筑施工高处作业安全技术规范》JGJ 80、《高处作业吊篮》GB 19155—2003及《建筑外墙清洗维护技术规程》JGJ 168—2009等有关规定。

（8）施工过程中各项试验的质量控制

1）建筑幕墙工程主要物理性能的检测

①幕墙的性能设计应根据建筑物的类别、高度、体形以及建筑物所在地的地理、气候、环境等条件由设计单位确定。

②规范要求工程竣工验收时应提供建筑幕墙的风压变形性能、气密性能、水密性能的检测报告。必要时可增加平面内变形性能及其他（如保温、隔声等）性能检测。

③主要物理性能检测的试件材质、构造、安装施工方法应与实际工程相同。

④幕墙性能检测中，由于安装缺陷使某项性能未达到规定要求时，规范允许在改进安装工艺、修补缺陷后重新检测。检测报告中应叙述改进的内容，幕墙工程施工时应按改进后的安装工艺实施；由于设计或材料缺陷导致幕墙检测性能未达到规定值域时，应停止检测，修改设计或更换材料后，重新制作试件，另行检测。

⑤主要物理性能检测的时间，应在幕墙工程构件大批量制作、安装前完成。

2）硅酮结构密封胶的剥离试验

①半隐框、隐框玻璃幕墙组件应对硅酮结构密封胶进行抽样剥离试验，其目的主要是检测结构密封胶的粘接剥离强度和养护中的玻璃幕墙组件结构胶的固化程度。

②剥离试验方法：垂直于已固化的结构胶胶条做一个切割面，沿基材面切出两个长50mm的胶条，用手紧握结构胶条，以大于90°方向剥离胶条，观察剥离面的破坏情况。

③合格判定：硅酮结构密封胶必须是内聚性破坏，即必须是胶体本身的破坏，而不是粘结面的破坏，才可判定该项试验为合格。

④结构胶截面尺寸和固化程度的检查：观察结构胶切开的截面，如是闪光的表面，表示结构胶尚未完全固化；如切口表面平整，颜色均匀、暗淡，表示结构胶已完全固化。同时可以用钢尺测量结构胶的截面宽度和厚度，检查其是否符合设计要求。胶条（胶缝）尺寸不允许有负偏差。

3）双组分硅酮结构密封胶的混匀性试验（又称“蝴蝶试验”）

混匀性（蝴蝶）试验用于检查双组分硅酮结构密封胶的混匀性，即检查黑白两种胶（基胶与固化剂）搅拌混合是否均匀。

4）双组分硅酮结构密封胶的拉断试验（又称“胶杯试验”）

拉断（胶杯）试验是用于检查双组分硅酮结构密封胶基胶与固化剂的配合比。在一只小杯中装约3/4深度的已混合的双组分胶，用一根棒或舌状压片插入胶中，每隔5min从胶中拔出该棒，如果结构胶被拉断，说明胶体已达到拉断时间。正常拉断时间是20～45min。如果实际拉断时间不在上述范围内，说明基胶与固化剂配合比有问题，需要调整后再混合。

5）淋水试验

将幕墙淋水装置安装在被检幕墙的外表面，喷水水嘴离幕墙的距离不应小于530mm，并应在被检幕墙表面形成连续水幕。每一检验区域喷淋面积应为1800mm ×1800mm，喷水量不应小于4L/(m^2 · min)，喷淋时间应持续5min，然后在室内观察有无渗漏现象发生。

6）后置埋件拉拔试验

后置埋件应进行承载力现场试验，必要时应进行极限拉拔试验。施工单位应委托有资质的检测单位进行现场检测，并向其提出各种类型、规格锚栓的数量及每种锚栓承载力的设计值。检测单位应按照规范规定的比例采取随机抽样的方法，进行检测。

7）幕墙防雷检验

幕墙所有技术框架应互相连接，形成防雷导电通路。连接材料的材质、连接方法应符合设计和规范要求。检验幕墙与主体结构防雷装置的连接，应在幕墙框架与防雷装置连接部位，采用接地电阻仪或兆欧表材料和观测检查。

建筑幕墙工程主要物理性能检测和后置埋件拉拔试验必须委托有资质的检测单位检测，由该单位提出检测报告。其他5项试验都应由施工单位负责进行试验和检测，监理（建设）单位进行监督和抽查。所有检测和试验的报告、记录都应完整、齐全，均作为竣工验收必须提供的资料。

(9) 建筑幕墙工程施工质量缺陷的防治

1）幕墙面板色差

现象：

幕墙面板色差在玻璃、铝板幕墙上都有不同程度的存在，但比较突出的是石材幕墙。

防治措施：

① 材料采购时，要注意色差，尤其对天然石材，应对石材厂进行反复比较、优选，一个品种石材宜选择同一矿脉、同一批量的产品，使色差减少到最低限度。

② 石材到达加工基地后，应进行统一排版，合理搭配。

③ 铝板安装应注意方向性，按照产品标志的方向安装，防止因折光不同影响观感。

④ 对施工时造成的板面污染，应落实责任制，被污染的墙面应实行谁污染谁清洗的责任制，使幕墙面板的污染物随时得到清理。

2）幕墙密封胶使用不当

现象：

硅酮结构密封胶与硅酮耐候密封胶互相代用。应该用中性密封胶的部位用了酸性密封胶；石材幕墙面板间嵌缝采用普通硅酮耐候密封胶；石材幕墙金属挂件与板材槽壁采用云石胶或硅酮结构密封胶连接；使用不合格的密封胶或过期密封胶等。

防治措施：

①组织施工人员和材料采购人员学习各类密封胶的不同特性，掌握它们不同的使用范围。

②硅酮结构密封胶和硅酮耐候密封胶的性能不同，结构胶突出粘结强度高的特性，耐候胶主要用于外部建筑密封，突出其“耐候”的特性，所以，结构胶不宜作为耐候胶使用，二者不能换用，更不得将过期的结构胶当作耐候胶使用。

③规范对酸性密封胶使用范围有严格的限制。酸性密封胶对镀膜玻璃的镀膜层有腐蚀

作用，只有当点支承玻璃幕墙和全玻幕墙采用非镀膜玻璃时，才可采用酸性密封胶，夹层玻璃板缝间的密封，也不宜采用酸性密封胶。

④石材幕墙板材间嵌缝应采用污染性指标合格的石材用建筑密封胶。

⑤石材幕墙金属挂件与板材槽壁应采用干挂石材幕墙用环氧胶粘剂。

3）钢化玻璃自爆

产生原因：

主要是玻璃中硫化镍发生晶态变化引起的体积膨胀所致，外力和温度应力的影响以及不正确的安装方法，也可能起到诱发和催化的作用。目前在玻璃生产技术上还不能完全解决这个问题。

防治措施：

①钢化玻璃宜经过二次热处理（也称引爆处理或均质处理）。

② 玻璃安装不得与任何硬质刚性材料直接接触。玻璃四周都应按规范留有缝隙，填嵌弹性材料，并进行密封。

③防火棉、保温棉不得紧靠玻璃安装，因为防火棉、保温棉吸热后，热传递性能低，会使玻璃与其接触的部位温度升高。

④幕墙玻璃表面周边与建筑内、外装饰物之间应按规定留有缝隙，采用柔性材料嵌缝。

4）中空玻璃加工不符合规范要求

现象：

加工幕墙中空玻璃的密封材料应根据不同类型的幕墙选用。有的单位施工时，不分类型，按照一般门窗用的中空玻璃加工，造成半隐框、隐框玻璃幕墙用的中空玻璃密封胶用错、胶缝尺寸不足，产生玻璃坠落事故。

防治措施：

①加强材料采购管理，应根据不同幕墙类型，提出明确的技术要求和数据，加工完成后，应进行现场验收。

②半隐框、隐框玻璃幕墙用中空玻璃的第 2 道密封，应采用硅酮结构密封胶，不得采用聚硫密封胶，因为聚硫密封胶在紫外线照射下容易老化，只能用于以镶嵌槽夹持方法安装玻璃的明框玻璃幕墙用中空玻璃，而半隐框、隐框玻璃幕墙的胶缝暴露在外面，其第 2 道密封胶必须采用硅酮结构密封胶。

③半隐框、隐框玻璃幕墙用玻璃板块是受力结构，中空玻璃的胶缝承受玻璃自重和风荷载等作用，其截面尺寸应通过设计计算确定，不能随意确定。

5）玻璃面板坠落

玻璃面板坠落常见于半隐框、隐框玻璃幕墙。

产生原因：

主要原因是胶缝施工质量和玻璃板块安装质量问题。造成胶缝质量不好的原因有：玻璃板块制作环境温度、湿度、洁净程度不符要求；打胶基材不洁净；操作不认真，胶缝有气泡等缺陷多；密封胶未经相容性等试验或使用过期胶、不合格胶；胶缝尺寸不足等。

防治措施：

①严格材料采购、验收、领用制度，对密封胶的检验，除了生产厂提供的检验报告外，进场检验和施工过程中的各项试验都必须按照规范规定做，不得缺少。

②玻璃板块制作间环境温度、湿度和洁净程度，打胶基体的清洁方法，注胶操作方法，胶缝尺寸，养护温度、湿度，剥离试验方法等都应符合规范要求。

③健全项目管理人员和操作工人质量责任制，在每块玻璃板块上，都应标出操作人员的工号，以加强其责任心。

④玻璃板块的压块间距不得超过设计和规范规定的间距，不得采用自攻螺钉固定压块。

⑤每块玻璃下边应设 2 个铝合金或不锈钢托条，托条应能承受该分格玻璃的重力荷载作用。

6）幕墙开启扇坠落

产生原因：

除了因隐框玻璃板块硅酮结构密封胶质量问题外，主要有开启扇尺寸偏大、开启角度和开启距离过大、五金件质量差等原因。

防治措施：

①向设计单位建议适当修改偏大的开启扇尺寸。

②开启扇的尺寸应与五金件的质量相匹配，较大的开启扇应采用高档优质产品。

③开启角度不得超过 30°，开启距离不得超过 300mm。

④因硅酮结构密封胶质量不好而造成开启扇坠落的，除上述措施外，还应采取上节“幕墙玻璃面板坠落”防治的相关措施。

7）全玻幕墙玻璃与花岗石等硬质装饰材料直接接触

产生原因：

全玻幕墙的面板与花岗石等材料直接接触或虽未紧靠，但所留空隙太小，不能满足玻璃伸缩变形要求，造成玻璃破裂。这种现象常常因为幕墙和室内外装饰不是同一单位施工，互相没有进行协调而产生。

防治措施：

①幕墙施工单位应将全玻幕墙完成后的实际位置提交给室内外装饰施工单位，并告诉他们，根据规范要求，室内外装饰面应与玻璃面板至少留有 8mm 的空隙（这是强制性条文的要求）。

②如果室内外装饰面已先完成，幕墙施工时应根据现场已完工程的实际尺寸，核对施工图，如全玻幕墙的大玻璃面板两侧与室内外装饰面的空隙不足 8mm 时，则应提请监理和有关单位进行协调解决。

8）幕墙铝合金框与主体结构之间用水泥砂浆嵌缝

产生原因：

水泥砂浆是干硬性材料，幕墙铝合金框与主体结构之间采用水泥砂浆嵌缝，不但对铝合金型材有腐蚀作用，还因为幕墙是悬挂受力结构，水泥砂浆会约束幕墙产生正常的位移，对幕墙不利。《玻璃幕墙工程质量检验标准》JGJ/T 139—2001 要求其缝隙采用防火保温材料严密填塞，内外表面应采用密封胶连续封闭。

防治措施：

产生上述错误做法的原因是施工人员对规范、标准不够熟悉，或贪图方便，未照标准施工。应采取的防治措施是组织施工人员学习，掌握规范、标准的内容。

9）以砌体结构作为幕墙的支承结构

现象：

规范要求，幕墙与主体结构连接的预埋件应埋设在强度等级不低于C20的混凝土构件上，而有的工程把部分支承点落在砖墙等砌体上，但砌体结构平面外承载能力低，难以直接承担幕墙的荷载和作用。

防治措施：

①施工中不得随意修改图纸，不得任意改变幕墙支承点的位置。

②如发现施工图标明幕墙的支承点在砌体结构上，应及时向设计单位提出（最好在图纸会审时提出），由设计单位进行修改。

③如果必须以砌体结构作支承结构，则应增设混凝土结构或钢结构梁、柱，并必须征得建筑设计单位同意。

④轻质填充墙不应作为幕墙的支承结构。

10）幕墙渗漏

现象：

幕墙面板接缝渗漏；幕墙封顶渗漏；幕墙内侧冷凝水。

防治措施：

①幕墙面板硅酮耐候密封胶嵌缝前，应将板缝清洁干净，并保持干燥。胶缝的厚度应控制在3.5～4.5mm范围内，胶缝宽度不宜小于厚度的2倍。密封胶在接缝内应两对面粘接，不应三面粘接。胶缝不得在雨天施工。注胶后，应及时检查胶缝质量，如发现有气泡、空心、断缝、夹杂等缺陷，应及时处理，以确保胶缝饱满、密实。

②明框玻璃幕墙和开启扇的密封条应镶嵌平整、密实，密封条长度宜比框内槽口长1.5%～2.0%，斜面断开，断口应留在四角；拼角处应采用胶粘剂粘接牢固后嵌入槽口。

③明框玻璃幕墙横梁和组件上的导气孔和排水孔安装时不应堵塞，应保证通畅。

④幕墙内侧的冷凝水应有排水出口。

⑤幕墙竣工前应进行淋水试验。

1.2.12 建筑装饰节能工程施工技术

（1）建筑装饰节能工程的基本概念

节约能源是当今世界的共同课题，也是一项涉及全社会的系统工程。能源的使用状况和利用效率反映了一个国家的生活质量和经济效率也是国家可持续发展能力的具体体现。当前我国人均能源资源占有量低，而人均国民生产总值能源消耗量相对较高，特别是高投入、高消耗、高污染的粗放型经济增长方式，加剧了能源供求矛盾。解决这个矛盾，根本出路是坚持开发与节约并举、节约优先的方针。大力节约能源是刻不容缓的一项重要措施。

我国建筑用能已经超过全国能源消费总量的四分之一，并随着人民生活水平提高将逐步增加到三分之一以上。建筑节能是关乎我国国民经济可持续发展的重点战略举措，也是减轻大气污染、保护环境的重大决策。

建筑装饰工程是建筑节能的重要组成部分。建筑节能工程涵盖了建筑工程的建筑、结构、给水排水、暖通空调·动力、电气等专业。2007年实施的《建筑节能工程施工质量验收规范》GB 50411将建筑节能工程作为建筑工程一个分部工程，下分墙体、幕墙、门窗、屋面、地面、采暖、通风与空调、空调与采暖系统冷热源及管网、配电与照明、监测与控制等10个节能分项工程，其中墙体、幕墙、门窗、地面等4个节能分项工程与建筑装饰装修工程直接有关，采暖、通风与空调、空调与采暖系统冷热源及管网、配电与照明及监测与控制等5个节能分项工程也与建筑装饰装修工程密切相关。在二次装饰装修工程中，建设单位往往将上述5个机电安装分项工程与其他装饰装修工程作为一个单位工程发包。

(2) 建筑装饰节能工程的基本知识

1) 我国居住建筑节能气候分区为：严寒地区（分A、B、C三个区），寒冷地区（分A、B两个区），夏热冬冷地区，夏热冬暖地区（分南、北两个区），温和地区（分A、B两个区）。我国公共建筑节能气候分区为：严寒地区（分A、B两个区），寒冷地区，夏热冬冷地区，夏热冬暖地区。国家和地方根据建筑类别和不同的建筑气候分区，制定了节能设计标准，规定了不同类别和不同地区的建筑物的围护结构各部位（屋面、外墙、幕墙等）的主要热工指标的限值。

2) 评价建筑节能工程效果的热工计算指标较多，计算也较复杂。作为小型工程施工负责人一般不要求全面掌握热工计算理论和各项指标。在热工指标中，传热系数与导热系数是两个经常应用而且很容易混淆的指标。传热系数与导热系数是两个不同的概念。传热系数是指在稳态条件下，围护结构（如外墙、幕墙）两侧空气温度差为1℃，1h内通过$1m^2$面积传递的热量；导热系数是指稳态条件下，1m厚的物体（如玻璃、混凝土）两侧温度差为1℃，1h内通过$1m^2$面积传递的热量。前者是衡量围护结构的热工指标；后者是衡量各种建筑材料的热工指标。

3) 与建筑装饰装修直接相关的墙体节能、幕墙节能、门窗节能和地面节能等四个分项工程中，幕墙工程、门窗工程和地面工程都属于建筑装饰装修分部工程的子分部工程，这三个子分部的节能工程，一般是在原来幕墙、门窗、地面工程的用料和构造节点的基础上采用了一些技术措施来达到节能的要求，所以与上述子分部工程是不能分割的。而墙体节能则比较特殊。墙体节能有外墙外保温、外墙内保温、外墙自保温等各种构造形式，一般也可归入建筑装饰装修工程范畴，但在墙体节能中还有一项现浇混凝土外墙外保温新技术，采用了保温与模板一体化的保温模板体系。这种节能技术必须与混凝土浇筑同时施工，所以通常不属于建筑装饰装修工程的施工范围。少数屋面工程有玻璃采光顶，通常由幕墙施工企业施工，可参照门窗节能和幕墙节能工程要求进行施工和验收。

《建筑节能工程施工质量验收规范》GB 50411条文说明中指出，划分节能分部工程的10个分项工程的原则与现行《建筑工程施工质量验收规范》GB 50300尽量一致，如门窗节能工程分项工程，是指“其（门窗的）节能性能”，这样理解就能够与原有的（子）分部工程划分协调一致。

4) 墙体节能工程应用最多的是外墙外保温技术。应用较成熟已经编入国家标准的《硬泡聚氨酯保温防水工程技术规范》GB 50404—2007和国家行业标准的《外墙外保温工程技术规程》JGJ 144—2004。其中包括硬泡聚氨酯、EPS（聚苯乙烯泡沫塑料）板薄抹灰、胶粉 EPS 颗粒保温浆料、EPS 板现浇混凝土、EPS 钢丝网架板现浇混凝土、机械固定 EPS 钢丝网架板等外墙外保温系统。由于上述保温材料的燃烧性能等级达不到 A 级标准，2009 年公安部、住房和城乡建设部联合制定了《民用建筑保温系统及外墙装饰防火暂行规定》（公通字［2009］46 号），对民用建筑使用外保温材料的燃烧性能等级作了限制，因此上述比较成熟的外墙外保温技术的使用范围受到较大的限制。燃烧性能等级较高的岩棉等材料目前虽已大量使用，但相应的施工质量验收规范尚未发布，施工时应十分慎重。

5）幕墙节能工程可分为透明幕墙和非透明幕墙两种。透明幕墙是指可见光直接透射入室内的幕墙，一般指各类玻璃幕墙；非透明幕墙指各类金属幕墙、石材幕墙、人造板材幕墙及玻璃幕墙中部分非透明幕墙（如用于层间的玻璃幕墙）等。透明幕墙的主要热工性能指标有传热系数和遮阳系数两项，其他还有可见光透射比等指标；非透明幕墙的热工指标与一般围护结构墙体相同，主要是传热系数。

节能幕墙一般采用隔热型材、中空玻璃（中空低辐射镀膜玻璃等）、高性能密封材料、优质五金件（多点锁等）以及采取相应的保温系统和遮阳设施等，但不是采用了其中一种或多种材料或设施，就可称为节能幕墙。幕墙的各项热工指标满足节能规范对该建筑物要求，才可称为节能幕墙。

6）在建筑围护结构的节能中，建筑外门窗的能源消耗较大。门窗经常处于不断的启闭状态，其能源流失很多。门窗作为与建筑围护结构密切相关的构件，是满足建筑采光、通风的重要功能部件，也是建筑节能的重点之一。

建筑门窗一般包括木门窗、金属门窗、塑料门窗和组合门窗等四大类。除了最常见的断桥隔热铝合金中空玻璃门窗外，还有铝木复合门窗、铝塑复合门窗等节能门窗不断出现。对门窗的节能影响较大的因素：一是选用玻璃的品种；二是门窗的启闭方式；三是金属门窗框的隔断热桥措施。此外，门窗的密封材料和五金件的配置对门窗节能也有一定的影响。

《全国民用建筑工程设计技术措施·建筑产品选用技术（建筑·装修）》2009 版要求有节能要求的铝合金门窗宜采用断热铝合金型材，并按门窗的传热系数值选用相应的隔热条宽度系列尺寸和型式；采用中空玻璃、Low-E 中空玻璃；采用密封性能良好的门窗型式；门窗玻璃镶嵌缝隙及框与扇开启缝隙，应采取不易老化的密封材料妥善密封；可采用双层窗。

7）地面节能工程主要包括两部分内容：第一部分是对采暖空调房间直接接触土壤的地面、接触室外空气或外挑楼板的地面、毗邻不采暖空调房间的楼地面以及不采暖地下室顶部的楼板等工程进行常规的保温节能施工；第二部分是采用地面辐射供暖的节能技术。

地面节能工程采用的保温隔热材料较多，按其形状分有松散保温材料（如膨胀珍珠岩、矿棉等）、整体保温材料（如水泥膨胀蛭石、水泥膨胀珍珠岩等）及板状保温材料（如聚苯乙烯板、加气混凝土板、矿棉板）等三种类型。地面节能工程的保温层构造视工程的具体情况，可分别采用位于地板之上或位于地板之下。例如地下室顶板的首层地板的保温层宜设置在地下室顶板的下部。

地面辐射采暖的工程具有舒适、卫生、节能、不影响室内观感和不占用室内空间等优点，在北方地区应用较为广泛，2004 年已发布了国家行业标准《地面辐射供暖技术规程》

JGJ 142，采用地面辐射采暖的工程，应符合该标准的规定。

（3）建筑装饰装修节能工程施工的技术要点

1）墙体节能工程

①EPS（聚苯乙烯泡沫塑料）板薄抹灰外墙外保温系统

EPS 板是一种由可发性聚苯乙烯珠粒经加热预发泡后在模具中加热成型而制得的具有闭孔结构的聚苯乙烯泡沫塑料板材。用胶粘剂将 EPS 板粘结在外墙基层上，EPS 板表面满铺玻纤网，用以加强薄抹灰层，然后进行薄抹灰层施工。该系统适用于各类气候区的混凝土和砌体结构外墙。

②胶粉 EPS 颗粒保温浆料外墙外保温系统（保温浆料系统）

先在外墙基层上用界面砂浆做界面层，然后，将经现场拌合后的胶粉 EPS 颗粒保温浆料喷涂或抹在外墙上，形成保温层。保温浆料宜分遍抹灰，每遍应有一定的间隔时间。保温浆料表面满铺玻纤网，再进行抗裂砂浆薄抹灰层施工。该系统适用于夏热冬冷和夏热冬暖地区的混凝土和砌体结构的外墙。

③ EPS 板现浇混凝土外墙外保温系统（无网现浇系统）

EPS 板与现浇混凝土接触的内表面，沿水平方向应开有的矩形齿槽，板的两面均必须喷刷界面砂浆。将 EPS 板安装于混凝土墙的外模板内侧并安装锚栓作为辅助固定件。混凝土拆模后，EPS 板表面抹抗裂砂浆薄抹面层，薄抹面层中满铺玻纤网。该系统适用于严寒和寒冷地区的现浇混凝土外墙，饰面层宜为涂料。

④EPS 钢丝网架板现浇混凝土外墙外保温系统（有网现浇系统）

与无网现浇系统类似，但有网现浇系统使用的 EPS 板是单面钢丝网架板。浇灌混凝土后，EPS 单面钢丝网架板的挑头钢丝和钢筋与混凝土结合为一体。拆模后，在 EPS 板表面抹掺外加剂的水泥砂浆形成厚抹灰层。以涂料做饰面层时，应加抹玻纤网抗裂砂浆薄抹面层。该系统适用于寒冷地区的现浇混凝土外墙。

⑤机械固定 EPS 钢丝网架板外墙外保温系统（机械固定系统）

采用锚栓、预埋金属固定件将 EPS 单面钢丝网架板固定在外墙，用于砌体外墙时，宜采用预埋钢筋网片固定。锚栓和预埋金属固定件数量应通过试验确定。钢丝网架板固定后，表面抹掺外加剂的水泥砂浆厚抹面层。如以涂料做饰面层时，应加抹玻纤网抗裂砂浆薄抹面层。该系统适用于严寒和寒冷地区的混凝土和砌体外墙，不适用于加气混凝土和轻集料混凝土外墙。

⑥硬泡聚氨酯板外墙外保温系统

用胶粘剂将聚氨酯板粘接在外墙上，聚氨酯板表面做玻纤网增强薄抹灰层和涂料饰面层。该系统适用于各类气候区混凝土和砌体结构外墙。

⑦现场喷涂硬泡聚氨酯外墙外保温系统

在墙面上现场涂刷聚氨酯防潮底漆和喷涂聚氨酯硬泡保温层，涂刷聚氨酯界面砂浆，并抹胶粉 EPS 颗粒保温浆料找平层；表面做玻纤网增强抗裂砂浆薄抹灰层和涂料饰面层。该系统适用于各类气候区混凝土和砌体结构外墙。

⑧ 岩棉板外墙外保温系统

用机械固定件将岩棉板固定在外墙上，外挂热镀锌钢丝网并喷涂喷砂界面剂外抹胶粉 EPS 颗粒保温浆料找平层，并做玻纤网增强抗裂砂浆薄抹灰层和涂料饰面层。该系统适用于混凝土和砌体结构外墙，气候湿热地区慎用。

2）外墙外保温系统选用要点

①首先应贯彻《民用建筑外保温系统及外墙装饰防火暂行规定》（公通字［2009］46号）。该规定对外墙外保温系统采用的材料和相应的防火措施以及应用范围都作了明确规定，选用时应严格按规定执行。

②EPS（聚苯乙烯泡沫塑料）和硬泡聚氨酯等保温材料的燃烧性能都达不到A级标准，其适用范围均不得超过公通字［2009］46号文件规定的范围。文件规定外保温系统应采用不燃或难燃材料作防护层，防护层应将保温材料完全覆盖。凡文件规定应做水平防火隔离带的部位，均应严格执行，不得漏做。

③施工时不得随意更改施工图明确保温系统的构造和材料。保温层、锚栓、金属固定件等的品种、规格均应由设计通过计算确定。

④不得随意更改系统构造和组成材料，所有组成材料应由系统供应商成套供应，因为不同的保温板所使用的配套材料也不同。

⑤EPS板易受昆虫（如白蚁）、隐花植物和啮齿动物（如老鼠）侵害，应采取有效的防护措施。

⑥外墙面装饰宜优先选用涂料饰面，因保温层一般较松软，不宜采用饰面砖做饰面层。如必须采用时，应十分慎重，其安全性与耐久性应符合设计要求，并应有可靠的试验数据，经各方认可后方可施工。

⑦外保温层施工时应制定有针对性的防火措施，并严格贯彻执行。

3）外墙内保温系统的构造和施工方法

行业标准《外墙内保温工程技术规程》JGJ/T 261－2011已经在2012年5月开始实施。装饰施工企业应认真学习、熟悉和掌握这一标准，迅速进入外墙内保温工程施工。外墙内保温构造也有很多类型和做法，如：①复合板内保温系统，由EPS板、XPS板、PU板、纸蜂窝填充憎水型膨胀珍珠岩保温板等做保温层，与纸面石膏板、无石棉纤维水泥平板、无石棉硅酸钙板等做面板复合而成的复合板，外做饰面层；②有机保温板内保温系统，由EPS板、XPS板、PU板做保温层，外做防护层（抹面层和饰面层）；③无机保温板内保温系统，由无机保温板做保温层，外做防护层（抹面层和饰面层）；④保温砂浆内保温系统，由保温砂浆做保温层，外做防护层（抹面层和饰面层）；⑤喷涂硬泡聚氨酯内保温系统，由喷涂硬泡聚氨酯做保温层，外做界面层、找平层和防护层（抹面层和饰面层）；⑥玻璃棉、岩棉、喷涂硬泡聚氨酯龙骨固定内保温系统，以建筑轻钢龙骨或复合龙骨做龙骨，由玻璃棉板、岩棉板、喷涂硬泡聚氨酯等做保温层，PVC、聚丙烯薄膜、铝箔等做隔汽层，外做防护层（纸面石膏板等面板和饰面层）。

4）外墙内保温系统的优缺点

外墙内保温的优点有：造价较低；施工较简单，速度较快；受气候影响小；采用内保温系统使外墙装饰面选择余地大。但是它的缺点也较多：一是室内使用面积和空间因保温层而缩小；二是由于室内外温差大，墙体内外壁产生温度应力的差异，会加速墙体老化，影响到墙体结构的使用寿命；三是因温差产生室内结露，造成装饰面出现霉斑；四是对室内二次装修有影响。

根据以上分析，对外墙内保温系统应权衡利弊，慎重选用。

5）幕墙节能工程

①幕墙节能工程使用的玻璃、隔热型材、保温材料均应按照节能规范规定的性能指标进行见证取样复验。

②为了保证幕墙的气密性符合设计规定的等级要求，幕墙的密封条是确保密封性能的关键材料。密封条的品种、规格很多，应进行认真比较选择。选材时应注意：一是材质，要求硬度适中、弹性好、耐老化性能好；二是断面和尺寸应适合工程的实际，不会产生过大、过小或与型材间隙不配套等情况，工程规模较大的工程，还可以与厂家配合，设计专用的密封条。密封条应镶嵌牢固、位置正确、对接严密。

③幕墙的开启扇也是影响幕墙气密性能的关键部件。应选用与开启扇尺寸相匹配的五金件，并应按现行玻璃幕墙技术规范要求，开启角度不宜大于30°，开启距离不宜大于300mm。这不仅对幕墙气密性能有利，还能防止人员和开启扇坠落。

④幕墙节能工程使用保温材料的安装应注意三点：一是保证保温材料的厚度不小于设计值；二是要保证安装牢固（对于非透明幕墙来说，保温材料的安装质量直接影响到节能效果，如果保温材料的厚度不够或安装不牢，有可能达不到设计要求的传热系数指标限值，而不能通过验收）；三是保温材料在安装过程中应采取防潮、防水措施。检查保温材料的厚度，可以采取针插法或剖开法；保温材料安装的牢固程度，一般可用手扳检查。

⑤遮阳设施一般安装在室外。由于对太阳光的遮挡是按照太阳的高度角和方位角来设计的，所以应严格按照设计位置安装。遮阳设施大多突出建筑物，应具有一定的抗风能力，所以规范要求对其安装的牢固程度，应全数检查。

⑥幕墙工程热桥部位的隔断热桥措施是保证节能效果的重要环节，如果施工不好，会增大幕墙的传热系数。施工中应检查下列热桥部位是否有效隔断：

金属型材截面是否采用隔热型材或隔热垫有效隔断；隔热型材是与金属型材结合是否安全；隔热型材或隔热垫及其配件的材质是否符合要求。

通过金属连接件、紧固件的传热路径是否采取了隔断措施。

中空玻璃有否采用暖边间隔条。

⑦幕墙的隔汽层是为了避免非透明幕墙部位内部结露而使保温材料发生性状改变。因为冬季比较容易结露，所以一般隔汽层应设置在保温材料靠近室内一侧。非透明幕墙还有许多需要穿透隔汽层的部件（如连接件等），对这些穿透隔汽层的节点，应采取密封措施，以保证隔汽层的完整。

⑧幕墙的冷凝水应根据设计要求，进行有组织的收集和排放，以防止冷凝水渗透到室内，使装饰面发霉、变色。

⑨幕墙与周边墙体间的接缝处应采用弹性闭孔材料填充，并采用耐候密封胶密封。

6）门窗节能工程

①建筑门窗与幕墙工程不同，是属于建筑产品。幕墙工程的主要物理性能指标，是由施工单位按照设计要求制作试件，由国家认可的检测机构进行检测（其中与节能工程有关的气密性指标，当幕墙工程量较大时，应现场抽取材料和配件，在检测试验室安装制作试件进行检测）。而对于节能外窗，规范要求在外窗进入施工现场时，应对其气密性等性能随机见证取样进行复验。气密性是必须复验的指标，其他指标如传热系数、玻璃遮阳系

数、可见光透射比、中空玻璃露点等指标，视工程所在地区类别确定是否复验。

②外门窗框与墙体之间虽然不是能耗的主要部位，但如果接缝处的保温填充做法处理不好，会大大影响门窗节能效果。外门窗框（或副框）与洞口之间的间隙应采用弹性闭孔材料填充饱满，并使用密封胶密封。外门窗框与副框之间的缝隙也应使用密封胶密封。

③采用金属副框安装的外门窗，金属副框形成的热桥应采取措施断热。规范要求，金属副框的隔断热桥措施应与门窗框隔断热桥措施相当。

④门窗启闭五金件的质量直接关系到门窗的气密性指标，施工时应严格按照设计和规范要求的五金件进行验收，并确保安装质量符合规范要求。

7）地面节能工程

①地面节能工程的构造层次较多，一般有基土、垫层、找平层、保温层、防水层及各类面层。地面各构造层施工时，后一层覆盖前一层，层层隐蔽，因此在后一层施工前应对前一层施工质量进行隐蔽工程验收，包括埋设在各构造层中的管线和设备。

②对于直接接触土壤的保温地面，保温层下面应做防水层。如果防水层质量不好，土壤中的水分会渗入保温层，使保温层受潮松散，其导热系数增大，影响节能效果。

③对于厨卫等有防水要求的地面节能工程，应尽可能将防水层设置在防水层下，以避免保温层浸水吸潮影响保温效果。如确需将保温层设置在防水层之上时，则必须对保温层进行防水处理，不得使保温层吸水受潮。

④穿越地面直接接触室外空气的各种金属管道应按设计要求，采取隔断热桥的保温措施。

1.3 建筑装饰工程施工质量验收

1.3.1 建筑装饰装修工程施工质量验收的概念

（1）建筑装饰装修工程质量检查和验收的意义

建筑装饰装修工程质量检查是指对工程质量的一种或多种特性进行的测量、检查、试验和计量，并将这些特性与有关规范和标准进行比较以确定其符合性的活动。

建筑装饰装修工程质量验收是指装饰装修工程在施工单位自行质量检查评定的基础上，参与建设活动的有关单位共同对检验批、分项、分部、单位工程的质量进行抽样复验，根据相关标准以书面形式对工程达到合格与否做出确认的活动。

工程质量检查和验收的意义在于通过对工程各个阶段的生产活动实行严格的质量检查和验收，预防不合格的材料和分项工程进入下道工序，从而确保工程的整体施工质量。因此，质量检查和验收是保证工程质量的最重要和最有效的手段。

（2）建筑装饰装修施工质量验收的范围

建筑装饰装修工程是建筑工程的一个重要组成部分，是建筑工程的一个分部工程。从广义上来说，一项建筑装饰装修工程除了建筑装饰装修一个分部工程外，还包括与本工程相关的建筑给水、排水及采暖，建筑电气，智能建筑，通风与空调，建筑节能等分部工程。

按照《建筑工程施工质量验收统一标准》GB 50300—2001 的划分，建筑工程共分为9个分部工程。2005 年国家发布了《建筑内部装修防火施工及验收规范》GB 50354—

2005，该规范为了与《建筑工程施工质量验收统一标准》GB 50300协调一致，考虑到建筑内部装修的防火施工中涉及的材料种类繁多，规范按装修材料种类将建筑内部装修防火施工划分为5个子分部装修工程。2007年国家又发布了《建筑节能工程施工质量验收规范》GB 50411—2007，将“建筑节能工程”单独作为一个分部工程，下分10个分项工程。这样，建筑工程共有10个分部工程。参照建造师执业专业划分原则，上述分部工程除建筑装饰装修工程（含建筑内部装修防火工程的5个子分部）外，建筑节能工程中的4个分项工程（墙体节能、幕墙节能、门窗节能、地面节能）也应属于装饰装修工程范畴，其他分部工程应属于建筑工程或机电安装工程范围。因此，本章所叙述的“建筑装饰装修工程”施工质量验收，是指建筑装饰装修工程（包括建筑内部装修防火工程）以及建筑节能工程中的4个分项工程。

（3）建筑装饰装修施工质量验收的依据和基本要求

建筑装饰装修工程施工质量验收除本工程施工合同和设计文件外，主要依据是《建筑工程施工质量验收统一标准》GB 50300—2001和各专业分部分项工程的施工质量验收规范。

《建筑工程施工质量验收统一标准》GB 50300—2001要求施工单位建立健全的质量管理体系，对建筑工程实行生产控制和合格控制的全过程质量控制，包括原材料控制、工艺流程控制、施工操作控制、每道工序质量检查、各道相关工序间的交接环节的质量控制以及满足施工图设计和功能要求的抽样检验等。该标准还以强制性条文规定了施工质量验收的基本要求：

1）建筑工程施工质量应符合本标准和相关专业验收规范的规定；

2）建筑工程施工应符合工程勘察、设计文件的要求；

3）参加工程施工质量验收的各方人员应具备规定的资格；

4）工程质量的验收均应在施工单位自行检查评定的基础上进行；

5）隐蔽工程在隐蔽前应由施工单位通知有关单位进行验收，并应形成验收文件；

6）涉及结构安全的试块、试件以及有关资料应按规定进行见证取样检测；

7）检验批的质量应按主控项目和一般项目验收；

8）对涉及结构安全和使用功能的重要分部工程应进行抽样检测；

9）承担见证取样检测及有关结构安全检测的单位应具有相应资质；

10）工程观感质量应由验收人员通过现场检查，并应共同确认。

1.3.2 工程质量的过程验收

（1）对进场的材料、半成品、构配件、设备的验收

所有材料、半成品、构配件、设备进场时应对品种、规格、外观和尺寸进行验收。产品包装应完好，应有产品合格证书、中文说明书及相关性能的检测报告；定型产品和成套技术应有型式试验报告；进口产品应按规定进行出入境商品检验。

对进场材料、半成品、构配件和设备的检查比例，各子分部或分项工程的验收规范有具体规定的，应按其规定进行检查。如玻璃幕墙分项工程规定，对进场材料，按同一厂家生产的同一型号、规格、批号的产品作为一个检验批，每批随机抽取3%且不得少于5件进行检查。有的建筑装饰装修工程中有部分零星土建分项工程项目，应执行相关的分项工

程的验收规范规定进行检查。

(2) 对材料、半成品、构配件的复验

规范要求进行复验的材料、半成品、构配件，应按照规范规定的程序进行现场取样，并送至具备相应资质的检测单位进行检测。规范规定对涉及结构安全的试块、试件以及有关材料，应按规定进行见证取样检测。

1) 按照建筑装饰装修工程施工验收规范要求，应对下列材料和半成品的某些性能进行复验：

①水泥的凝结时间、安定性（用于抹灰工程），用于地面和饰面板（砖）工程还应加验抗压强度指标；

②室内装修中采用人造木板或饰面人造木板，当同种板材使用总面积大于500m^2时，应对不同产品、不同批次材料的游离甲醛含量或游离甲醛释放量分别进行抽查复验；

③建筑外墙金属窗、塑料窗的抗风压性能、空气渗透性能和雨水渗透性能；

④室内用天然花岗岩石材或瓷质砖同种材料总面积大于200m^2时，应对不同产品、不同批次材料分别进行放射性指标的抽查复验；

⑤外墙陶瓷面砖的吸水率；

⑥寒冷地区外墙陶瓷面砖的抗冻性；

⑦幕墙工程用的铝塑复合板的剥离强度；

⑧幕墙工程用石材的弯曲强度、寒冷地区石材的耐冻融性；

⑨玻璃幕墙用结构胶的邵氏硬度、标准条件拉伸粘结强度、相容性试验；

⑩石材幕墙用结构胶的粘结强度、石材用密封胶的污染性。

2) 按照《建筑内部装修防火施工及验收规范》规定，应对下列材料应进行见证取样检验：

①B_1、B_2级纺织织物及现场对纺织织物进行阻燃处理所使用的阻燃剂；

②B_1级木质材料及现场进行阻燃处理所使用的阻燃剂和防火涂料；

③B_1、B_2级高分子合成材料及现场进行阻燃处理所使用的阻燃剂和防火涂料；

④B_1、B_2级复合材料及现场进行阻燃处理所使用的阻燃剂和防火涂料；

⑤B_1、B_2级其他材料（可包括防火封堵材料和涉及电气设备、灯具、防火门窗、钢结构装修材料等）及现场进行阻燃处理所使用的阻燃剂和防火涂料。

上述装修材料进入施工现场后，应按规范要求在监理单位或建设单位监督下由施工单位有关人员现场取样，应由具有相应资质的检验单位进行见证取样检验。具备相应资质的检验单位是指经中国实验室国家认可委员会评定，已被国家质量监督检验检疫局批准认可的国家级实验室。

3) 按照《建筑节能工程施工质量验收规范》规定，应对下列材料、半成品进行复验，并规定为见证取样送检：

①墙体节能工程用的保温隔热材料的导热系数、密度、抗压强度或压缩强度；粘接材料的粘接强度；增强网的力学性能、抗腐蚀性能。

②幕墙节能工程用保温材料的导热系数、密度；幕墙玻璃的可见光透射比、传热系数、遮阳系数、中空玻璃露点；隔热材料的抗拉强度、抗剪强度。

③门窗节能工程：严寒、寒冷地区：气密性、传热系数、中空玻璃露点；夏热冬冷地

区：气密性、传热系数、玻璃遮阳系数、可见光透射比、中空玻璃露点；夏热冬暖地区：气密性、玻璃遮阳系数、可见光透射比、中空玻璃露点。

（3）与总包等单位的交接检查和验收

1）对总承包施工单位提供本项目的技术数据（标高、轴线等）进行复测和对主体结构的施工误差进行现场测量，得出正确数据并提出补救措施，经建筑设计单位修改设计后方可实施。

2）安装管线技术资料的交接建筑装饰装修工程中的机电管线安装工程，在主体结构施工阶段通常由专业安装施工企业承担施工。装饰工程开始施工后，部分安装工程通过招投标可能由装饰施工企业承包施工。这就需要对机电管线安装工程进行交接与分工。由于机电安装涉及安装施工单位较多，且专业性较强，需要进行技术上和经济上细致的交接检查和验收。

（4）隐蔽工程验收

在施工过程中，对隐蔽工程的隐蔽过程和下道工序施工完成后难以检查的施工部位，都应进行隐蔽工程验收。《建设工程质量管理条例》规定："施工单位必须建立、健全施工质量的检验制度，严格工序管理，作好隐蔽工程的质量检查和记录。隐蔽工程在隐蔽前，施工单位应当通知建设单位和建设工程质量监督机构。"

《建筑装饰装修工程质量验收规范》GB 50210《建筑内部装修防火施工及验收规范》GB 50354 和《建筑节能工程施工质量验收规范》GB 50411 等三本规范对与装饰装修工程有关的子分部、分项工程应当进行隐蔽工程验收的项目，都有明确的规定：

1）地面工程子分部：

①地面下的沟槽、暗管、保温、隔热、隔声等工程；

②地面基层各构造层及面层铺设前，应对其下一层构造进行检查验收。

2）抹灰工程子分部：

①抹灰总厚度大于或等于 35mm 时的加强措施；

②不同材料基体交接处的加强措施。

3）门窗工程子分部：

①预埋件和锚固件；

②隐蔽部位的防腐、填嵌处理。

4）吊顶工程子分部：

①吊顶内管道、设备的安装及水管试压；

②木龙骨防火、防腐处理；

③预埋件或拉结筋；

④吊杆安装；

⑤龙骨安装；

⑥填充材料的设置。

5）轻质隔墙工程子分部：

①骨架隔墙中的设备管线的安装及水管试压；

②木龙骨防火、防腐处理；

③预埋件或拉结筋；

④龙骨安装；

⑤填充材料的设置。

6）饰面板（砖）工程子分部：

①预埋件或后置埋件；

②连接节点；

③防水层。

7）幕墙工程子分部：

①预埋件或后置埋件；

②构件与主体结构的连接节点；

③幕墙四周、幕墙内表面与主体结构之间的封堵；

④变形缝及墙面转角处的构造节点；

⑤幕墙防雷装置；

⑥幕墙防火、隔烟构造；

⑦隐框玻璃板块的固定；

⑧单元式幕墙的封口节点。

8）细部工程子分部：

①预埋件或后置埋件；

②护栏与预埋件的连接节点。

9）《建筑内部装修防火施工及验收规范》GB 50354 对其所含的 5 个子分部隐蔽工程验收的规定是“对隐蔽工程的施工应在施工过程中及完工后进行抽样检验。”

10）《建筑节能工程施工质量验收规范》GB 50411 中与装饰装修工程有关的 4 个分项工程的隐蔽工程验收规定如下：

①墙体节能工程

a. 保温附着的基层及其表面处理；

b. 保温板粘接或固定；

c. 锚固件；

d. 增强网铺设；

e. 墙体热桥部位处理；

f. 预置保温板或预制保温墙板的板缝及构造节点；

g. 现场喷涂或浇注有机类保温材料的界面；

h. 被封闭的保温材料厚度；

i. 保温隔热砌块填充墙体。

②幕墙节能工程

a. 被封闭的保温材料厚度和保温材料的固定；

b. 幕墙周边与墙体的接缝处保温材料的填充；

c. 构造缝、结构缝；

d. 隔汽层；

e. 热桥部位、断热节点；

f. 单元式幕墙板块间的接缝构造；

g. 冷凝水收集和排放构造；

h. 幕墙的通风换气装置。

③门窗节能工程

门窗框与墙体接缝处的保温填充做法。

④地面节能工程

a. 基层；

b. 被封闭的保温层厚度；

c. 保温材料粘接；

d. 隔断热桥部位。

(5) 对涉及结构安全和使用功能的重要分项工程的抽样检验

根据《建筑工程施工质量验收统一标准》GB 50300—2001 和有关建筑装饰装修工程的施工验收规范规定，对下列项目应进行有关安全和功能的检测：

1) 有防水要求的地面工程蓄水试验。

2) 幕墙工程：

①硅酮结构胶的相容性试验；

②后置埋件的现场拉拔强度；

③抗风压性能、气密性能、水密性能检测，有抗震要求时，应增加平面内变形性能检测；

④防雷接地电阻测试。

3) 饰面板工程：

①后置埋件的现场拉拔强度；

②外墙饰面砖样板件的粘接强度。

4) 室内环境污染物浓度检测。

5) 节能、保温性能检测［详见《建筑节能工程施工质量验收规范》GB 50411］。

6) 建筑外墙金属窗、塑料窗、复合节能窗的抗风压性能、气密性能、水密性能检测。

7) 建筑内部装修工程防火检测报告。

(6) 检验批的质量检查和验收

检验批是工程验收的最小单位，是分项工程乃至整个建筑工程质量验收的基础。检验批是施工过程中条件相同并有一定数量的材料、构配件或安装项目，由于其质量基本均匀一致，因此，既可以作为材料、构配件的检验，也可以作为施工过程检验的基础单位，并按批验收。

检验批的划分和每个检验批检查数量都应符合规范规定。建筑装饰装修工程是建筑工程施工中的一个分部工程，包含了10个子分部工程（不含室内装修防火施工和建筑节能工程）。现以吊顶工程子分部为例加以说明：规范规定，同一品种的吊顶工程每50间（大面积房间和走廊按吊顶面积 $30m^2$ 为一间）应划分为一个检验批；不足50间也应划分为一个检验批。每一个检验批的检查数量，规范也有明确的规定：每个检验批应至少抽查10%，并不得少于3间；不足3间时应全数检查。

检验批的质量检查和验收的内容主要包括两个方面：资料检查；主控项目和一般项目检查。主控项目是指对安全、卫生、环境保护和公众利益起决定性作用的检验项目；一般项目是指除主控项目以外的检验项目。

检验批合格的前提是质量控制资料应符合规范和设计的要求。因为质量控制资料反映了检验批从原材料到最终验收的各个施工工序的操作依据、检查情况等，对其完整性的检查，实际上是对过程控制的确认。检验批的合格质量主要取决于对主控项目和一般项目的检验结果。检验批的合格判定应符合下列规定：

①抽查样本均应符合规范主控项目的规定。

②抽查样本的80%以上应符合规范一般项目的规定。其余样本不得有影响使用功能或明显影响装饰效果的缺陷，其中有允许偏差的检验项目，其最大偏差不得超过规范规定允许偏差的1.5倍。

(7) 分项工程的质量检查和验收

分项工程可由一个或若干检验批组成。分项工程的验收在检验批的基础上进行。一般情况下，两者具有相同或相近的性质，只是批量的大小不同而已。因此，将有关的检验批汇集就构成了分项工程。

分项工程合格质量的条件比较简单，只要构成分项工程各检验批的验收资料文件完整，并且均已验收合格，则分项工程验收合格。

(8) 子分部工程的质量检查和验收

子分部工程的验收在其所含各分项工程验收的基础上进行。子分部工程合格质量的条件是该子分部工程所含个分项工程的质量均应验收合格，并应符合下列规定：

①应具备规范各子分部工程规定检查的文件和记录。

②应具备规范规定的有关安全和功能的检测项目的合格报告。

③观感质量应符合规范各分项工程中一般项目的要求。

(9) 分部工程的验收

1) 分部工程验收在其所含各子分部工程验收的基础上进行。分部工程合格质量的条件是各子分部工程的质量均应验收合格，并应对有关安全和功能的检测项目进行核查。

2) 建筑内部装修工程防火验收应检查下列文件和记录：

①建筑内部装修防火设计审核文件、申请报告、设计图纸、装修材料的燃烧性能要求、设计变更通知单、施工单位的资质证明等；

②进场材料验收记录，包括所用装修材料的清单、数量、合格证及防火性能型式检验报告；

③装修施工过程的施工记录；

④隐蔽工程施工防火验收记录和工程质量事故处理报告等；

⑤装修施工过程中防火装修材料的见证取样检验报告；

⑥装修施工过程中抽样检验报告，包括隐蔽工程的施工过程中及完工后的抽样检验报告；

⑦装修施工过程中现场进行涂刷、喷涂等阻燃处理的抽样检验报告。

3) 民用建筑室内装修工程的室内环境质量验收时，应检查下列资料：

①工程地质勘察报告、工程地点土壤中氡浓度或氡析出率检测报告、工程地点土壤天然放射性核素镭-226、钍-232、钾-40含量检测报告；

②涉及室内新风量的设计、施工文件以及新风量的检测报告；

③涉及室内环境污染控制的施工图设计文件及工程设计变更文件；

④建筑装修材料的污染物检测报告、材料进场检验记录、复验报告；

⑤与室内环境污染控制有关的隐蔽工程验收记录、施工记录；

⑥样板间室内环境污染物浓度检测报告（不做样板间的除外）。

（10）工程质量不合格项的处理方法

1）发现检验批的主控项目不能满足验收规范要求或一般项目超过规范允许偏差限值被评定为不合格项时，应及时进行处理。否则将影响后续检验批和其所属的分项工程、分部（子分部）工程的验收。其中有严重缺陷的应返工重做；一般的缺陷通过返修或更换器具、设备后，应重新进行验收。如能够符合相应的专业工程质量验收规范，则应认为该检验批合格。

2）经有资质的检测单位检测鉴定能够达到设计要求的检验批，应予以验收。

3）有资质的检测单位检测鉴定达不到设计要求，但经原设计单位核算认可能够满足结构安全和使用功能的检验批，可予以验收。

4）经返修或加固处理的分项、分部工程，虽然改变外形尺寸，但仍能满足安全使用要求，可按处理方案和协商文件进行验收。应由责任方承担经济责任，施工单位应吸取教训，引以为鉴。

5）分部工程、单位（子单位）工程存在严重的缺陷，经过返修或加固处理仍不能满足安全使用的分部工程、单位（子单位）工程，严禁验收。

6）建筑内部装修防火工程质量验收时，可对主控项目进行抽查，当有不合格项时，应对不合格项进行整改。当装修施工的有关资料经审查全部合格、施工过程全部符合要求、现场检查或抽样检查结果全部合格时，工程验收应为合格。

7）当室内环境污染物浓度检测结果不符合规范规定时，应查找原因并采取措施进行处理。采取措施进行处理后的工程，可对不合格项进行再次检测。再次检测时，抽检量应增加1倍，并应包含同类型房间及原不合格房间。再次检测结果全部符合规范规定时，应判定为室内环境质量合格。

1.3.3 单位工程的竣工验收

（1）建筑装饰装修工程质量验收程序和组织

1）检验批及分项工程应由监理工程师（或建设单位项目技术负责人）组织施工单位项目专业质量（技术）负责人等进行验收。

2）分部工程应由总监理工程师（建设单位项目负责人）组织施工单位项目负责人和技术、质量负责人等进行验收。

3）单位工程完工后，施工单位应自行组织有关人员进行检查评定，并向建设单位提交工程验收报告。

4）建设单位收到工程验收报告后，应由建设单位（项目）负责人组织施工（含分包单位）、设计、监理等单位（项目）负责人进行单位工程验收。

5）当建筑工程只有装饰装修分部工程时，该工程应作为单位工程验收。当建筑装饰装修工程作为分包工程承包施工时，分包单位对所承包的工程项目应按《建筑工程施工质量验收统一标准》GB 50300 规定的程序进行质量检查评定，总包单位应派人参加。分包工程完工后，分包单位应将工程有关资料交总包单位。

6)《建筑节能工程施工质量验收规范》GB 50411 以强制性条文规定："单位工程竣工验收应在建筑节能分部工程验收合格后进行。"因此，建筑装饰装修工程也不例外，应在节能分部工程验收合格后，才能进行竣工验收。

7) 建筑装饰装修工程的室内环境质量应符合国家现行标准《民用建筑工程室内环境污染控制规范》GB 50325 的规定。民用建筑工程及室内环境质量验收，应在工程完工至少 7d 以后、工程交付使用前进行。室内环境质量检测应由建设单位委托具有相应资质的检测机构进行检测。室内环境质量验收不合格的建筑装饰装修工程，严禁投入使用。

(2) 竣工验收阶段的质量检查和验收

单位工程竣工验收也称质量竣工验收，是建筑装饰装修工程投入使用前的最后一次验收，也是最重要的一次验收。它是在单位工程所含的各分部工程验收的基础上进行的。

1) 单位工程质量验收合格应符合下列规定：

①单位工程所含分部工程的质量均应验收合格。

②质量控制资料应完整。

③单位工程所含分部工程有关安全和功能的检测资料应完整。

④主要功能项目的抽查结果应符合相关分部工程质量验收规范的规定。

⑤观感质量应符合要求。

2) 单位工程通过返修或加固处理仍不能满足使用要求的分部分项工程、单位（子单位）工程，严禁验收。

3) 单位工程质量验收合格后，建设单位应在规定时间内将工程竣工验收报告和有关文件，报建设行政管理部门备案。

1.3.4 单位工程竣工技术资料管理

(1) 建筑工程资料管理的概念

1) 建筑工程资料是建筑工程建设过程中形成的构造形式信息记录的统称，简称工程资料。建筑工程资料管理是建筑工程资料填写、编制、审核、审批、收集、整理组卷、移交及归档等工作的统称，简称工程资料管理。

2) 工程资料管理应制度健全、岗位责任明确。工程资料形成单位应对资料内容的真实性、完整性、有效性负责。

3) 行业标准《建筑工程资料管理规程》JGJ 185—2009（以下简称《规程》）实施前，建筑工程资料管理普遍执行推荐性国家标准《建设工程文件归档整理规范》GB/T 50328—2001（以下简称《规范》)。《规程》侧重工程资料的过程管理和应用，因此在保持与《规范》协调的同时，根据目前国内工程资料管理的现状，对术语进行了适当的调整。例如将原《规范》的"监理文件"、"施工文件"调整为"监理资料"、"施工资料"；现《规程》中的"工程竣工文件"包括了原《规范》中的竣工验收文件，还包括了"竣工决算文件、竣工交档文件、竣工总结文件"等内容。

4)《规程》附录表 A. 2. 1"资料类别、来源及保存要求"，明确了工程资料的来源和工程资料的保存单位，并根据资料的重要性分为"过程保存"和"归档保存"两类。如隐蔽工程验收记录是十分重要的施工记录，《规程》规定施工单位、监理单位、建设单位及城建档案馆都应“归档保存”；而“危险性较大分部分项工程施工方案专家论证表”是施工阶段十分重要的施工技术资料，竣工后施工阶段的危险性已不复存在，所以只作为由施工单位和监理单位“过程保存”的资料。这样的划分是合理的。

（2）建筑工程资料分类

工程资料可分为以下5类：

1）工程准备阶段文件：包括决策立项文件、建设用地文件、勘察设计文件、招投标及合同文件、开工文件、商务文件6类。

2）监理资料：包括监理管理资料、进度控制资料、质量控制资料、造价控制资料、合同管理资料、竣工验收资料6类。

3）施工资料：包括施工管理资料、施工技术资料、施工进度及造价资料、施工物资资料、施工记录及检测报告、施工质量验收记录、施工验收资料、竣工验收资料8类。

4）竣工图。

5）工程竣工文件：包括竣工验收文件、竣工决算文件、竣工交档文件、竣工总结文件4类。

（3）工程资料收集、整理与组卷的分工

1）工程准备阶段文件和工程竣工文件应由建设单位负责收集、整理与组卷。

2）监理资料应由监理单位负责收集、整理与组卷。

3）施工资料应由施工单位负责收集、整理与组卷。

4）竣工图应由建设单位负责组织，也可委托其他单位。

（4）工程资料移交与归档的分工

1）施工单位应向建设单位移交施工资料。

2）实行施工总承包的，各专业承包单位应向施工总承包单位移交施工资料。

3）监理单位应向建设单位移交监理资料。

4）工程资料移交时应及时办理相关移交手续，填写工程资料移交书、移交目录。

5）建设单位应按国家有关法规和标准的规定向城建档案馆管理部门移交工程档案，并办理手续。有条件时，向城建档案馆移交的工程档案应为原件。

6）工程参建各方宜按《规程》附录A表A.2.1规定的内容将工程资料归档保存。

（5）工程资料编制要点

1）工程技术资料管理是一项长期、系统性的工作，这项工作贯穿建设工程的全过程。为了保证工程技术资料的真实性、完整性和有效性，参建各方应对由本单位负责形成的资料，明确岗位责任，各负其责，做到及时收集与积累。所有列入技术档案的文件、资料，都必须反映建设工程的真实面貌，不得擅自篡改、伪造或事后补做。签字人员必须是本人，不允许仿签、代签。应按照《建筑工程资料管理规程》JGJ 185—2009要求，工程资料应与建筑工程及时同步形成。“同步”的含义是“共同推进”或“及时跟进”，即工程建设进展到哪个环节，工程资料的形成与管理就应当跟进到哪个环节。只有这样，才能确保资料的真实性。

2）工程资料应为原件。原件能够反映资料的原始内容，但是原件数量往往难以满足需求，所以允许采用复印件。采用复印件时，应由提供单位在复印件上加盖单位印章和经办人签字及日期，并应注明原件保存在该单位，便于追溯查验。提供单位应对质量的真实性负责。有的钢材经销商提供的钢材质量证明文件往往与实际供应的钢材品牌、批次不对应，有的复印件反复多次复印，模糊不清。此类质量证明文件可信度很差。采购人员在采购前就应审查质量证明资料是否真实。如不能提供真实资料，应不予采购。

3）工程资料不得随意修改，当需修改时，应实行划改（或称杠改），并由划改人签署。使用涂改液涂改原件后复印是一种造假行为，应予严禁。

4）单位工程施工前，施工单位宜根据施工进度计划编制相应的工程资料收集计划，包括进场材料验收和质量证明资料的收集计划、材料复验计划、隐蔽工程验收计划、检验批划分与验收计划。以保证工程资料与工程进度紧密结合，同步形成。还可使资料及时完成，防止遗漏。如水泥复验，没有计划容易遗漏，很难弥补。

5）向监理或建设单位报验待批的工程资料，应严格收发登记手续。有的项目部报验的资料，一不留底，二无收件人签收，十分被动。尤其是隐蔽工程验收，如不实行严格的收发登记手续，不仅影响工程进度，还会留下质量隐患。

6）按照工程资料收集、整理和组卷分工，工程竣工图应由建设单位负责组织，但是施工单位应主动配合。因为工程施工图实际变更情况，最了解的还是施工单位的项目部，尤其是施工、设计一体化的企业，对变更情况了解最清楚。竣工图还是工程结算的主要依据，施工单位的配合能使竣工图更符合实际。

7）对于一些与工程安全和功能关系较大的子分部工程，《规程》附录A表A.2.1规定需要单独组卷，建筑装饰装修工程的幕墙子分部工程被定为应单独组卷的子分部工程，装饰施工单位应重视对影响幕墙工程的安全性的工程资料的收集和分析，以保证幕墙工程的安全。

8）工程资料中签署的时间应与施工日记中的时间一致。

第2章 建筑装饰装修工程相关法律法规

2.1 住宅室内装饰装修管理办法及案例

《住宅室内装饰装修管理办法》原建设部第110号令，于2002年3月5日颁布，自2002年5月1日起施行。

住宅室内装饰装修，是指住宅竣工验收合格后，业主或者住宅使用人对住宅室内进行装饰装修的建筑活动。

工程投资额在30万元以下或者建筑面积在300m^{2}以下，可以不申请办理施工许可证的非住宅装饰装修活动参照《住宅室内装饰装修管理办法》执行。

国务院建设行政主管部门负责全国住宅室内装饰装修活动的管理工作。省、自治区人民政府建设行政主管部门负责本行政区域内的住宅室内装饰装修活动的管理工作。直辖市、市、县人民政府房地产行政主管部门负责本行政区域内的住宅室内装饰装修活动的管理工作。

2.1.1 住宅室内装饰装修的委托与承接

（1）装修人（委托方）：需装饰装修住宅的业主或使用人（以下简称装修人）。当非业主的住宅使用人对住宅室内进行装饰装修前，应先取得该住宅业主的书面同意。

（2）装饰装修企业（承接方）：承接住宅室内装饰装修工程的装饰装修企业。装饰装修企业必须经建设行政主管部门资质审查，取得相应的建筑业企业资质证书，并在其资质等级许可的范围内承揽工程。

（3）装修人与装饰装修企业应当签订住宅室内装饰装修书面合同，明确双方的权利和义务。

住宅室内装饰装修合同应当包括下列主要内容：

1）委托方和承接方的姓名或者单位名称、住所地址、联系电话；

2）住宅室内装饰装修的房屋间数、建筑面积，装饰装修的项目、方式、规格、质量要求以及质量验收方式；

3）装饰装修工程的开工、竣工时间；

4）装饰装修工程保修的内容、期限；

5）装饰装修工程价格，计价和支付方式、时间；

6）合同变更和解除的条件；

7）违约责任及解决纠纷的途径；

8）合同的生效时间；

9）双方认为需要明确的其他条款。

2.1.2 住宅室内装饰装修的开工申报与监督

（1）开工申报

装修人在住宅室内装饰装修工程开工前，应当向物业管理企业或者房屋管理机构（以下简称物业管理单位）申报登记，并提交下列材料：

1）房屋所有权证（或者证明其合法权益的有效凭证）；

2）申请人身份证件；

3）装饰装修方案；

4）变动建筑主体或者承重结构的或者超过设计标准（规范）增加楼面荷载的，需提交原设计单位或者具有相应资质等级的设计单位提出的设计方案；

5）住宅室内装饰装修活动涉及需经相关部门批准的行为，需提交有关部门的批准文件。改动卫生间、厨房间防水层的，应当提交符合防水标准要求的施工方案；

6）委托装饰装修企业施工的，需提供该企业相关资质证书的复印件。非业主的住宅使用人，还需提供业主同意装饰装修的书面证明。

（2）签订管理服务协议

装修人，或者装修人和装饰装修企业，应当与物业管理单位签订住宅室内装饰装修管理服务协议。住宅室内装饰装修管理服务协议应当包括下列内容：

1）装饰装修工程的实施内容；

2）装饰装修工程的实施期限；

3）允许施工的时间；

4）废弃物的清运与处置；

5）住宅外立面设施及防盗窗的安装要求；

6）禁止行为和注意事项；

7）管理服务费用；

8）违约责任；

9）其他需要约定的事项。

（3）装饰装修活动的监督管理

1）装修人

① 不得拒绝和阻碍物业管理单位依据住宅室内装饰装修管理服务协议的约定，对住宅室内装饰装修活动的监督检查；

② 对住宅进行装饰装修前，应告知邻里。

2）物业管理单位

① 应当向住宅室内装饰装修工程的禁止行为和注意事项告知装修人和装修人委托的装饰装修企业；

② 在监督检查中发现装修人或者装饰装修企业有违反本办法行为的，应当立即制止；

③ 对已造成事实后果或者拒不改正的，应当及时报告有关部门依法处理。对装修人或者装饰装修企业违反住宅室内装饰装修管理服务协议的，追究违约责任；

④ 禁止向装修人指派装饰装修企业或者强行推销装饰装修材料。

3）有关部门

接到物业管理单位关于装修人或者装饰装修企业的报告后，应当及时到现场检查核实，依法处理。

2.1.3 住宅室内装饰装修的活动主要规定

（1）住宅室内装饰装修活动，禁止下列行为：

1）未经原设计单位或者具有相应资质等级的设计单位提出设计方案，变动建筑主体和承重结构。

建筑主体，是指建筑实体的结构构造，包括屋盖、楼盖、梁、柱、支撑、墙体、连接接点和基础等。

承重结构，是指直接将本身自重与各种外加作用力系统地传递给基础地基的主要结构构件和其连接接点，包括承重墙体、立杆、柱、框架柱、支墩、楼板、梁、屋架、悬索等。

2）将没有防水要求的房间或者阳台改为卫生间、厨房间。

3）扩大承重墙上原有的门窗尺寸，拆除连接阳台的砖、混凝土墙体。

4）损坏房屋原有节能设施，降低节能效果。

5）其他影响建筑结构和使用安全的行为。

（2）装修人从事住宅室内装饰装修活动，下列行为应经有关单位批准或设计：

1）搭建建筑物、构筑物；应当经城市规划行政主管部门批准；

2）改变住宅外立面，在非承重外墙上开门、窗，应当经城市规划行政主管部门批准；

3）拆改供暖管道设施，应当经供暖管理单位批准；

4）拆改燃气管道和设施，应当经燃气管理单位批准；

5）住宅室内装饰装修超过设计标准或者规范增加楼面荷载的，应当经原设计单位或者具有相应资质等级的设计单位提出设计方案。

（3）其他有关规定

1）装修活动涉及上述第（1）、（2）条中内容的，装修人必须委托具有相应资质的装饰装修企业承担。

2）改动卫生间、厨房间防水层的，应当按照防水标准制定施工方案，并做闭水试验。

3）装饰装修企业必须按照工程建设强制性标准和其他技术标准施工，不得偷工减料，确保装饰装修工程质量。

工程使用的材料和设备必须符合国家标准,有质量检验合格证明和有中文标识的产品名称、规格、型号、生产厂厂名、厂址等。禁止使用国家明令淘汰的建筑装饰装修材料和设备。

4）安全防火：装饰装修企业从事住宅室内装饰装修活动，应当遵守施工安全操作规程，按照规定采取必要的安全防护和消防措施，不得擅自动用明火和进行焊接作业，保证作业人员和周围住房及财产的安全。

5）文明施工、环境保护：装修人和装饰装修企业从事住宅室内装饰装修活动，不得侵占公共空间，不得损害公共部位和设施。应当严格遵守规定的装饰装修施工时间，降低施工噪声，减少环境污染。

2.1.4 住宅室内装饰装修的竣工验收与保修

物业管理单位应当按照装饰装修管理服务协议进行现场检查，对违反法律、法规和装饰装修管理服务协议的，应当要求装修人和装饰装修企业纠正，并将检查记录存档。

住宅室内装饰装修工程竣工后，装饰装修企业负责采购装饰装修材料及设备的，应当向业主提交说明书、保修单和环保说明书。装修人应当按照工程设计、合同约定和相应的质量标准进行验收。验收合格后，装饰装修企业应当出具住宅室内装饰装修质量保修书。

装饰装修工程竣工后，装修人可以委托有资格的检测单位对空气质量进行检测。检测不合格的，装饰装修企业应当返工，并由责任人承担相应损失。

在正常使用条件下，住宅室内装饰装修工程的最低保修期限为二年，有防水要求的厨房、卫生间和外墙面的防渗漏为五年。

保修期自住宅室内装饰装修工程竣工验收合格之日起计算。

2.1.5 住宅室内装饰装修相关各方的法律责任

（1）因住宅室内装饰装修活动造成相邻住宅的管道堵塞、渗漏水、停水停电、物品毁坏等，装修人应当负责修复和赔偿；属于装饰装修企业责任的，装修人可以向装饰装修企业追偿。装修人擅自拆改供暖、燃气管道和设施造成损失的，由装修人负责赔偿。

（2）装修人因住宅室内装饰装修活动侵占公共空间，对公共部位和设施造成损害的，由城市房地产行政主管部门责令改正，造成损失的，依法承担赔偿责任。

（3）装饰装修企业自行采购或者向装修人推荐使用不符合国家标准的装饰装修材料，造成空气污染超标的，由城市房地产行政主管部门责令改正，造成损失的，依法承担赔偿责任。

（4）住宅室内装饰装修活动有下列行为之一的，由城市房地产行政主管部门责令改正，并处罚款：

1）装修人未申报登记进行住宅室内装饰装修活动的，由城市房地产行政主管部门责令改正，处5百元以上1千元以下的罚款。

2）装修人违反规定，将住宅室内装饰装修工程委托给不具有相应资质等级企业的，由城市房地产行政主管部门责令改正，处5百元以上1千元以下的罚款。

3）将没有防水要求的房间或者阳台改为卫生间、厨房间的，或者拆除连接阳台的砖、混凝土墙体的，对装修人处5百元以上1千元以下的罚款，对装饰装修企业处1千元以上1万元以下的罚款。

4）损坏房屋原有节能设施或者降低节能效果的，对装饰装修企业处1千元以上5千元以下的罚款。

5）擅自拆改供暖、燃气管道和设施的，对装修人处5百元以上1千元以下的罚款。

6）未经原设计单位或者具有相应资质等级的设计单位提出设计方案，擅自超过设计标准或者规范增加楼面荷载的，对装修人处5百元以上1千元以下的罚款，对装饰装修企业处1千元以上1万元以下的罚款。

（5）未经城市规划行政主管部门批准，在住宅室内装饰装修活动中搭建建筑物、构筑物的，或者擅自改变住宅外立面、在非承重外墙上开门、窗的，由城市规划行政主管部门按照《城市规划法》及相关法规的规定处罚。

（6）装修人或者装饰装修企业违反《建设工程质量管理条例》的，由建设行政主管部门按照有关规定处罚。

（7）装饰装修企业违反国家有关安全生产规定和安全生产技术规程，不按照规定采取必要的安全防护和消防措施，擅自动用明火作业和进行焊接作业的，或者对建筑安全事故隐患不采取措施予以消除的，由建设行政主管部门责令改正，并处1千元以上1万元以下的罚款；情节严重的，责令停业整顿，并处1万元以上3万元以下的罚款；造成重大安全事故的，降低资质等级或者吊销资质证书。

（8）物业管理单位发现装修人或者装饰装修企业有违反本办法规定的行为不及时向有关部门报告的，由房地产行政主管部门给予警告，可处装饰装修管理服务协议约定的装饰装修管理服务费2～3倍的罚款。

（9）有关部门的工作人员接到物业管理单位对装修人或者装饰装修企业违法行为的报告后，未及时处理，玩忽职守的，依法给予行政处分。

2.1.6 案例

【背景】

某住宅小区，某业主将一套三房二厅的住宅（面积130m²）装修任务委托某甲（无相应资质）进行设计和施工。某甲找某乙（装修设计人员）依业主的装修要求进行如下方案设计：

1. 为满足业主的需求，将原厨房面积扩大；
2. 将主卧卫生间的位置进行了调整；
3. 将开放式的阳台用铝合窗进行封闭；
4. 对室内平面布局重新设计，为此拆除了一堵承重墙。

装饰装修设计前后的平面布置图如下所示：

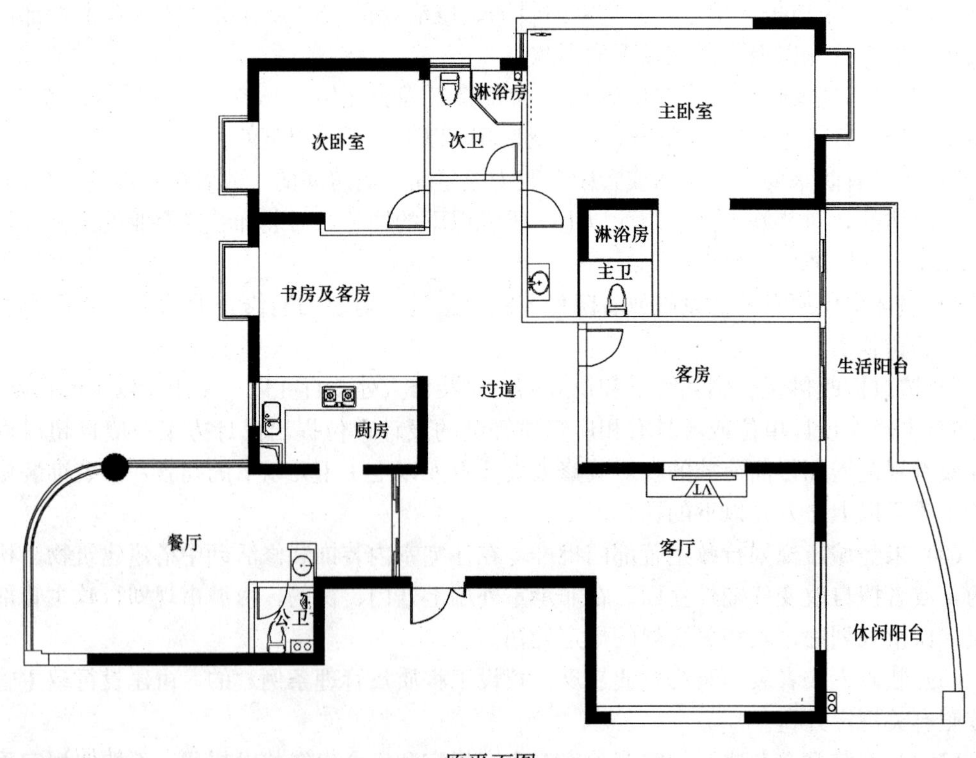

原平面图

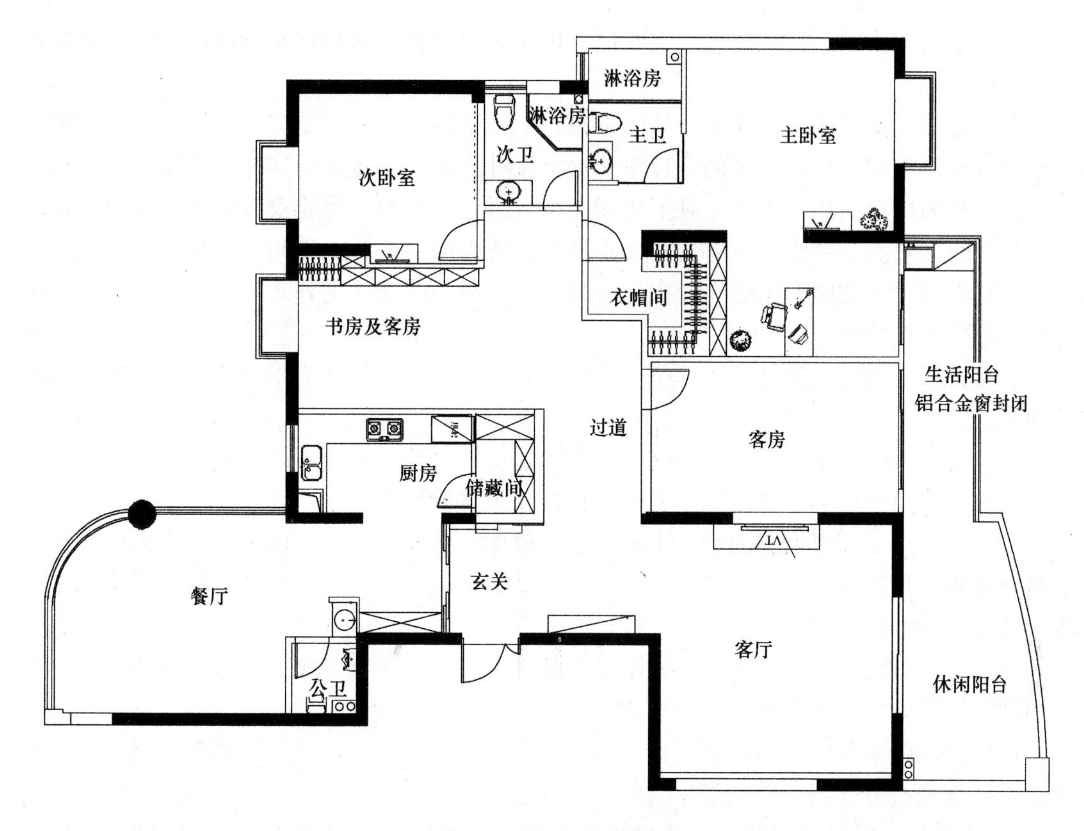

新平面图

装修公司设计完成后（见原平面图和新平面图图纸），房主对设计方案很满意并与某甲签订了施工合同。承包方式为包工包料，约定工期为60天。

装修前，业主未与小区物业管理单位进行申报登记，就通知某甲方进场施工。

施工过程中，发生了以下事件：

（1）厨房煤气管道位置与设计图有冲突，施工人员遂自行将煤气管道进行了移位。

（2）卫生间给排水管道改动时，破坏了原防水层，施工单位对防水层进行重新施工，未进行闭水试验，就进行了下道工序施工。

（3）施工现场采用了无环保标志的细木工板，用于木作基层施工。

（4）施工人员在施工过程中因吸烟不慎将万能胶点燃，因及时扑灭，未造成的人员伤亡和财产损失。

（5）为赶工期，项目负责人要求工人中午不休息，连续作业，有时晚上加班作业，相邻的住户反映强烈。

（6）由于室内空间有限，施工时遂将装修材料及装修过程产生的垃圾堆放在楼道中，一周清理一次垃圾。

工程如期竣工后，房主进行了工程验收，并委托有资格的检测单位对室内空气质量进行检测，检测结果不合格。于是业主要求某甲进行整改返工，但某甲以各种理由拒绝返工。

【分析】

（1）业主未与小区物业管理单位进行申报登记，违反了管理办法的有关规定。装修人在工程开工前应向物业管理单位申报登记，提交相关资料，并与物业管理签订装饰装修管理服务协议。

（2）装饰装修活动中拆除了一堵承重墙，变动建筑主体和承重结构，违反了未经原设计单位或者具有相应资质等级的设计单位提出设计方案，禁止变动建筑主体和承重结构。

（3）将原厨房面积扩大；主卧卫生间的位置进行了调整，将原没有防水要求的位置改为了卫生间，违反了禁止将没有防水要求的房间或者阳台改为卫生间、厨房间的规定。

（4）将开放式的阳台用铝合金窗进行封闭，违反了改变住宅外立面，应经城市规划行政主管部分批准的规定。

（5）自行将煤气管道进行了移位，违反拆改燃气管道和设施应当经燃气管理单位批准的规定。

（6）对卫生间防水层进行重新施工，未进行闭水试验；违反了改动卫生间、厨房间防水层的应当按照防水标准制定施工方案，并做闭水试验的规定。

（7）采购了无环保标志的细木工板用于装修中；违反了住宅室内装饰装修工程使用的材料和设备必须符合国家标准，有质量检验合格证明的相关规定，同时也违反了建设工程质量管理条例的相关规定。

（8）施工过程中，工人未遵守施工安全操作规程，引发了火灾，违反了装修活动中，应当遵守施工安全操作规程的有关规定，施工现场严禁吸烟。

（9）采取中午及晚上加班施工，影响了周围住户正常生活。违反了装饰装修活动中不得影响公众利益及周围住户正常生活的相关规定。

（10）施工中将装修材料及装修过程产生的垃圾堆放在楼道中，并未及时清理，违反了装饰装修活动不得侵占公共空间、不得损害公共部位和设施的相关规定。

（11）室内空气质量检测不合格，施工方应当返工，并承担相应的损失。

2.2 安全生产及施工现场管理的相关法规及案例

目前，我国建设工程安全生产法律法规体系主要由《建筑法》、《安全生产法》、《建设工程安全生产管理条例》以及相关的法律、法规、规章和工程建设强制性标准构成。

在法律层面上《建筑法》和《安全生产法》是构建建设工程安全生产法规体系的两大基础。

《建筑法》是我国第一部规范建筑活动的部门法律，它的颁布实施强化了建筑工程质量和安全的法律保障。《建筑法》通篇贯穿了质量安全问题、具有很强的针对性，对影响建筑工程质量和安全的各方面因素作了较全面的规范。

《安全生产法》是安全生产领域的综合性基本法，它是我国第一部全面规范安全生产的专门法律，是我国安全生产体系的主体法，是各类生产经营单位及其从业人员实现安全生产所必须遵循的行为准则，是各级人民政府及其有关部门进行监督管理和行政执法的法律依据，是制裁各种安全生产违法犯罪的有力武器。

行政法规是由国务院制定的法律规范性文件，颁布后在全国范围内施行。在行政法规层面上，《安全生产许可证条例》和《建设工程安全生产管理条例》是建设工程安全生产法规体系中主要的行政法规。

规章是行政性法律规范文件，可分为部门规章和地方政府规章。建设工程领域的部门规章是指由住房和城乡建设部（原建设部）颁布实施的规范性文件。目前，已颁布实施涉及安全生产的主要规章有：《建设工程施工现场管理规定》、《建筑安全生产监督管理规定》、《实施工程建设强制性标准监督规定》、《工程建设重大事故报告和调查程序规定》、《建设行政处罚程序暂行规定》等。

工程建设标准，是做好安全生产工作的重要技术依据，对规范建设工程各方责任主体的行为、保障安全生产具有重要意义。标准包括：国家标准、行业标准、地方标准、企业标准。国家标准和行业标准可分为强制性标准和推荐性标准。《安全生产法》、《建设工程安全生产管理条例》和《建设工程质量管理条例》均把工程建设强制性标准的效力与法律、法规并列起来，使得工程建设强制性标准在法律效力上与法律、法规等同，明确了违反工程建设强制性标准就是违法，就要依法承担法律责任。典型的关于安全生产的标准规范有：《建筑施工安全检查标准》JGJ 59、《施工现场临时用电安全技术规范》JGJ 46、《建筑工程施工现场消防安全技术规范》GB 50720、《建筑施工高处作业安全技术规范》JGJ 80 等。

2.2.1 《建设工程安全生产管理条例》

《建设工程安全生产管理条例》国务院令第 393 号（以下简称《安全条例》）是根据《建筑法》和《安全生产法》制定的一部关于建筑工程安全生产的专项法规。该条例较为详细地规定了建设单位、勘察、设计、工程监理、其他有关单位的安全责任和施工单位的安全责任，以及政府部门对建设工程安全生产实施监督管理的责任等。并对政府部门、有关企业及相关人员的建设工程安全生产和管理行为进行了全面的规范。

（1）建设单位的安全责任

《安全条例》中规定了建设单位应当承担的安全生产责任：

1）建设单位不得对勘察、设计、施工、工程监理单位提出不符合建设工程安全生产法律、法规和强制性标准规范的要求，不得压缩合同约定的工期；

2）在工程概算中确定安全措施费用；

3）建设单位不得明示或暗示施工单位购买、租赁、使用不符合安全施工要求的安全防护用具、机械机具及构配件，消防设施和器材；

4）申请领取施工许可证时，应当提供建设工程有关安全措施的资料，并将安全施工措施报送有关主管部门备案；

5）将拆除工程发包给有施工资质单位；

6）建设单位应当向施工单位提供施工现场及毗邻区域内的供水、供电、供电等地下管线资料、气象和水文观测资料等，并保证资料的真实、准确、完整。

（2）勘察、设计、工程监理及其他有关单位的安全责任

1）勘察单位应当按照法律、法规和工程建设强制性标准进行勘察，提供的勘察文件应当真实、准确、满足建设工程安全生产的需要，勘察单位在勘察作业时，应当严格执行操作规程，采取措施保证各类管线、设施和周边建筑物、构筑物的安全

2）设计单位在建设工程设计中应充分考虑施工安全问题，防止因设计不合理产生坍塌等施工安全事故；

①要对涉及施工安全的重点部位和环节在设计文件中注明，并提出防范事故的指导意见；

②对于采用新结构、新材料、新工艺以及特殊结构的建设工程，应提出保障作业人员安全和防范事故的措施建议。

《安全条例》还规定，设计单位和注册建筑师等注册执业人员应当对其设计负责。

3）工程监理单位对建设工程应当承担以下三个方面的安全责任：

①应当审查施工组织设计中的安全技术措施或专项施工方案是否符合工程建设强制性标准；

②发现存在安全事故隐患，应当要求施工单位整改或暂停施工并报告建设单位；

③应当按照法律、法规和工程建设强制性标准对建设工程安全生产承担监理责任。

4）对其他相关单位的安全责任，主要是：提供机械设备和配件的单位，应当配备齐全有效的保险、限位等安全设施和装置；禁止出租检测不合格的机械设备和施工机具及配件；安装、拆卸施工起重机械等必须由具有相应资质的单位承担；检验检测机构应对施工起重机械等的检验检测结果负责。

（3）施工单位安全责任

建设工程的施工是工程建设的关键环节，《安全条例》从以下几个方面强化了施工单位的安全责任：

1）施工单位在申请领取资质证书时，应当具备国家规定的注册资本、专业技术人员、技术准备和安全生产等条件。

2）施工单位建立健全安全生产责任制和安全生产教育培训制度，制定安全生产规章制度和操作规程，对所承担的建设工程进行定期和专项安全检查，并明确规定了施工单位主要责任人和项目负责人的安全生产责任，施工单位主要负责人依法对本单位的安全生产工作全面负责，项目负责人对建设工程项目的安全施工负责。

3）为了从资金上保证安全生产，规定施工单位对列入建设工程概算的安全作业环境及安全施工措施所需费用，应当用于施工安全防护用具及设施的采购和更新，安全施工措施的落实，安全生产条件的改善，不得挪作他用。

4）进一步明确总承包单位与分包单位的安全责任，规定建设工程实施施工总承包的，由总承包单位对施工现场的安全生产负总责，总承包单位依法将建设工程分包给其他单位的，分包合同中应当明确各自安全生产方面的权利和义务。并对分包工程的安全生产承担连带责任，同时规定分包单位应当服从总承包单位的安全生产管理，分包单位不服从管理导致生产安全事故的，由分包单位承担主要责任。

5）施工单位应当在施工组织设计中编制安全技术措施和施工现场临时用电方案，对一些特殊的工程还需要编制专项施工方案，建设工程施工前，施工单位负责项目管理技术人员应当对有关安全施工的技术要求向施工作业班组，作业人员作出详细说明，并由双方签字确认。

6）为了保障施工现场作业人员的安全，规定施工单位应当对作业人员进行安全教育培训，向作业人员提供合格的安全防护用具和安全防护服装，书面告知危险岗位的操作规范和违章操作的危害，为施工现场从事危险作业的人员办理意外伤害保险，作业人员有权对施工现场的作业条件，作业程序和作业方式中存在的安全问题提出批评、检举和控告、有权拒绝违章指挥和强令冒险作业；在施工中发生危及人身安全的紧急情况时，作业人员有权立即停止作业或者在采取必要的应急措施后撤离危险区域，同时，为了改善作业人员的生活条件，规定施工单位应当将施工现场的办公、生活区与作业区分开设置，并保持安全距离、职工的膳食、饮水、休息场所等应当符合卫生标准，不得在尚未竣工的建筑物内设置员工集体宿舍。

（4）确立了建设工程安全生产的基本管理制度

《安全条例》对政府部门、有关企业及相人员的建设工程安全生产和管理行为进行了全面规范，确立了十三项主要制度，其中，涉及政府部门的安全生产监管制度有七项：依法批准开工报告的建设工程和拆除工程备案制度，三类人员考核任职制度，特种作业人员持证上岗制度，施工起重机械使用登记制度，政府安全监督检查制度，危及施工安全工艺、设备、材料淘汰制度，生产安全事故报告制度。《安全条例》还进一步明确了施工企业的六项安全生产制度，即安全生产责任制度，安全生产教育培训制度，专项施工方案专家论证审查制度，施工现场消防安全责任制度，意外伤害保险制度和生产安全事故应急救援制度。

（5）法律责任

《安全条例》对政府部门、有关企业及相关人员在建设工程安全生产和管理行为中违反条例应当承担的法律责任做出了详细规定。

2.2.2 《建筑施工安全检查标准》JGJ 59

《建筑施工安全检查标准》JGJ 59（以下简称标准）属强制性标准，是一个技术标准。标准的实施必须强制执行，政府机构必须对企业执行标准的情况进行监督检查。对违反了强制性标准的企业或个人要承担法律责任。

标准以消除施工现场“五大伤害”（高处坠落、触电、物体打击、机械伤害、倒（坍）塌）等事故为整体系统的安全目标，以检查评分表的形式，为安全检查、安全评定提供了直观数字和综合评价标准。

（1）检查评定项目、评分方法及评定等级

1）检查项目

检查项目分为：安全管理、文明施工、扣件式钢管脚手架、门式钢管脚手架、碗扣式钢管脚手架、承插型盘扣式钢管脚手架、满堂脚手架、悬挑式脚手架、附着式升降脚手架、高处作业吊篮、基坑工程、模板支架高处作业、施工用电、物料提升机、施工升降机、塔式起重机、起重吊装、施工机具共19项检查项目。

2）评分方法

① 检查评分表应分为安全管理、文明施工、脚手架、基坑工程、模板支架、高处作业、施工用电、物料提升机与施工升降机、塔式起重机与起重吊装、施工机具分项检查评分表和检查评分汇总表。

② 建筑施工安全检查评定中，保证项目应全数检查。

③ 项检查评分表和检查评分汇总表的满分分值均应为100分，评分表的实得分值应为各检查项目所得分值之和；评分应采用扣减分值的方法，扣减分值总和不得超过该检查项目的应得分值；当按分项检查评分表评分时，保证项目中有一项未得分或保证项目小计

得分不足40分，此分项检查评分表不应得分；

④ 检查评分汇总表中各分项项目实得分值应按下式计算：

汇总表各分项项目实得分值＝(汇总表中该项应得满分值×该项检查评分表实得分值)/100。

⑤ 当评分遇有缺项时，分项检查评分表或检查评分汇总表的总得分值应按下式计算：

遇有缺项时总得分值＝(实查项目在该表的实得分值之和/实查项目在该表的应得满分值之和)×100

⑥ 脚手架、物料提升机与施工升降机、塔式起重机与起重吊装项目的实得分值，应为所对应专业的分项检查评分表实得分值的算术平均值。

3）评定等级

应按汇总表的总得分和分项检查评分表的得分，对建筑施工安全检查评定划分为优良、合格、不合格三个等级。

① 优良：分项检查评分表无零分，汇总表得分值应在80分及以上；

② 合格：分项检查评分表无零分，汇总表得分值应在80分以下，70分及以上；

③ 不合格：当汇总表得分值不足70分时或当有一分项检查评分表得零分时。

当建筑施工安全检查评定的等级为不合格时，必须限期整改达到合格。

（2）检查评分表

1）建筑施工安全检查评分汇总表

建筑施工安全检查评分汇总表，该表所示得分作为对一个施工现场安全生产情况的评价依据。

2）建筑施工安全分项检查评分表

分项检查评分表共有19个分项（与检查项目相对应），其中装饰装修工程施工现场较常涉及的分项检查评分表有：安全管理检查评分表、文明施工检查评分表、满堂脚手架检查评分表、高处作业检查评分表、施工用电检查评分表、施工机具检查评分表。

① 安全管理检查评分表，共有十个检查项目：安全生产责任制、施工组织设计及专项施工方案、安全技术交底、安全检查、安全教育、应急救援、分包单位安全管理、持证上岗、安全生产事故处理、安全标志。

在装饰装修工程项目中，施工组织设计无安全措施、未进行书面安全技术交底、未进行三级安全教育、未定期检查及检查结果未落实等现象较为突出。

② 文明施工检查评分表，共有十个检查项目：现场围挡、封闭管理、施工场地、材料管理、现场办公与住宿、现场防火、综合治理、公示标牌、生活设施、社区服务。

在装饰装修工程项目中，在建工程兼做住宿、现场防火措施不到位等问题是薄弱环节。

③ 满堂脚手架检查评分表，共有十个检查项目：施工方案、架体基础、架体稳定、杆件锁件、脚手板、交底与验收、架体防护、构配件材质、荷载、通道。

④ 高处作业检查评分表，共有十个检查项目：安全帽、安全网、安全带、临边防护、洞口防护、通道口防护、攀登作业、悬空作业、移动式操作平台、悬挑式物料钢平台。

⑤ 施工用电检查评分表，共有七个检查项目：外电防护、接地与接零保护系统、配

电线路、配电箱开关箱、配电室与配电装置、现场照明、用电档案。

⑥ 施工机具检查评分表，共有十一个检查项目：平刨、圆盘锯、手持电动工具、钢筋机械、电焊机、搅拌机、气瓶、翻斗车、潜水泵、振捣器、桩工机械。其中应特别注意气瓶间距应大于 5m、距明火应大于 10m，以及Ⅰ类手持电动工具应接零保护并设置漏电保护器的要求。

2.2.3 《施工现场临时用电安全技术规范》JGJ 46

《施工现场临时用电安全技术规范》明确规定了施工现场临时用电施工组织设计的编制，专业人员、技术档案管要求，外电线路与电气设备防护、接地与防雷、配电室及自备电源、配电线路、配电箱及开关箱、电动建筑机械及手持电动工具、照明以及实行 TN-S 三相五线制接零保护系统等方面的安全管理及安全技术措施的要求。其中共有 25 条为强制性条文，必须严格执行。

(1) 建筑施工现场临时用电工程中的电源中性点直接接地的 220/380V 三相四线制低压电力系统，必须符合下列规定：

1) 采用三级配电系统；

2) 采用 TN-S 接零保护系统；

3) 采用二级漏电保护系统。

(2) 临时用电管理

1) 施工现场临时用电设备在 5 台以上或设备总容量在 50kW 及以上者，应编制用电组织设计。临时用电组织设计及变更时，必须履行“编制、审核、批准”程序，由电气工程技术人员组织编制，经相关部门审核及具有法人资格企业的技术负责人批准后实施。变更用电组织设计应补充有关图纸资料。

2) 临时用电工程必须经编制、审核、批准部门和使用单位共同验收，合格后方可投入使用。

3) 临时用电工程定期检查应按分部、分项工程进行，对安全隐患必须及时处理，并应履行复查验收手续。

(3) 接地与防雷

1) 在施工现场专用变压器的供电的 TN-S 接零保护系统中，电气设备的金属外壳必须与保护零线连接。保护零线应由工作接地线、配电室（总配电相）电源侧零线或总漏电保护器电源侧零线处引出。

2) 当施工现场与外电线路共有同一供电系统时，电气设备接地、接零保护应与原系统保持一致。不得一部设备做保护接零，另一部分设备做保护接地。

采用 TN 系统做保护接零时，工作零线（N 线）必须通过总漏电保护器，保护零线（PE 线）必须由电源进线零线重复接地处或总漏电保护器侧零线处，引出形成局部 TN-S 接零保护系统。

3) PE 线严禁装设开关或熔断器，严禁通过工作电流，且严禁断线。

4) TN 系统中的保护接零线除必须在配电室或总配电箱处做重复接地外，还必须在配电系统的中间处和末端处做重复接地。

在 TN 系统中，保护零线每一处重复接地装置的接地电阻值不应大于 10Ω。在工作接地电阻值允许达到10Ω的电力系统中，所有重复接地的等效电阻值不得大于10Ω。

5）做防雷接地机械上的电气设备，所连接的PE线必须同时做重复接地，同一台机械电气设备的重复接地和机械的防雷接地可共用同一接地体，但接地电阻值应符合重复接地电阻值的要求。

（4）配电室及自备电源

1）配电柜应装设电源隔离开关及短路、过载、漏电保护器。电源隔离开关分断时应有明显可见分断点。

2）配电柜或配电线路停电维修时，应挂接地线，并应悬挂“禁止合闸、有人工作”停电标志牌。停送电必须由专人负责。

3）发电机组电源必须与外电线路电源连锁，严禁并列运行。

4）发电机组并列运行时，必须装设同期装置，并在机组同步运行后再向负载供电。

（5）配电线路

1）电缆中必须包含全部工作芯线和用作保护零线或保护线的芯线。需要三相四线制配电的电缆线路必须采用五芯电缆。

五芯电缆必须包含淡蓝、绿/黄二种颜色绝缘芯线。淡蓝色芯线必须用N线；绿/黄双色芯线必须用作PE线，严禁混用。

2）电缆线路应用埋地或架空敷设，严禁沿地面明设，并应避免机械损伤和介子腐蚀。埋地电缆线路径应设方位标记。

（6）配电箱及开关箱

1）每台用电设备必须有各自专用的开关箱，严禁用同一个开关箱直接控制2台及2台以上的用电设备（含插座）。

2）配电箱的电器安装板上必须分设N线端子板和PE线端子板。N线端子板必须与金属电器安装板绝缘；PE线端子板必须与金属电器安装板做电气连接。进出线中的N线必须通过N线端子板连接；PE线必须通过PE线端子板连接。

3）开关箱中漏电保护器的额定漏电动作电流不应大于30mA，额定漏电动作时间不应大于0.1s。使用于潮湿或腐蚀介质场所的漏电保护器应采用防溅型产品，其额定漏电动作电流不应大于15mA，额定漏电动作时间不应大于0.1s。

4）总配电箱中漏电保护器的额定漏电动作电流不应大于30mA，额定漏电动作时间不应大于0.1s。但其额定漏电动作电流与额定漏电动作时间的乘积不应大于30mA·s。

5）配电箱、开关箱的电源进线端严禁采用插头或插座做活动连接。

6）对配电箱、开关箱进行定期维修、检查时，必须将其前一级相应的电源隔离开关分闸断电，并悬挂“禁止合闸、有人工作”停电标志牌，严禁带电作业。

（7）电动建筑机械和手持电动工具

对混凝土搅拌机、钢筋加工机械、木工机械、盾构机械等设备进行清理、检查、维修时，必须首先将其开关箱分闸断电，呈现可见电源分断点，并关门上锁。

（8）照明

1）下列特殊场所应使用安全特低电压照明器：

①隧道、人防工程、高温、有导电灰尘、比较潮湿或灯具离地面高度低于2.5m等场所照明，电源电压不得大于36V；

② 潮湿和易触及带电体场所的照明，电源电压不得大于 24V；

③ 特殊潮湿场所、导电良好的地面、锅炉或金属容器内的照明，电源电压不得大于 12V。

2）照明变压器必须使用双绕组型安全隔离变压器，严禁使用自耦变压器。

3）对夜间影响飞机或车辆通行的在建筑工程及机械设备，必须设置醒目的红色信号灯，其电源应设在施工现场总电源开关的前侧，并应设置外电线路停止供电时的应急自备电源。

2.2.4 《建设工程施工现场消防安全技术规范》GB 50720

《建设工程施工现场消防安全技术规范》立足"以防为主，防消结合"的消防工作方针，总结我国建设工程施工现场消防工作经验、火灾事故教训以及建设工程施工现场消防工作的实际需要，从建设工程施工现场的总平面布局、建筑防火、临时消防设施、防火管理四个方面做出了明确规定。其中共有 12 条（款）为强制性条文，必须严格执行。

（1）总平面布局

易燃易爆危险品库房与在建工程的防火间距不应小于 15m，可燃材料堆场及其加工场、固定动火作业场与在建工程的防火间距不应小于 10m，其他临时用房、临时设施与在建工程的防火间距不应小于 6m。

（2）建筑防火

1）宿舍、办公用房的建筑构件的燃烧性能等级应为 A 级。当采用金属夹芯板材时，其芯材的燃烧性能等级应为 A 级；

2）发电机房、变配电房、厨房操作间、锅炉房、可燃材料库房及易燃易爆危险品库房的建筑构件的燃烧性能等级应为 A 级；

3）既有建筑进行扩建、改建施工时，必须明确划分施工区和非施工区。施工区不得营业、使用和居住；非施工区继续营业、使用和居住时，应符合下列要求：

① 施工区和非施工区之间应采用不开设门、窗、洞口的耐火极限不低于 3.0h 的不燃烧体隔墙进行防火分隔；

② 非施工区内的消防设施应完好和有效，疏散通道应保持畅通，并应落实日常值班及消防安全管理制度；

③ 施工区的消防安全应配有专人值守，发生火情应能立即处置；

④ 施工单位应向居住和使用者进行消防宣传教育、告知建筑消防设施、疏散通道的位置及使用方法，同时应组织进行疏散演练；

⑤ 外脚手架搭设不应影响安全疏散、消防车正常通行及灭火救援操作；外脚手架搭设长度不应超过该建筑物外立面周长的二分之一。

（3）临时消防设施

1）施工现场的消火栓泵应采用专用消防配电线路。专用消防配电线路应自施工现场总配电箱的总断路器上端接入，且应保持不间断供电。

2）临时用房的临时室外消防用水量不应小于表 2-1 的规定：

临时用房的临时室外消防用水量　　　　表 2-1

临时用房的建筑面积之和	火灾延续时间（h）	消火栓用水量（L/s）	每支水枪最小流量（L/s）
1000m^2＜面积≤5000m^2	1	10	5
面积＞5000m^2		15	5

3）在建工程的临时室外消防用水量不应小于表 2-2 的规定：

在建工程的临时室外消防用水量　　　　表 2-2

在建工程（单体）体积	火灾延续时间（h）	消火栓用水量（L/s）	每支水枪最小流量（L/s）
10000m^3＜体积≤30000m^3	1	15	5
体积＞30000m^3	2	20	5

4）在建工程的临时室内消防用水量不应小于表 2-3 的规定：

在建工程的临时室内消防用水量　　　　表 2-3

建筑高度、在建工程体积（单体）	火灾延续时间（h）	消火栓用水量（L/s）	每支水枪最小流量（L/s）
24m＜建筑高度≤50m 或 30000m^3＜体积≤50000m^3	1	10	5
建筑高度＞50m 或体积＞50000m^3	1	15	5

（4）防火管理

1）用于在建工程的保温、防水、装饰及防腐等材料的燃烧性能等级，应符合设计要求。

2）室内使用油漆及其有机溶剂、乙二胺、冷底子油或其他可燃、易燃易爆危险品的物资作业时，应保持良好通风，作业场所严禁明火，并应避免产生静电。

3）施工现场用火，必须符合下列要求：

① 焊接、切割、烘烤或加热等动火作业前，应对作业现场的可燃物进行清理；对于作业现场及其附近无法移走的可燃物，应采用不燃材料对其覆盖或隔离；

② 裸露的可燃材料上严禁直接进行动火作业；

③ 具有火灾、爆炸危险的场所严禁明火。

4）储装气体的罐瓶及其附件应合格、完好和有效；严禁使用减压器及其他附件缺损的氧气瓶，严禁使用乙炔专用减压器、回火防止器及其他附件缺损的乙炔瓶。

2.2.5 《建筑施工高处作业安全技术规范》JGJ 80

高处作业：是指凡在坠落高度基准面 2m 以上（含 2m）有可能坠落的高处进行的作业。对于建筑施工的高处作业需要作好防护工作，包括临边作业、洞口作业、攀登作业、悬空作业、操作平台以及交叉作业等。规范对于不同作业环境规定了所需的防护要求，以达到给作业人员创造一个基本的安全作业条件。

（1）临边作业

1）基坑周边、阳台、料台、挑平台周边、屋面及楼层周边等要设防护栏杆；

2）头层墙高度超过3.2m的二层周边，以及无外脚手架的高度超过3.2m的楼层周边，必须在外围架设安全平网一道；

3）分层施工的楼梯口及楼梯段边，必须安装临时护栏；

4）井架与施工用电梯和脚手架等与建筑物通道的两侧边，必须设防护栏杆；

5）各种垂直运输接料平台，除两侧设防护栏杆外，还应设置安全门或活动防护栏杆。

规范对防护栏杆的设置，区分不同材料作出了不同的要求。对栏杆的计算条件按“整体构造在上杆的任何处，能经受任何方向的1000N外力”，这是一般条件，特殊情况例外。具体做法规定了由两道横杆和立柱组成框架，上杆距地面1～1.2m，下杆距地面0.5～0.6m，立柱间距不大于2m。封闭作法可采取用立网封闭或下面固定挡脚板、挡脚笆。

（2）洞口作业

1）板和墙洞口，必须设置牢固的盖板、防护栏杆、安全网或其他防坠落的防护设施；

2）电梯井口必须设防护栏杆或固定栅门；电梯井内应每隔两层且最多隔10m设一道安全网；

3）钢管桩、钻孔桩等桩孔上口，基础上口、未填土的坑槽，以及人孔、天窗等处，均应按洞口防护设置稳固的盖件；

4）施工现场通道附近的各类洞口、坑槽等处，应设置防护设施与安全标志，夜间应设红灯示警。

根据不同情况提出了不同防护方法，如：设防护栏杆、加盖板、张挂安全网、装栅门以及设安全标志等。

（3）攀登作业

攀登作业是指借助登高设施，在攀登条件下进行的高处作业。例如脚手架、梯子等都属于登高设施。规范对各类梯子、爬梯、挂梯、建筑上固定的直梯等作出技术要求及使用要求的规定。

（4）悬空作业

悬空作业处应有牢靠的立足点，并配设防护网、防护栏杆等必要的安全设施。

作业所用的索具、脚手板、吊篮、吊笼、平台等设备，应经技术鉴定或检验方可使用。

规范对结构吊装和管道安装、支拆模板、绑扎钢筋、浇筑混凝土、进行预应力张拉、门窗施工等悬空作业的防护措施作了规定。

（5）操作平台

规范分别对移动式操作平台和悬挑式钢平台的设计、安装及使用、防护措施作了规定。

（6）交叉作业

不同标高，在同一垂直方向，上方落物容易伤及下方作业人员，必须搭设防护层或隔离层。对距临边堆放物料应留有大于1m的距离，堆放高度也不能大于1m，下面必须搭设防护棚防止落物伤人。

（7）高处作业安全防护设施的验收

在进行高处作业之前，安全防护设施应由施工单位工程负责人组织相关人员进行逐项检查和验收，并作出验收记录，验收合格后，方可使用。施工工期内还应定期进行抽查。

2.2.6 《建筑拆除工程安全技术规范》JGJ 147

建筑拆除工程的建设单位需取得房屋拆迁许可证或规划部门的批文，并必须承包给具备爆破或拆除专业承包资质的单位施工，施工单位严禁将工程非法转包。

（1）施工准备

1）建设单位与施工单位应签订安全生产管理协议，明确各自安全责任。

2）建设单位应将拆除工程的相关资料报送建设行政主管部门备案，并向施工单位提供拆除工程的有关图纸和资料。做好影响拆除工程安全施工的各种管线的切断、迁移工作。

3）施工单位应编制施工组织设计或安全专项施工方案，制定应急救援预案和消防安全措施；为拆除作业人员办理意外伤害保险；施工区域设置封闭围挡及安全隔离措施。

（2）安全施工管理

根据不同的拆除方式：人工拆除、机械拆除、爆破拆除、静力破碎规定了不同的施工要求。同时，对作业人员的防护用品及施工现场的防护措施做了规定。

（3）安全技术管理

安全技术管理的内容包括：施工组织设计或安全专项施工方案、从业人员的安全培训和考核、安全技术交底、安全技术档案、施工临时用电、应急预案等。

（4）文明施工管理

分别对清运渣土、防止扬尘、降低噪声、地下管线保护以及防火安全等方面做出规定。

2.2.7 《手持式电动工具的管理、使用、检查和维修安全技术规程》GB/T 3787—2006

《手持式电动工具的管理、使用、检查和维修安全技术规程》GB/T 3787—2006于2006年2月15日发布，从2006年6月1日开始实施，它代替原规程GB 3787—1993。本规程可作为生产、销售、维修单位和监督管理部门对手持式电动工具产品安全性能考核的依据，也可作为使用单位选择合格产品并进行安全管理的依据。

（1）手持式电动工具的定义（以下简称工具）

由电动机或电磁铁驱动的、用来做机械功的机械。它被设计成由电动机或电磁铁与机械部分组装成一体、便于携带到工作场所，并能用手握持或悬挂操作的工具。手持式工具可装有软轴，而其电动机可以是固定的，也可以是便携式的。

（2）工具的分类（按电击保护方式）

1）Ⅰ类工具

工具的防止触电的保护方面不仅依靠基本绝缘，而且它还包含一个附加安全预防措施，其方法是将可触及的可导电的零件与已安装的固定线路中的保护（接地）导线连接起来，使可触及的可导电零件在基本绝缘损坏的事故中不成为带电体。

2）Ⅱ类工具

工具防止触电的保护方面不仅依靠基本绝缘，而且它还提供例如双重绝缘或加强绝缘的附加安全预防措施，没有保护接地或依赖安装条件的措施。可分为绝缘外壳和金属外壳Ⅱ类工具。Ⅱ类工具应在工具的明显部位标有Ⅱ类结构符号“回”。

3）Ⅲ类工具

工具的防止触电的保护方面依靠由安全特低电压供电和在工具内不会产生比安全特低电压高的电压。

（3）工具的管理

1）检查工具是否具有国家强制认证标志，产品合格证和使用说明书；

2）按照规程和工具产品使用说明书的要求及实际使用条件制定相应的安全操作规程，安全操作规程的内容至少应包括以下内容：

① 工具的允许使用范围；

② 工具的正确使用方法和操作程序；

③ 工具的使用前应着重检查的项目和部位，以及使用中可能出现的危险和相应的防护措施；

④ 工具的存放和保养方法；

⑤ 操作者注意事项。

3）监督检查工具的使用和维修；

4）对工具的使用、保管、维修人员进行安全技术教育和培训；

5）工具必须存放于干燥、无有害气体或腐蚀性物质的场所；

6）使用单位必须建立工具使用、检查和维修的技术档案。

（4）工具的使用

1）工具在使用前，操作者应认真阅读产品使用说明书和安全操作规程，详细了解工具的性能和掌握正确使用的方法，使用时，操作者应采取必要的防护措施。

2）在一般作业场所，应使用Ⅱ类工具；若使用Ⅰ类工具时，还应在电气线路中，采用额定剩余动作电流不大于30mA剩余电流动作保护器，隔离变压器等保护措施。

3）在潮湿场所或金属构架上等电性能良好的作业场所，应使用Ⅱ类工具或Ⅲ类工具。

4）在锅炉、金属容器、管道内等作业场所，应使用Ⅲ类工具或在电气线路中装设额定剩余动作电流不大于30mA剩余电流动作保护器的Ⅱ类工具。

5）Ⅲ类工具的安全隔离变压器、Ⅱ类工具的剩余电流动作保护器及Ⅱ、Ⅲ类工具的电源控制箱和电源耦合器等必须放在作业场所的外面，在狭窄作业场所操作时，就有人在外监护。

6）在湿热，雨雪等作业环境，应使用具有相应防护等级的工具。

7）Ⅰ类工具电源线中的绿/黄双色线在任何情况下，只能用作何保护接地线（PE）。

8）工具的电源线不得任意接长或拆换，当电源离工具操作点距离较远而电源线长度不够时，应采用耦合器进行连接。

9）工具电源线上的插头不得任意拆除或调换。

10）工具的插头，插座应按规定正确接线、插头、插座中的保护接地极在任何情况下只能单独连接保护接地线（PE），严禁在插头、插座内用导线直接将保护地极与工作中性线连接起来。

11）部件的防护装置（如防护罩、盖等）不得任意拆卸。

（5）工具的检查

1）工具在发出或收回时，保管人员必须进行一次日常检查，在使用前，使用者必须进行日常检查。

2）工具使用单位必须有专职人员进行定期检查：

① 每年至少检查一次；

② 在湿热和常有温度变化的地区或使用条件恶劣的地方还应相应缩短检查周期；

③ 在梅雨季节前应及时进行检查。

3）日常检查项目至少应包括表 2-4 中 1～8 项的内容，定期检查项目至少应包括表 2-4 中 1～9 项的内容，其中第 9 项（绝缘电阻测量）测量值应不小于表 2-5 中规定的数值。

工具安全检查记录表 **表 2-4**

单位名称			制造单位		
工具名称			制造日期	年 月 日	
型号规格		出厂编号		工具编号	
管理部门		工具类别	类	检查周期	月

检查记录

序号	检查项目名称	检查要求	□ 日常 □ 定期	□ 日常 □ 定期	□ 日常 □ 定期	□ 日常 □ 定期
1	标志检查	有认证标志、产品合格证或检查合格标志				
2	外壳、手柄检查	完好无损				
3	电源线、保护地线（PE）检查	完好无损				
4	电源插头检查	完好无损、连接正常				
5	电源开关检查	动作正常、灵活、轻快、无缺损破裂				
6	机械防护装置检查	完好				
7	工具转动部分	转动灵活，轻快、无阻滞现象				
8	电气保护装置	良好				
9	绝缘电阻测量*	≥兆欧				
检查结论						
检查责任人（签字）						
检查日期						
下次检查日期*						

注：带 * 项目，仅适用于定期检查。

4）经定期检查合格的工具，应在工具的适当部位，粘贴检查“合格”标识，“合格”标识应鲜明、清晰。正确并至少应包括：工具编号，检查单位名称或标记、检查人员姓名或标记、有效日期。

5）长期搁置不用的工具，在使用前必须测量绝缘电阻，如果绝缘电阻小于表2-5规定的数值，必须进行干燥处理，经检查合格，粘贴“合格”标志后，方可使用。

6）工具如有绝缘损坏，电源线护套破裂，保护接地线（PE）脱落，插头插座裂开或有损于安全的机械损伤等故障，应立即进行修理，在未修复前，不许继续使用。

（6）工具的维修

1）工具的维修必须由原生产单位认可的维修单位进行。

2）维修部门和使用单位不得任意改变工具的原设计参数，不得采用低于原用材料性能的代用材料和与原有规格不符的零部件。

3）在维修时，工具内的绝缘衬垫，套管不得任意拆除或漏装，工具的电源线不得任意调换。

4）工具的电气绝缘部分经修理后，除应满足上述使用和检查要求外，还必须按表2-6要求进行介电强度试验。

5）工具经维修、检查和试验合格后，应在适当部位粘贴“合格”标志，对不能修复或修复后仍达不到应有的安全技术要求的工具必须办理报废手续并采取隔离措施。

绝缘电阻值 **表2-5**

测量部位	绝缘电阻/兆欧（使用500V兆欧表测量）		
	Ⅰ类工具	Ⅱ类工具	Ⅲ类工具
带电零件与外壳之间	2	7	1

介电强度试验电压值 **表2-6**

试验电压的施加部位	试验电压/V		
	Ⅰ类工具	Ⅱ类工具	Ⅲ类工具
带电零件与外壳之间：			
——仅由基本绝缘与带电零件隔离	1250	—	5.00
——由加强绝缘与带电零件隔离	3750	3750	—

注：波形为实际正弦波，频率50Hz的试验电压施工1min，不出现绝缘击穿或闪络。试验变压器应设计成：在输出电压调到适当的试验电压值后，在输出端短路时，输出电流至少为200mA。

2.2.8 案例

【背景】

某装修公司承接某酒楼装修工程，共两层，装修面积1800多平方米，其中一层大堂挑高6m。施工单位签订合同后，组织施工人员进场施工。

施工前，装修公司未编制施工组织设计及临时用电方案。施工现场每层配备一个配电箱，未设置总配电箱及末端箱。一层大堂搭设满堂脚手架，未编制脚手架施工方案。工人进场后，未进行三级教育及安全技术交底，即进行施工作业。电工及焊工未持有特种作业人员操作证。施工现场未配备有灭火器材。

施工过程中，有下列现象：材料堆放杂乱，垃圾随处可见；作业人员随意抽烟；部分作业人员未佩戴安全帽；高空作业人员的安全绳未系挂；二层走道临边未设置防护栏杆；

金属外壳Ⅰ类手持电动工具使用二芯电缆线；焊工作业，未经动火审批，无专人监护，身边未配备灭火器材。乙炔气瓶倒在地上，与氧气瓶距离不足5m，氧气瓶的压力表已损坏。

【问题】 指出施工单位在装修过程中，哪些方面违反了安全文明施工相关规定？

【分析】

（1）未编制施工组织设计及安全技术措施，未编制脚手架专项施工方案，违反《建筑施工安全检查标准》安全管理的相关规定。施工单位应在开工前编制施工组织设计方案及脚手架专项施工方案，并经审批后，方可动工。

（2）未编制施工临时用电方案，违反《施工现场临时用电安全技术规范》的要求。施工单位应在开工前编制施工临时用电方案，并履行"编制、审核、批准"程序，由企业技术负责人批准后实施，并经编制、审核、批准部门和项目部共同验收合格后方可投入使用。

（3）施工临时用电不符合"三级配电二级保护"以及"一机、一闸、一漏、一箱"的规定，违反《建筑施工安全检查标准》施工用电及《施工现场临时用电安全技术规范》的相关规定。应按规定予以纠正。

（4）工人进场未进行安全教育及安全技术交底即上岗，违反《建筑施工安全检查标准》安全管理的相关规定。施工单位应在工人进场时，进行三级安全教育，并进行分部（分项）安全技术交底并履行签字手续。

（5）特种作业人员未持证上岗，违反《建筑施工安全检查标准》安全管理的相关规定。特种作业（上述的电工、焊工）应经培训并持证上岗。

（6）施工现场未配备有灭火器材，违反《建筑施工安全检查标准》文明施工及《建设工程施工现场消防安全技术规范》的相关规定。应按相关规范要求，配备足够的消防器材。

（7）材料堆放杂乱，垃圾随处可见，违反《建筑施工安全检查标准》文明施工的相关规定，施工单位应在指定区域按材料名称、品种、规格堆放整齐，并挂标牌。现场应做到工完场地清，垃圾堆放整齐。

（8）作业人员未佩戴安全帽；高空作业人员的安全绳未系挂；二层走道临边未设置防护栏杆，违反了《建筑施工安全检查标准》"三宝四口"及《建筑施工高处作业安全技术规范》的相关要求。施工单位应要求施工人员正确佩戴安全帽，高空作业人员应佩带安全绳并正确使用。临边应按规定要求设置防护栏杆。

（9）作业人员随意抽烟，违反了《建设工程施工现场消防安全技术规范》中施工现场严禁吸烟的规定，施工单位应严格遵守执行。

（10）焊工作业，未经动火审批，无专人监护，身边未配备灭火器材违反《建筑施工安全检查标准》文明施工及《建设工程施工现场消防安全技术规范》的相关规定。动火作业应履行动火审批手续，并应配备灭火器材，设置动火监护人进行现场监护。

（11）乙炔气瓶倒在地上，与氧气瓶距离不足5m，氧气瓶的压力表已损坏，违反《建筑施工安全检查标准》施工机具及《建设工程施工现场消防安全技术规范》的相关规定。规定要求：气瓶间距应大于5m，气瓶应保持直立状态，并采取防倾倒措施，乙炔瓶严禁横躺卧放，气瓶的各种附件应无缺损。

（12）金属外壳Ⅰ类手持电动工具使用二芯电缆线，违反《建筑施工安全检查标准》施工机具及《施工现场临时用电安全技术规范》的相关规定。规定要求：Ⅰ类手持电动的金属外壳应有保护接零，电源线应采用三芯电缆，并与PE线连接。

2.3 安全防火的相关规范及案例

为了便于读者学习安全防火的相关规范，下面将其中的有关术语、民用建筑耐火等级及防火设计要求列出：

一、术语

1. 耐火极限

在标准耐火试验条件下，建筑构件、配件或结构从受到火的作用时起，到失去稳定性、完整性或隔热性时止的这段时间，用小时（h）表示。

2. 不燃烧体、难燃烧体、燃烧体

不燃体：用不燃材料做成的建筑构件。

难燃体：用难燃材料做成的建筑构件或用可燃材料做成而用不燃材料做保护层的建筑构件。

燃烧体：用可燃材料做成的建筑构件。

3. 封闭楼梯间、防烟楼梯间

封闭楼梯间：用建筑构配件分隔，能防止烟和热气进入的楼梯间。

防烟楼梯间：在楼梯间入口处设有防烟前室，或设有专供排烟用的阳台、凹廊等，且通向前室和楼梯间的门均为乙级防火门的楼梯间。

4. 防火分区、防火间距、防烟分区

防火分区：在建筑内部采用防火墙、耐火楼板及其他防火设施分隔而成，能在一定时间内防止火灾向同一建筑的其余部分蔓延的局部空间。

防火间距：防止着火建筑的辐射热在一定时间内引燃相邻建筑，且便于消防扑救的间隔距离。

防烟分区：在建筑内部屋顶或顶板、吊顶下采用具有挡烟功能的构配件进行分隔所形成的，具有一定蓄烟能力的空间。

5. 建筑分类

高层建筑应根据其使用性质、火灾危险性、疏散和扑救难度等进行分类。并应符合表2-7的规定。

建筑分类 **表2-7**

名称	一类	二类
居住建筑	十九层及十九层以上的住宅	十层至十八层的住宅
公共建筑	1. 医院 2. 高级旅馆 3. 建筑高度超过50m或24m以上部分的任一楼层的建筑面积超过1000m² 的商业楼、展览楼、综合楼、电信楼、财贸金融楼 4. 建筑高度超过50m或24m以上部分的任一楼层的建筑面积超过1500m² 的商住楼 5. 中央级和省级（含计划单列市）广播电视楼 6. 网局级和省级（含计划单列市）电力调度楼 7. 省级（含计划单列市）邮政楼、防灾指挥调度楼 8. 藏书超过100万册的图书馆、书库 9. 重要的办公楼、科研楼、档案楼 10. 建筑高度超过50m的教学楼和普通的旅馆、办公楼、科研楼、档案楼等	1. 除一类建筑以外的商业楼、展览楼、综合楼、电信楼、财贸金融楼、商住楼、图书馆、书库 2. 省级以下的邮政楼、防灾指挥调度楼、广播电视楼、电力调度楼 3. 建筑高度不超过50m的教学楼和普通的旅馆、办公楼、科研楼、档案楼等

二、民用建筑的耐火等级

民用建筑耐火等级应分为一、二、三、四级。不同耐火等级建筑物相应构件的燃烧性能和耐火极限不应低于表 2-8 的规定。

建筑物构件的燃烧性能和耐火极限（h） **表 2-8**

构件名称		耐火等级			
		一级	二级	三级	四级
墙	防火墙	不燃烧体 3.00	不燃烧体 3.00	不燃烧体 3.00	不燃烧体 3.00
	承重墙	不燃烧体 3.00	不燃烧体 3.00	不燃烧体 3.00	难燃烧体 0.50
	非承重外墙	不燃烧体 1.00	不燃烧体 1.00	不燃烧体 0.50	燃烧体
	楼梯间的墙 电梯井的墙 住宅单元之间的墙 住宅分户墙	不燃烧体 2.00	不燃烧体 2.00	不燃烧体 1.50	难燃烧体 0.50
	疏散走道两侧的隔墙	不燃烧体 1.00	不燃烧体 1.00	不燃烧体 0.50	难燃烧体 0.25
	房间隔墙	不燃烧体 0.75	不燃烧体 0.50	难燃烧体 0.500	难燃烧体 0.25
柱		不燃烧体 3.00	不燃烧体 2.50	不燃烧体 2.00	难燃烧体 0.50
梁		不燃烧体 2.00	不燃烧体 1.50	不燃烧体 1.00	难燃烧体 0.50
楼板		不燃烧体 1.50	不燃烧体 1.00	不燃烧体 0.50	燃烧体
屋顶承重构件		不燃烧体 1.50	不燃烧体 1.00	燃烧体	燃烧体
疏散楼梯		不燃烧体 1.50	不燃烧体 1.00	不燃烧体 0.50	燃烧体
吊顶（包括吊顶搁栅）		不燃烧体 0.25	难燃烧体 0.25	难燃烧体 0.15	燃烧体

注：1. 除《建筑设计防火规范》GB 50016 另有规定外，以木柱承重且以不燃烧材料作为墙体的建筑物，其耐火等级应按四级确定。

2. 二级耐火等级建筑的吊顶采用不燃烧体时，其耐火极限不限。

3. 在二级耐火等级的建筑中，面积不超过 100m^2 的房间隔墙，如执行本表规定确有困难时，可采用耐火极限不低于 0.30h 的不燃烧体。

4. 一、二级耐火等级建筑疏散走道两侧的隔墙，按本表执行确有困难时，可采用耐火极限不低于 0.75h 的不燃烧体。

5. 住宅建筑构件的耐火极限和燃烧性能可按国家标准《住宅建筑规范》GB 50368 的规定执行。

三、建筑幕墙的防火设计应符合下列规定

1. 窗槛墙、窗间墙的填充材料应采用不燃材料。当外墙面采用耐火极限不低于1.00h的不燃烧体时，其墙内填充材料可采用难燃材料；

2. 无窗间墙和窗槛墙的幕墙，应在每层楼板外沿设置耐火极限不低于1.00h、高度不低于0.8m的不燃烧实体裙墙或防火玻璃裙墙。

3. 幕墙与每层楼板、隔墙处的缝隙应采用防火封堵材料封堵。

2.3.1 《建筑内部装修设计防火规范》GB 50222

本规范规定的建筑内部装修设计，在民用建筑中包括顶棚、墙面、地面、隔断的装修，以及固定家具、窗帘、帷幕、床罩、家具包布、固定饰物等；在工业厂房中包括顶棚、墙面地面和隔断的装修。

隔断系指不到顶的隔断，到顶的固定隔断装修应与墙面规定相同。

柱面的装修应与墙面的规定相同。

兼有空间分隔功能的到顶橱柜应认定为固定家具。

（1）装修材料的分类和分级

1）装修材料按其使用部位和功能，可划分为顶棚装修材料、墙面装修材料、地面装修材料、隔断装修材料、固定家具、装饰织物、其他装饰材料七类。

装饰织物系指窗帘、帷幕、床罩、家具包布等。

其他装饰材料系指楼梯扶手、挂镜线、踢脚板、窗帘盒、暖气罩等。

2）装修材料按其燃烧性能应划分为四级，并应符合表2-9的规定。

装修材料燃烧性能等级 **表2-9**

等级	装修材料燃烧性能	等级	装修材料燃烧性能
A	不燃性	B_2	可燃性
B_1	难燃性	B_3	易燃性

3）装修材料的燃烧性能等级，应按本规范附录A的规定，由专业检测机构检测确定。B3级装修材料可不进行检测。

4）安装在钢龙骨上燃烧性能达到B_1级的纸面石膏板、矿棉吸声板，可作为A级装修材料使用。

5）当胶合板表面涂覆一级饰面型防火涂料时，可作为B_1级装修材料使用。当胶合板用于顶棚和墙面装修并且不内含电器、电线等物体时，宜仅在胶合板外表面涂覆防火涂料；当胶合板用于顶棚和墙面装修并且内含有电器、电线等物体时，胶合板的内、外表面以及相应的木龙骨应涂覆防火涂料，或采用阻燃浸渍处理达到B_1级。

6）单位重量小于300g/m^{2}的纸质、布质壁纸，当直接粘贴在A级基材上时，可作为B_1级装修材料使用。

7）施涂于A级基材上的无机装饰涂料，可作为A级装饰材料使用；施涂于A级基材上，湿涂覆比小于1.5kg/m^{2}的有机装饰涂料，可作为B_1装饰材料使用。涂料施涂于B_1、B_2级基材上时，应将涂料连同基材一起按本规范附录A的规定确定其燃烧性能等级。

8）当采用不同装饰材料进行分层装修时，各层装修材料的燃烧性能等级均应符合本规范的规定。复合型装修材料应由专业检测机构进行整体测试并划分其燃烧性能等级。

9）常用建筑内部装修材料燃烧性能等级划分，可按本规范附录B的举例确定。

（2）民用建筑

1）单层、多层、高层、地下等民用建筑内部各部位装修材料的燃烧性能等级应符合表2-10的规定。

民用建筑内部各部位装修材料的燃烧性能等级　　表2-10

<table>
<tr><th colspan="2" rowspan="2">建筑物及场所</th><th colspan="4">装修材料燃烧性能等级</th></tr>
<tr><th>顶棚</th><th>墙面</th><th>地面</th><th>其他</th></tr>
<tr><td rowspan="13">一般规定</td><td>图书室、资料室、档案室和存放文物的房间</td><td>A</td><td>A</td><td>B_1</td><td></td></tr>
<tr><td>大中型电子计算机房、中央控制室、电话总机房等放置特殊贵重设备的房间</td><td>A</td><td>A</td><td>B_1</td><td>B_1</td></tr>
<tr><td>消防水泵房、排烟机房、固定灭火系统钢瓶间、配电室、变压器室、通风和空调机房等</td><td>A</td><td>A</td><td>A</td><td>A</td></tr>
<tr><td>无自然采光楼梯间、封闭楼梯间、防烟楼梯间及其前室</td><td>A</td><td>A</td><td>A</td><td></td></tr>
<tr><td>建筑物内设有上下层相连通的中庭、走马廊、开敞楼梯、自动扶梯时，其连通部位</td><td>A</td><td>A</td><td>B_1</td><td>B_1</td></tr>
<tr><td>地上建筑的水平疏散走道和安全出口的门厅</td><td>A</td><td>B_1</td><td>B_1</td><td>B_1</td></tr>
<tr><td>地下民用建筑的疏散走道和安全出口的门厅</td><td>A</td><td>A</td><td>A</td><td>A</td></tr>
<tr><td>建筑物内的厨房</td><td>A</td><td>A</td><td>A</td><td></td></tr>
<tr><td>设置在一、二级耐火等级建筑的四层及四层以上的歌舞厅、卡拉OK厅（含具有卡拉OK功能的餐厅）、夜总会、录像厅、放映厅、桑拿浴室（洗浴部分除外）、游艺厅（含电子游艺厅）、网吧等歌舞娱乐放映游艺场所</td><td>A</td><td>B_1</td><td>B_1</td><td>B_1</td></tr>
<tr><td>除地下建筑外，无窗房间的内部装修材料的燃烧性能等级</td><td colspan="4">除A级外，应在本规定的基础上提高一级</td></tr>
<tr><td>防烟分区的挡烟垂壁</td><td colspan="4">A</td></tr>
<tr><td>建筑物内部的变形缝（包括沉降缝、伸缩缝、抗震缝）</td><td colspan="4">两侧基层采用A级材料，表面装修应采用不低于B_1级的装修材料</td></tr>
<tr><td>经常使用明火器具的餐厅、科研试验室装修材料的燃烧性能</td><td colspan="4">除A级外，应在本规定的基础上提高一级</td></tr>
<tr><td rowspan="4">单层多层</td><td>内部各部位</td><td colspan="4">装修材料的燃烧性能等级，不应低于表2-11的规定</td></tr>
<tr><td>上述规定的场所，当单层、多层民用建筑内装有自动灭火系统时</td><td>A</td><td colspan="3">除顶棚外，其内部装修材料的燃烧性能等级可在表2-11规定的基础上降低一级</td></tr>
<tr><td>上述场所，当同时装有火灾自动报警装置和自动灭火系统时</td><td colspan="4">其顶棚装修材料的燃烧性能等级可在表2-11规定的基础上降低一级，其他装修材料的燃烧性能等级可不限制</td></tr>
<tr><td>建筑内面积小于100m² 的房间，当采用防火墙和甲级防火门窗与其他部位分隔时</td><td colspan="4">其装修材料的燃烧性能等级可在表2-11规定的基础上降低一级</td></tr>
</table>

续表

建筑物及场所		装修材料燃烧性能等级			
		顶棚	墙面	地面	其他
高层	内部各部位	装修材料的燃烧性能等级不应低于表 2-12 的规定			
	除上述规定的歌舞娱乐放映游艺场所和 100m 以上的高层民用建筑及大于 800 座位的观众厅、会议厅、顶层餐厅外，当设有火灾自动报警装置和自动灭火系统时	A	除顶棚外，其内部装修材料的燃烧性能等级可在表 2-12 规定的基础上降低一级		
	高层民用建筑的裙房内面积小于 500m² 的房间，当设有自动灭火系统，并且采用耐火等级不低于 2h 的隔墙、甲级防火门、窗与其他部位他隔时	顶棚、墙面、地面的装修材料的燃烧性能等级可在表 2-12 规定的基础上降低一级			
	电视塔等特殊高层建筑的内部装修，装修材料的燃烧性能等级	A	A	A	装饰织物不应低于 B_1 级
地下	设置在地下一层的上述歌舞娱乐放映游艺场所的装修材料燃烧性能等级	A	A	A	B_1
	地下民用建筑各部位装修材料的燃烧性能等级，不应低于表 2-13 的规定	—			
	地下民用建筑的疏散走道和安全出口的门厅的装修材料燃烧性能等级	A	A	A	—
	单独建造的地下民用建筑的地上部分，其门厅、休息室、办公室	装修材料的燃烧性等级可在表 2-13 基础上降低一级			

单层、多层民用建筑内部各部位装修材料的燃烧性能等级　　　　表 2-11

建筑物及场所	建筑规模、性质	装修材料燃烧性能等级							
		顶棚	墙面	地面	隔断	固定家具	装饰织物		其他装饰材料
							窗帘	帷幕	
候机楼的候机大厅、商店、餐厅、贵宾候机室、售票大厅等	建筑面积＞10000m² 的候机楼	A	A	B_1	B_1	B_1	B_1		B_1
	建筑面积≤10000m² 的候机楼	A	B_1	B_1	B_1	B_2	B_2		B_2
汽车站、火车站、轮船客运站的候车（船）室、餐厅、商场等	建筑面积＞10000m² 的车站、码头	A	A	B_1	B_1	B_2	B_2		B_2
	建筑面积≤10000m² 的车站、码头	B_1	B_1	B_1	B_2	B_2	B_2		B_2
影院、会堂、礼堂、剧院、音乐厅	＞800 座位	A	A	B_1	B_1	B_1	B_1	B_1	B_1
	≤800 座位	A	B_1	B_1	B_1	B_2	B_1	B_1	B_2
体育馆	＞3000 座位	A	A	B_1	B_1	B_1	B_1	B_1	B_2
	≤3000 座位	A	B_1	B_1	B_1	B_2	B_2	B_1	B_2

续表

建筑物及场所	建筑规模、性质	装修材料燃烧性能等级							
		顶棚	墙面	地面	隔断	固定家具	装饰织物		其他装饰材料
							窗帘	帷幕	
商场营业厅	每层建筑面积>3000m^2 或总建筑面积>9000m^2 的营业厅	A	B_1	A	A	B_1	B_1		B_2
	每层建筑面积 1000～3000m^2 或总面积为 3000～9000m^2 营业厅	A	B_1	B_1	B_1	B_2	B_1		
	每层建筑面积<1000m^2 或总建筑面积<3000m^2 营业厅	B_1	B_1	B_1	B_2	B_2	B_2		
饭店、旅馆的客房及公共活动用房等	设有中央空调系统的饭店、旅馆	A	B_1	B_1	B_1	B_2	B_2		B_2
	其他饭店、旅馆	B_1	B_1	B_2	B_2	B_2	B_2		
歌舞厅、餐馆等娱乐、餐饮建筑	营业面积>100m^2	A	B_1	B_1	B_1	B_2	B_1		B_2
	营业面积≤100m^2	B_1	B_1	B_1	B_2	B_2	B_2		B_2
幼儿园、托儿所、中、小学、医院病房楼、疗养院、养老院		A	B_1	B_2	B_1	B_2	B_1		B_2
纪念馆、展览馆、博物馆、图书馆、档案馆、资料馆等	国家级	A	B_1	B_1	B_1	B_2	B_1		B_2
	省级以下	B_1	B_1	B_2	B_2	B_2	B_2		B_2
办公楼	设有中央空调系统的办公楼、综合楼	A	B_1	B_1	B_1	B_2	B_2		B_2
	其他办公楼、综合楼	B_1	B_1	B_2	B_2	B_2			
住宅	高级住宅	B_1	B_1	B_1	B_1	B_2	B_2		B_2
	普通住宅	A	B_2	B_2	B_2	B_2			

注：1. “顶层餐厅”包括设在高层的餐厅、观光厅等；

2. 建筑物的类别、规模、性质应符合国家现行标准《高层民用建筑设计防火规范》的有关规定。

高层民用建筑内部各部位装修材料的燃烧性能等级　　表 2-12

建筑物	建筑规模、性质	装修材料燃烧性能等级									
		顶棚	墙面	地面	隔断	固定家具	装饰织物				其他装饰材料
							窗帘	帷幕	床罩	家具包布	
高级旅馆	>800 座位的观众厅、会议厅；顶层餐厅	A	B_1	B_1	B_1	B_1	B_1	B_1		B_1	B_1
	≤800 座位的观众厅、会议厅	A	B_1	B_1	B_1	B_2	B_1	B_1		B_2	B_1
	其他部位	A	B_1	B_1	B_2	B_2	B_1	B_2	B_1	B_2	B_1

续表

建筑物	建筑规模、性质	装修材料燃烧性能等级									
		顶棚	墙面	地面	隔断	固定家具	装饰织物				其他装饰材料
							窗帘	帷幕	床罩	家具包布	
商业楼、展览楼、综合楼、商住楼、医院病房楼	一类建筑	A	B_1	B_1	B_1	B_2	B_1	B_1		B_2	B_1
	二类建筑	B_1	B_1	B_2	B_2	B_2	B_2	B_2		B_2	B_2
电信楼、财贸金融楼、邮政楼、广播电视楼、电力调度楼、防灾指挥调度楼	一类建筑	A	A	B_1	B_1	B_1	B_1	B_1		B_2	B_1
	二类建筑	B_1	B_1	B_2	B_2	B_2	B_1	B_2		B_2	B_2
教学楼、办公楼、科研楼、档案楼、图书馆	一类建筑	A	B_1	B_1	B_1	B_1	B_1	B_1		B_1	B_1
	二类建筑	B_1	B_1	B_2	B_1	B_2	B_1	B_2		B_2	B_2
住宅、普通旅馆	一类普通旅馆、高级住宅	A	B_1	B_2	B_1	B_2	B_1		B_1	B_2	B_1
	二类普通旅馆普通住宅	B_1	B_1	B_2	B_2	B_2	B_2		B_2	B_2	B_2

地下民用建筑内部各部位装修材料的燃烧性能等级　　表 2-13

建筑物及场所	装修材料燃烧性能等级						
	顶棚	墙面	地面	隔断	固定家具	装饰织物	其他装饰材料
休息室和办公室等 旅馆和客房及公共活动用房等	A	B_1	B_1	B_1	B_1	B_2	B_2
娱乐场所、旱冰场等 舞厅、展览厅等 医院的病房、医疗用房等	A	A	B_1	B_1	B_1	B_1	B_2
电影院的观众厅 商场的营业厅	A	A	A	B_1	B_1	B_1	B_2
停车库 人行通道 图书资料库、档案库	A	A	A	A	A		

注：地下民用建筑系指单层、多层、高层民用建筑的地下部分，单独建造在地下的民用建筑以及平战结合的地下人防工程。

2）其他规定

① 当顶棚或墙面表面局部采用多孔或泡沫状塑料时，其厚度不应大于 15mm，且面积不得超过该房间顶棚或墙面积的 10%。

说明：

a. 多孔或泡沫状塑料用于顶棚表面时，不得超过该房间顶棚面积的10%；用于墙表面时，不得超过该房间墙面积的10%。不应该把顶棚和墙面积合计。

b. 本条所指面积为展开面积，墙面面积包括门窗面积。

c. 条所指局部采用多孔或泡沫塑料装修，这不同于墙面或吊顶的“软包”装修情况。

② 建筑内部的配电箱不应直接安装在低于B_1级的装修材料上。

③ 照明灯具的高温部位，当靠近非A级装修材料时，应采取隔热、散热等防火保护措施。灯饰所用材料的燃烧性能等级不应低于B_1级。

④ 建筑内部消火栓的门不应直接被装饰物遮掩，消火栓门四周的装修材料颜色应与消火栓门的颜色有明显区别。

⑤ 建筑内部装修不应遮挡消防设施、疏散指示标志及安全出口，并且不应妨碍消防设施和疏散走道的正常使用。因特殊要求做改动时，应符合国家有关消防规范和法规的规定。

建筑内部装修不应减少安全出口、疏散出口和疏散走道的设计所需的净宽度和数量。

⑥ 地下商场、地下展览厅的售物柜台、固定货架、展览台等，应采用A级材料。

(3) 工业厂房

1) 厂房内部各部位的装修料的燃烧性能等级，不应低于表2-14的规定。

工业厂房内部各部位装修材料的燃烧性能等级　　表2-14

工业厂房分类	建筑规模	装修材料燃烧性能等级			
		顶棚	墙面	地面	隔断
甲、乙类厂房 有明火的丁类厂房		A	A	A	A
丙类厂房	地下厂房	A	A	A	B_1
	高层厂房	A	B_1	B_1	B_2
	高度>24m的单层厂房 高度≤24m的单层、多层厂房	B_1	B_1	B_2	B_2
无明火的丁类厂房	地下厂房	A	A	B_1	B_1
	高层厂房	B_1	B_1	B_2	B_2
	高度>24m的单层厂房 高度≤24m的单层、多层厂房	B_1	B_2	B_2	B_2

2) 当厂房中房间的地面为架空地板时，其地面装修材料的燃烧性能等级不应低于B_1级。

3) 装有贵重机器、仪器的厂房或房间，其顶棚和墙面应采用A级装修材料；地面和其他部位应采用不低于B_1级的装修材料。

(4) 常用建筑内部装修材料燃烧性能等级划分举例

常用建筑内部装修材料燃烧性能等级划分举例，见表2-15常用建筑内部装修材料燃烧性能等级划分举例。

常用建筑内部装修材料燃烧性能等级划分举例　　表 2-15

材料类别	级别	材料举例
各部位材料	A	花岗石、大理石、水磨石、水泥制品、混凝土制品、石膏板、石灰制品、黏土制品、玻璃、瓷砖、马赛克、钢铁、铝、铜合金
顶棚材料	B_1	纸面石膏板、纤维石膏板、水泥刨花板、矿棉装饰吸声板、玻璃棉装饰吸声板、珍珠岩装饰吸声板、难燃胶合板、难燃中密度纤维板、岩棉装饰板、难燃木材、铝箔复合材料、难燃酚醛胶合板、铝箔玻璃钢复合材料等
墙面材料	B_1	纸面石膏板、纤维石膏板、水泥刨花板、矿棉板、玻璃棉板、珍珠岩板、难燃胶合板、难燃中密度纤维板、防火塑料装饰板、难燃双面刨花板、多彩涂料、难燃墙纸、难燃墙布、难燃仿花岗岩装饰板、氯氧镁水泥装配式墙板、难燃玻璃钢平板、PVC 塑料护墙板、轻质高强复合墙板、阻燃模压木质复合板材、彩色阻燃人造板、难燃玻璃钢等
	B_2	各类天然木材、木制人造板、竹材、纸制装饰板、装饰微薄木贴面板、印刷木纹人造板、塑料贴面装饰板、聚酯装饰板、复塑装饰板、塑纤板、胶合板、塑料壁纸、无纺贴墙布、墙布、复合壁纸、天然材料壁纸、人造革等
地面材料	B_1	硬 PVC 塑料地板、水泥刨花板、水泥木丝板、氯丁橡胶地板等
	B_2	半硬质 PVC 塑料地板、PVC 卷材地板、木地板氯纶地毯等
装饰织物	B_1	经阻燃处理的各类难燃织物等
	B_2	纯毛装饰布、纯麻装饰布、经阻燃处理的其他织物等
其他装饰材料	B_1	聚氯乙烯塑料、酚醛塑料、聚碳酸酯塑料、聚四氟乙烯塑料、三聚氰胺、脲醛塑料、硅树脂塑料装饰型材、经阻燃处理的各类织物、另见顶棚材料和墙面材料内容中的有关材料
	B_2	经阻燃处理的聚乙烯、聚丙烯、聚氨酯、聚苯乙烯、玻璃钢、化纤织物、木制品等

2.3.2 《建筑内部装修防火施工及验收规范》GB 50354

本规范适用于工业与民用建筑内部装修的防火施工与验收。本规范不适用于古建筑和木结构建筑的内部装修工程的防火施工与验收。

建筑内部装修工程的防火施工与验收，应按装修材料种类划分为纺织织物子分部装修工程、木质材料子分部装修工程、高分子合成材料子分部装修工程、复合材料子分部装修工程及其他材料子分部装修工程。

（1）基本规定

1）建筑内部装修工程防火施工（简称装修施工）应按照批准的施工图设计文件和本规范的有关规定进行。

2）装修施工应按设计要求编写施工方案。施工现场管理应具备相应的施工技术标准、健全的施工质量管理体系和工程质量检验制度，并应按本规范附录 A 的要求填写有关记录。

3）装修施工前，应对各部位装修材料的燃烧性能进行技术交底。

4）装修过程中，应划分阶段对所选用的防火装修材料按本规范的规定进行抽样检验。对隐蔽工程的施工，应在施工过程中及完工后进行抽样检验。现场进行阻燃处理、喷涂、安装作业的施工，应在相应的施工作业完成后进行抽样检验。

5）强制性条文

① 进入施工现场的装饰材料应完好，并应核查其燃烧性能或耐火极限、防火性能型式检验报告、合格证书等技术文件是否符合防火设计要求。核查、检验时，应按本规范附录B的要求填写进场验收记录。

② 装修材料进入施工现场后，应按本规范的有关规定，在监理单位或建设单位监督下，由施工单位有关人员现场取样，并应由具备相应资质的检验单位进行见证取样检验。

③ 装修施工过程中，装修材料应远离火源，并应指派专人负责施工现场的防火安全。

④ 装修施工过程中，应对各装修部位的施工过程作详细记录。记录表的格式应符合本规范附录C的要求。

⑤ 建筑工程内部装修不得影响消防设施的使用功能。装修施工过程中，当确需变更防火设计时，应经原设计单位或具有相应资质的设计单位按有关规定进行。

（2）纺织织物子分部装修工程、木质材料子分部装修工程、高分子合成材料子分部装修工程、复合材料子分部装修工程、其他材料子分部装修材料施工应符合表2-16的有关规定。

子分部装修工程施工 **表2-16**

子分部装修工程	应检查的文件和记录	见证取样	抽样检查（强制性条文）	主控项目
纺织织物	1. 燃烧性能等级的设计要求； 2. 燃烧性能型式检验报告，进场记录和抽样检验报告； 3. 现场进行阻燃处理的施工记录及隐蔽工程验收记录 （注：高分子合成材料子分部装修工程中应对泡沫塑料进行阻燃处理的施工记录及隐蔽工程验收记录）	1. B_1、B_2 级纺织物； 2. 现场对纺织织物进行阻燃处理所使用的阻燃剂	1. 现场阻燃处理后的纺织织物，每种取 $2m^2$ 检验燃烧性能。 2. 施工过程中受湿浸、燃烧性能可能受影响的纺织织物，每种取 $2m^2$ 检验燃烧性能	1. 燃烧性能等级应符合设计要求。 2. 现场进行阻燃施工时，应检查阻燃剂的用量、适用范围、操作方法。阻燃施工过程中，应使用计量合格的称量器具，并严格按使用说明书的要求进行施工。阻燃剂必须完全浸透织物纤维，阻燃剂干含量应符合检验报告或说明书的要求。 3. 现场进行阻燃处理的多层纺织物，应下逐层进行阻燃处理
木质材料		1. B_1 级木质材料； 2. 现场进行阻燃处理所使用的阻燃剂及防火涂料	1. 现场阻燃处理后的木质材料，每种取 $4m^2$ 检验燃烧性能。 2. 表面加工后的 B_1 级木质材料，每种取 $4m^2$ 检验燃烧性能	1. 燃烧性能等级应符合设计要求。 2. 进行阻燃处理前，表面不得涂刷油漆。 3. 在进行阻燃处理时，木质材料含水率不应大于12%。 4. 现场进行阻燃施工时，应检查阻燃剂的用量、适用范围、操作方法。阻燃施工过程中，应使用计量合格的称量器具，并严格按使用说明书的要求进行施工。 5. 木质材料涂刷或浸渍阻燃剂时，应对木质材料所有表面都进行涂刷或浸渍，涂刷或浸渍后的木质阻燃剂的干含量应符合检验报告或说明书的要求。 6. 木质材料表面粘贴装饰表面或阻燃饰面时，应先对木质材料进行阻燃处理。 7. 木质材料表面进行防火涂料处理时，应对木质材料的所有表面进行均匀涂刷，且不少于2次，第二次涂刷应在第一次涂刷表面干后进行；涂刷防火涂料用量不应少于 $500g/m^2$

续表

子分部装修工程	应检查的文件和记录	见证取样	抽样检查（强制性条文）	主控项目
高分子合成材料	1. 燃烧性能等级的设计要求； 2. 燃烧性能型式检验报告，进场记录和抽样检验报告； 3. 现场进行阻燃处理的施工记录及隐蔽工程验收记录 （注：高分子合成材料子分部装修工程中应对泡沫塑料进行阻燃处理的施工记录及隐蔽工程验收记录）	1. B_1、B_2 级高分子合成材料； 2. 现场进行阻燃处理所使用的阻燃剂及防火涂料	现场阻燃处理后的泡沫塑料应进行抽样检验，每种取 0.1m^3 检验燃烧性能	1. 燃烧性能等级应符合设计要求。 2. B_1、B_2 级高分子合成材料应按设计要求进行施工。 3. 对具有穿孔的泡沫塑料进行阻燃处理时，应先检查阻燃剂的用量、适用范围、操作方法。阻燃施工过程中，应使用计量合格的称量器具，并严格按使用说明书的要求进行施工。必须使泡沫塑料被阻燃剂浸透，阻燃剂干含量应符合检验报告或说明书的要求。 4. 顶棚内采有泡沫塑料时，应先刷防火涂料。防火涂料宜选用耐火极限大于 3min 的超薄型钢结构防火涂料或一级饰面型防火涂料，湿涂比值应大于 500g/m^2。涂刷应均匀，且涂刷不应少于 2 次。 5. 塑料电工套管的施工应满足以下要求： （1）B_2 级塑料电工套管不得明敷； （2）B_1 级塑料电工套管明敷时，应明敷在 A 级材料表面； （3）塑料套管穿过 B_1 以下（含 B_1 级）的装修材料时，应采用 A 级材料或防火封堵密封件严密封堵
复合材料		1. B_1、B_2 级复合材料； 2. 现场进行阻燃处理所使用的阻燃剂及防火涂料	现场阻燃处理后的复合材料应进行抽样检验，每种取 4m^2 检验燃烧性能	1. 燃烧性能等级应符合设计要求。 2. 复合材料应按设计要求进行施工，饰面层内的芯材不得暴露。 3. 采用复合保温材料制作的通风管道，复合保温材料的芯材不得暴露。当复合保温材料芯材的燃烧性能不能达到 B_1 级时，应在复合保温材料表面包覆玻璃纤维布等不燃烧材料，并应在其表面涂刷饰面防火涂料。防火涂料湿涂覆比值应大于 500g/m^2，且至少涂刷 2 次
其他材料		1. B_1、B_2 级材料； 2. 现场进行阻燃处理所使用的阻燃剂及防火涂料	现场阻燃处理后的复合材料应进行抽样检验	1. 燃烧性能等级应符合设计要求。 2. 防火门表面加装贴面材料或其他装修时，不得减小门框和门的规格尺寸，不得降低防火门的耐火性能，所用贴面材料的燃烧性能等级不应低于 B_1 级。 3. 建筑隔墙或隔板、楼板的孔洞需要封堵时，应采用防火堵料严密封堵。采用防火堵料封堵孔洞、缝隙及管道井和电缆竖井时，应要据孔洞、缝隙及管道井和电缆竖井所在位置的墙板或楼板的耐火极限要求选用防火堵料。

续表

子分部装修工程	应检查的文件和记录	见证取样	抽样检查（强制性条文）	主控项目
其他材料	1. 燃烧性能等级的设计要求； 2. 燃烧性能型式检验报告，进场记录和抽样检验报告； 3. 现场进行阻燃处理的施工记录及隐蔽工程验收记录 （注：高分子合成材料子分部装修工程中应对泡沫塑料进行阻燃处理的施工记录及隐蔽工程验收记录）	1. B_1、B_2 级材料； 2. 现场进行阻燃处理所使用的阻燃剂及防火涂料	现场阻燃处理后的复合材料应进行抽样检验	4. 用于其他部位的防火堵料应根据施工现场情况选用，其施工方式应与检验时的方式一致。防火堵料施工后必须严密填实孔洞、缝隙。 5. 采用阻火圈的部位，不得对阻火圈进行包裹，阻火圈应安装牢固。 6. 电气设备及灯具的施工应满足以下要求： （1）当有配电箱及电控设备的房间内使用了低于 B_1 级的材料进装修时，配电箱必须采用不燃材料制作； （2）配电箱的壳体和底板应采用 A 级材料制作。配电箱不应直接安装在低于 B_1 级的装修材料上； （3）动力、照明、电热器等电气设备的高温部位靠近 B_1 级以下（含 B_1 级）装修材料或导线穿越 B_1 级（含 B_1 级）装修材料时，应采用瓷管或防火封堵密封件分隔，并用岩棉、玻璃棉等 A 级材料隔热； （4）安装在 B_1 级以下（含 B_1 级）装修材料内的配件，如插座、开关等，必须采用防火封堵密封件或具有良好隔热性能的 A 级材料隔热； （5）灯具直接安装在 B_1 级以下（含 B_1 级）的材料上时，应采取隔热、散热等措施； （6）灯具的发热表面不得靠近 B_1 级以下（含 B_1 级）的材料

（3）工程质量验收

1）建筑内部装修工程防火验收（简称工程验收）应检查下列文件和记录：

① 建筑内部装修防火设计审核文件、申请报告、设计图纸、装修材料的燃烧性能设计要求、设计变更通知单、施工单位的资质证明等；

② 进场验收记录，包括所用装修材料的清单、数量、合格证及防火性能型式检验报告；

③ 装修施工过程的施工记录；

④ 隐蔽工程施工防火验收记录和工程质量事故处理报告等；

⑤ 装修施工过程中所用防火装修材料的见证取样检验报告；

⑥ 装修施工过程中抽样检验报告，包括隐蔽工程的施工过程中及完工后的抽样检验报告；

⑦装修施工过程中现场进行涂刷、喷涂等阻燃处理的抽样检验报告。

2）工程质量验收应由建设单位项目负责人组织施工单位项目负责人、监理工程师和设计单位项目负责人等进行。

3）工程质量验收时可对主控项目进行抽查。当有不合格项目时，应对不合格项进行整改。

4）工程质量验收时，应按本规范附录D的要求填写有关记录。

5）建设单位应建立建筑内部装修工程防火施工及验收记录档案。档案应包括防火施工及验收全过程的有关文件和记录。

6）工程质量验收应符合下列要求（强制性条文）：

① 工程质量验收应符合下列要求：

a. 技术资料应完善；

b. 所用装修材料或产品的见证取样检验结果应满足设计要求；

c. 装修施工过程中的抽样检验结果，包括隐蔽工程的施工过程中及完工后的抽样检验结果应符合设计要求；

d. 现场进行阻燃处理、喷涂、安装作业的抽样检验结果应符合设计要求；

e. 施工过程中的主控项目检验结果应全部合格；

f. 施工过程中的一般项目检验结果合格率应达到80%；

② 当装修施工的有关资料经审查全部合格、施工过程合部符合要求、现场检查或抽样检测结果全部合格时，工程验收应为合格。

2.3.3 《民用建筑外保温系统及外墙装饰防火暂行规定》公通字［2009］46号

公安部、住房和城乡建设部2009年9月25日联合发布《关于印发〈民用建筑外保温系统及外墙装饰防火暂行规定〉的通知》（公通字［2009］46号），要求在全国各地结合工作实际，认真贯彻执行。在相关规范修订后，按发布的标准规范的有关规定执行。

《民用建筑外保温系统及外墙装饰防火暂行规定》共分5章：

第一章　一般规定　规定了本规定适用于民用建筑外保温系统及外墙装饰的防火设计、施工及使用，并规定民用建筑外保温材料的燃烧性能宜为A级，且不应低于B_2级。

第二章　墙体　墙体分为“非幕墙式建筑”和“幕墙式建筑”两类，“非幕墙式建筑”又分为住宅建筑和其他民用建筑两类。均按照不同的建筑高度规定其保温材料的燃烧性能等级。

第三章　屋顶　对于屋顶基层采用耐火极限不小于1.00h的不燃烧体的建筑，其屋顶保温材料不应低于B_2级，其他情况，保温材料不应低于B_1级；规定屋顶与外墙交界处应设置水平防火隔离带；屋顶防水层或可燃保温层应采用不燃材料覆盖。

第四章　金属夹芯复合板材　用于临时居住建筑的金属夹芯复合板材，其芯材应采用不燃或难燃保温材料。

第五章　施工及使用的防火规定　对施工及使用中材料存放、施工程序、防火措施、消防设施配备和操作注意事项等做出以下规定：

第十二条　建筑外保温系统的施工应符合下列规定：

（一）保温材料进场后，应远离火源。露天存放时，应采用不燃材料完合覆盖。

（二）需要采用防火构造措施的外保温材料，其防火隔离带的施工应与保温材料的施工同步进行。

（三）可燃、难燃保温材料的施工应分区段进行，各区段应保持足够的防火间距，并宜做到边固定保温材料边涂抹防护层。未涂抹防护层的外保温材料高度不应超过3层。

（四）幕墙的支撑构件和空调机等设施的支撑构件，其电焊等工序应在保温材料铺设前进行。确需在保温材料铺设后进行的，应在电焊部位的周围及底部铺设防火毯等防火措施。

（五）不得直接在可燃保温材料上进行防火材料的热熔、热粘结法施工。

（六）施工用照明等高温设备靠近保温材料时，应采用可靠的防火保护措施。

（七）聚氨酯等保温材料进行现场发泡作业时，应避开高温环境。施工工艺、工具及服装等应采取防静电措施。

（八）施工现场施工应设置室内外临时消火栓系统，并满足施工现场火灾扑救的消防供水要求。

（九）外保温工程施工作业工位应配备足够的消防灭火扑救的消防供水要求。

第十三条 建筑外保温系统的日常使用应符合下列规定：

（一）与外墙和屋顶相贴邻的竖井、凹槽、平台等，不应堆放可燃物。

（二）火源、热源等火灾危险源与外墙、屋顶应保持一定的安全距离，并应加强对火源、热源的管理。

（三）不宜在采用外保温材料的墙面和屋顶进行焊接、钻孔等施工作业。确需施工作业时，应采取可靠的防火保护措施，并应在施工完成后，及时将裸露的外保温材料进行防护处理。

（四）电气线路不应穿过可燃外保温材料。确需穿过时，应采取穿管等防火保护措施。

2.3.4 案例

【背景】

某多层建筑一层商场装修工程，装修面积3500m^2。该建筑未设有火灾自动报警系统及自动灭火系统。

建设单位委托某装修设计单位进行设计，设计方案为：

吊顶采用轻钢龙骨石膏板、木作造型、木作灯槽等；

墙面为乳胶漆、真石漆、木作造型等；

地面采用玻化砖、石材、PVC卷材地板；

隔断采用轻钢龙骨石膏板，并要求墙面及吊顶木质材料表面按规范进行防火涂料处理。

建设单位未将设计图报消防主管部门审核，即发包给某装修公司进行施工。装修公司在施工过程中，墙面及顶棚木作材料用防火涂料进行涂刷一遍；对建筑内部局部消火栓门用暗门进行装饰，同时，按照建设单位的要求：对所有防火门表面加贴木作饰面板进行装饰；工程竣工后，建设单位未组织消防验收，便投入了使用。

【问题】

案例背景中，建设单位、设计单位、施工单位哪些方面违反了《建筑内部装修设计防火规范》GB 50222和《建筑内部装修防火施工及验收规范》GB 50354的相关规定。

【分析】

（1）设计单位

本工程属于多层民用建筑商业营业厅项目，单层面积超过3000m^2，且未设火灾自动报警系统及自动灭火系统，按《建筑内部装修设计防火规范》的规定，该项目内部各部位装修材料的燃烧性能等级应符合如下要求：

建筑物及场所	建筑规模、性质	装修材料燃烧性能等级							
		顶棚	墙面	地面	隔断	固定家具	装饰织物		其他装饰材料
							窗帘	帷幕	
商场营业厅	每层建筑面积>3000m^2	A	B_1	A	A	B_1	B_1		B_2

在设计单位的设计方案中违反规范方面有：

1）吊顶设计有木作造型、木作灯槽，虽要求进行防火涂料处理，但仍无法达到规范中顶棚材料燃烧性能等级为A级的要求；

2）地面设计有PVC卷材地板，属于燃烧性能等级为B_2级地面材料，无法达到规范A级的要求。

（2）施工单位

1）墙面及顶棚木作材料用防火涂料只涂刷一遍，违反《建筑内部装修防火施工及验收规范》中的要求：木质材料表面进行防火涂料处理时，应对木质材料的所有表面进行均匀涂刷，且不少于2次，第二次涂刷应在第一次涂刷表面干后进行；涂刷防火涂料用量不应少于500g/m^2。

2）对建筑内部局部消火栓门用暗门进行装饰，违反了《建筑内部装修设计防火规范》要求：建筑内部消火栓的门不应直接被装饰物遮掩，消火栓门四周的装修材料颜色应与消火栓门的颜色有明显区别。

3）施工单位按照建设单位要求，对防火门表面加贴木作饰面板进行装饰，违反了《建筑内部装修防火施工及验收规范》要求：防火门表面加装贴面材料或其他装修时，不得降低防火门的耐火性能，所用贴面材料的燃烧性能等级不应低于B_1级。

（3）建设单位的违反规范行为

1）开工前，未将设计图报送消防主管部门进行建筑内部装修防火设计审核。

2）工程竣工后，未组织消防验收，便投入使用。

3）建筑内部装修工程施工未按照施工图设计文件和本规范的有关规定。自行要求施工单位对防火门进行贴木作饰面板装饰。

2.4 室内环境污染控制的相关规定及案例

《民用建筑工程室内环境污染控制规范》GB 50325对建筑材料和装修材料用于民用建筑工程时，为控制由其产生的室内环境污染，从工程勘察设计、工程施工、工程验收等各个阶段提出了规范性要求。该规范自从颁布实施以来，进行了多次修订。《民用建筑工程室内环境污染控制规范》GB 50325—2010，是在原GB 50325—2001（2006年版）基础上进行修订的。住房和城乡建设部于2010年8月18日第756号公告批准发布自2011年6月

1起实施。原《民用建筑工程室内环境污染控制规范》GB 50325—2001同时废止。修订后的规范将提升我国民用建筑工程室内环境污染控制与改善的技术水平。

2.4.1 《民用建筑工程室内环境污染控制规范》GB 50325修订后新增内容

（1）提出了建筑物通风的新风量要求，这将对防止一味追求建筑节能而忽视室内空气质量的倾向发挥了积极作用。

（2）提出了无机孔隙建筑材料（装修材料）测量氡析出率的要求，这将对降低室内氡气浓度、保障人民群众身体健康发挥作用。

（3）对涂料、胶粘剂等建筑材料提出了甲苯、二甲苯等含量限量要求，加强了室内有机污染防治。

（4）细化了室内空气取样测量过程，并提出了更为严格、具体的技术要求。

（5）住房和城乡建设部于2013年6月24日发布第64号公告，批准本标准中第5.2.1条为强制性条文，自发布之日起实施，必须严格执行，原文同时废止。

5.2.1 民用建筑工程中，建筑主体采用的无机体金属材料和建筑装修采用的花岗岩、瓷质砖、磷石膏制品等必须有放射性指标检测报告，并应符合本规范第4.3节的规定。

2.4.2 规范的适用范围

规范适用于新建、扩建和改建和民用建筑工程（包括土建、装修）室内环境污染控制。

规范不适用于工业生产建筑工程、仓储性建筑工程、构筑物和有特殊净化卫生要求的室内环境污染控制，也不适用于民用建筑工程交付使用后，非建筑装修产生的室内环境污染控制，如在生活环境和工作环境中由燃烧、烹调、吸烟等所造成的污染，不属于规范控制之列。

2.4.3 规范控制的室内污染物种类与来源

室内污染物的控制限量主要是空气中的污染物控制限量和材料中的污染物控制限量。

规范中1.0.3条规定：本规范控制的室内环境污染物有氡（简称Rn-222）、甲醛、氨、苯和总挥发性有机化合物（简称TVOC）。

氡是一种放射性惰性气体，无色无味。室内氡的来源主要有以下几方面：

（1）从地基上场所中析出的氡

氡可以通过地层断裂带进入土壤，并沿着地的裂缝扩散到室内。通常低层住房室内氡的含量较高。

（2）从建筑材料中析出的氡

无机非金属材料建筑材料是室内氡的最主要来源，如花岗石、砖、沙、水泥、混凝土、石膏、建筑卫生陶瓷、无机瓷质砖粘结材料等，特别是含有放射性元素的天然石材，易释放出氡。各种石材由于产地、地质结构和生成年代不同，其放射性也不同。

（3）从户外空气带入室内的氡

在室外空气中氡的辐射剂量是很低的，可是一旦进入室内，就会在室内大量地积聚。室内氡还具有明显的季节变化，通过实验可得冬季最高，夏季最低。

甲醛是无色、具有强烈气味的刺激性气体。凡是大量使用粘结剂的地方，总会有甲醛释放。如各种人造板材（刨花板、纤维板、胶合板等）中由于使用了粘结剂；家具的制作，墙面、地面的装饰铺设，也都使用了粘结剂，因而含有甲醛。此外，某些化纤地毯、油漆涂料也含有一定量的甲醛。

氨是一种无色而有强烈刺激气味的气体。室内空气中的氨，主要来自于建筑施工中使用的混凝土外加剂和阻燃剂。

苯是一种无色、具有特殊芳香气味的液体，易挥发、易燃，是高毒致癌物。主要来自于建筑装饰中大量使用的涂料、胶粘剂等。

TVOC是在规范规定的检测条件下，所测得空气中挥发性有机化合物总量的简称。其组成极其复杂，其中除醛类外，常见的还有苯、甲苯、二甲苯、三氯乙烯、三氯甲烷、萘、二异氰酸酯类等，主要来源于各种涂料、粘结剂及各种人造材料等。

2.4.4 民用建筑工程的分类

（1）民用建筑的分类依据

一是根据国家现有标准；二是根据人们在其中停留时间的长短，同时考虑到建筑物内污染积聚的可能性（与空间大小有关），将民用建筑分为两类，分别提出不同控制限量要求。

分类的目的既有利于减少污染物对人体健康的影响，又有利于建筑材料的合理利用，降低工程成本。

（2）民用建筑工程根据控制室内环境污染的不同要求，划分为两类

Ⅰ类民用建筑工程：住宅、医院、老年建筑、幼儿园、学校教室等民用建筑工程；

Ⅱ类民用建筑工程：办公室、商店、旅馆、文化娱乐场所、书店、图书馆、展览馆、体育馆、公共交通等候室、餐厅、理发店等民用建筑工程。

（3）强制性条文

民用建筑工程所选用的建筑材料和装修材料必须符合《民用建筑工程室内环境污染控制规范》的有关规定。

2.4.5 材料

（1）无机非金属建筑主体材料和装修材料

1）无机非金属建筑主体材料：砂、石、砖、砌块、水泥、混凝土、混凝土预制构件等其放射性限量应符合表2-17的有关规定。

无机非金属建筑主体材料的放射性限量　　表2-17

测定项目	限量	测定项目	限量
内照射指数 I_{Ra}	≤1.0	外照射指数 I_{γ}	≤1.0

2）无机非金属装修材料：石材、建筑陶瓷、石膏板、吊顶材料、无机瓷质砖粘结材

料等，进行分类时，其放射性限量应符合表2-18的有关规定。

无机非金属装修材料放射性限量 **表2-18**

测定项目	限量	
	A	B
内照射指数 I_{Ra}	≤1.0	≤1.3
外照射指数 I_{γ}	≤1.3	≤1.9

3）民用建筑所使用的加气混凝土和空心率（孔洞率）大于25%的空心砖、空心砌块等建筑主体材料，其放射性限量应符合表2-19的规定。

加气混凝土和空心率（孔洞率）大于25%的建筑主体材料放射性限量 **表2-19**

测定项目	限量
表面氡析出率[Bq/(m^2·s)]	≤0.015
内照射指数 I_{Ra}	≤1.0
外照射指数 I_{γ}	≤1.3

4）建筑主体材料和装修材料放射性核素的检测方法应符合国家标准《建筑材料放射性核素限量》GB 6566的有关规定，表面氡析出率的检测方法应符合规范附录A的规定。

（2）人造木板及饰面人造木板

民用建筑工程中使用的人造木板及饰面人造木板是造成室内环境中甲醛污染的主要来源。根据游离甲醛的含量或游离甲醛的释放量，人造木板及饰面人造木板划分为E_1类和E_2类。

1）规范中3.2.1规定：民用建筑工程室内用人造木板及饰面板，必须测定游离甲醛含量或游离甲醛释放量。此条是强制性条文，必须严格执行。

① 游离甲醛含量

在穿孔法的测试条件下，材料单位质量中含有游离甲醛的量。

② 游离甲醛释放量

在环境测试舱法或干燥器法的测试条件下，材料释放游离甲醛的量。

2）检测甲醛含量或游离甲醛释放量的方法

检测甲醛含量或游离甲醛的方法有：环境测试舱法、穿孔法及干燥器法。

① 环境测试舱法：可以直接测得各类板材释放到空气中的游离甲醛浓度。

② 穿孔法：可以测试板材中所含的游离甲醛的总量，宜测定刨花板、纤维板中的游离甲醛含量。

③ 干燥器法：可以测试板材释放到空气中游离甲醛的浓度，宜测定胶合板、细工木板的游离甲醛释放量。

④ 采用环境测试舱法或穿孔法测定人造饰面板游离甲醛释放量，当发生争议时应以环境测试舱法的测定结果为准。

3）当采用环境测试舱法测定游离甲醛释放量，并依此对人造木板进行分级时，其限量应符合现行国家标准《室内装饰装修材料　人造板及其制品中甲醛释放限量》GB

18580 的规定，见表 2-20。

环境测试舱法测定游离甲醛释放量限量　　表 2-20

级　别	限　量（mg/m^3）
E_1	≤0.12

4）当采用穿孔法或干燥器法测定甲醛含量或游离甲醛释放量，并依此对人造木板进行分级时，其限量应符合现行国家标准《室内装饰装修材料　人造板及其制品中甲醛释放限量》GB 18580 的规定。

（3）涂料

1）水性涂料和水性腻子

① 民用建筑工程室内水性涂料和水性腻子，应测定游离甲醛的含量，其限量应符合表 2-21 的规定。

室内用水性涂料和水性腻子中游离甲醛限量　　表 2-21

测定项目	限　量	
	水性涂料	水性腻子
游离甲醛（mg/kg）	≤100	

② 水性涂料和水性腻子中游离甲醛含量的测定方法，宜符合现行国家标准《室内装饰装修材料　内墙涂料中有害物质限量》GB 18582 有关的规定。

2）溶剂型涂料和木器用溶剂型腻子

① 民用建筑工程室内用溶剂型涂料和木器用溶剂型腻子，应按其规定的最大稀释比例混合后，测定挥发性有机化合物（VOC）和苯、甲苯＋二甲苯＋乙苯的含量，其限量应符合表 2-22 的规定。

室内用溶剂涂料和木器用溶剂型腻子中 VOC、苯、甲苯＋二甲苯＋乙苯限量　表 2-22

涂 料 类 别	VOC（g/L）	苯（%）	甲苯＋二甲苯＋乙苯（%）
醇酸类涂料	≤ 500	≤ 0.3	≤ 5
硝基类涂料	≤ 720	≤ 0.3	≤ 30
聚氨酯类涂料	≤ 670	≤ 0.3	≤ 30
酚醛类涂料	≤ 270	≤ 0.3	—
其他溶剂型涂料	≤ 600	≤ 0.3	≤ 30
木器用溶剂型腻子	≤ 550	≤ 0.3	≤ 30

② 聚氨酯漆测定固化剂中游离二异氰酸酯（TDI、HDI）的含量后，应按其规定的最小稀释比例计算出聚氨酯漆中游离二异氰酸酯（TDI、HDI）含量，且不应大于 4g/kg。测定方法宜符合现行国家标准《色漆和清漆用漆基　异氰酸树脂中二异氰酸酯（TDI）单体的测定》GB/T 18446 的有关规定。

③ 溶剂型涂料中挥发性有机化合物（VOC）、苯、甲苯＋二甲苯＋乙苯含量测定方法，宜符合规范附录 B。

（4）胶粘剂

1）总挥发性有机化合物（TVOC）及挥发性有机化合物（TVOC）：

① 在《民用建筑工程室内环境污染控制规范》GB 50325—2010 规定的检测条件下，所测得空气中挥发性有机化合物的总量。简称 TVOC。

② 挥发性有机化合物（VOC）

在《民用建筑工程室内环境污染控制规范》GB 50325—2010 规定的检测条件下，所测得材料中挥发性有机化合物的总量。简称 VOC。

2）民用建筑工程室内用水性胶粘剂，应测定挥化性有机化合物（VOC）和游离甲醛的含量，其限量应符合表 2-23 的规定。

室内用水性胶粘剂中 VOC 和游离甲醛限量　　表 2-23

测定项目	限量			
	聚乙酸乙烯酯胶粘剂	橡胶类胶粘剂	聚氨酯类胶粘剂	其他胶粘剂
挥发性有机化合物（VOC）(g/L)	≤110	≤250	≤100	≤350
游离甲醛（g/kg）	≤1.0	≤1.0	—	≤1.0

3）民用建筑工程室内用溶剂型胶粘剂，应测定挥发性有机化合物（VOC）、苯、甲苯＋二甲苯的含量，其限量应符合表 2-24 的规定。

室内用溶剂型胶粘剂中 VOC、苯、甲苯＋二甲苯限量　　表 2-24

项目	限量			
	氯丁橡胶胶粘剂	SBS 胶粘剂	聚氨酯类胶粘剂	其他胶粘剂
苯（g/kg）	≤5.0			
甲苯＋二甲苯（g/kg）	≤200	≤150	≤150	≤150
挥发性有机化合物（VOC）（g/L）	≤700	≤650	≤700	≤700

4）聚氨酯胶粘剂应测定游离甲苯二异氰酸酯（TDI）的含量，按产品推荐的最小稀释量计算出聚氨酯漆中游离甲苯二异氰酸酯（TDI）含量，且不应大于 4g/kg。测定方法宜符合现行国家《室内装饰装修材料　胶粘剂中有害物质限量》GB 18583—2008 附录 D 的规定。

（5）水性处理剂

民用建筑工程室内用水性阻燃剂（包括防火涂料）、防水剂、防腐剂等水性处理剂，应测定游离甲醛的含量，其限量应符合表 2-25 的规定。

室内用水性处理剂中游离甲醛限量　　表 2-25

测定项目	限量
游离甲醛	≤100

（6）其他材料

① 民用建筑工程中所使用的能释放氨的阻燃剂、混凝土外加剂，氨的释放量应符合表 2-26 的规定。

② 民用建筑工程中能释放甲醛的混凝土外加剂和室内用壁纸，其游离甲醛含量应符合表 2-26 的规定。

③ 民用建筑工程中使用的粘合木结构材料及室内装修用的壁布、帷幕等游离甲醛释放量应符合表 2-26 的规定。

阻燃剂、混凝土外加剂、粘合木结构材料、壁布、帷幕、壁纸释放氨、游离甲醛含量、游离甲醛释放量　　表 2-26

测定项目	氨释放量	游离甲醛含量 (mg/kg)	游离甲醛释放量 (gm/m^3)
阻燃剂	≤0.10%		
混凝土外加剂	≤0.10%	≤500	
粘合木结构材料			≤0.12
壁布、帷幕			≤0.12
壁纸		≤120	

④ 民用建筑工程室内用聚氯乙烯卷材地板中挥发物含量应符合表 2-27 的限量规定。

聚氯乙烯卷材地板中挥发物限量　　表 2-27

名　　称		限　　量 (g/m^2)
发泡类卷材地板	玻璃纤维基材	≤75
	其他基材	≤35
非发泡类卷材地板	玻璃纤维基材	≤40
	其他基材	≤10

⑤ 民用建筑工程室内使用地毯、地毯衬垫中总挥发性有机化合物（TVOC）和游离甲醛的释放量应符合表 2-28 的规定。

地毯、地毯衬垫中有害物质释放限量　　表 2-28

名　　称	有害物质项目	限　　量	
		A级	B级
地　毯	总挥发性有机化合物（TVOC）	≤0.500	≤0.600
	游离甲醛释放量	≤0.050	≤0.050
地毯衬垫	总挥发性有机化合物（TVOC）	≤1.000	≤1.200
	游离甲醛释放量	≤0.050	≤0.050

2.4.6 工程勘察设计

（1）工程地点土壤中氡浓度调查、测定及防氡措施应符合规范的有关规定。

（2）材料选择：

1）强制性条文：

① 民用建筑工程室内不得使用国家禁止、限制使用的建筑材料。

② Ⅰ类民用建筑工程室内采用的无机非金属装修材料必须为 A 类。

③ Ⅰ类民用建筑工程的室内装修，采用的人造木板及饰面人造木板必须达到 E1 级要

求。

若不执行此项规定，室内甲醛超标，难以达到验收标准。当使用细工木板量较大时，应按照现行国家标准《细木工板》GB/T 5849—2006 的要求，使用 E_0 级细木工板。

④ 民用建筑工程室内装修使用的木地板及其他木质材料，严禁采用沥青、煤焦油类防腐、防潮处理剂。

沥青类防腐、防潮处理剂会持续释放出污染空气的有害气体，故应严格执行。

2）Ⅱ类民用建筑工程宜采用A类无机非金属装修材料；当A类和B类无机非金属材料混合使用时，应按公式计算出每种材料的使用量（公式略）。

3）民用建筑工程的室内装修，所采用的涂料、胶粘剂、水性处理剂，其苯、甲苯+二甲苯、游离甲醛、游离甲苯二异氰酸酯（TDI）、挥发性有机化合物（VOC）的含量，应符合规范规定。

4）在民用建筑工程中不应或不宜采用的装修材料：

① 不应采用聚乙烯醇水玻璃内墙涂料、聚乙烯醇缩甲醛内墙涂料和树脂以硝化纤维素为主、溶剂以二甲苯为主的水包油型（O/W）多彩内墙涂料。

② 不应采用聚乙烯缩甲醛类胶粘剂。

③ 不应在室内采用脲醛树脂泡沫塑料作为保温、隔热和吸声材料。

脲醛树脂泡沫塑料会持续释放出甲醛气体，应尽量采用其他类型的材料。

④ 室内粘贴塑料地板：

a. Ⅰ类民用建筑工程室内装修粘贴塑料地板时，不应采用溶剂型胶粘剂。

b. Ⅱ类民用建筑工程中地下室及不与室外直接自然通风的房间粘贴塑料地板时，不宜采用溶剂型胶粘剂。

溶剂型胶粘剂粘贴塑料地板时，胶粘剂中的有机溶剂会被封在塑料地板与楼（地）面之间，有害气体迟迟不能散发尽。Ⅰ类民用建筑工程室内地面承受负荷不大，粘贴塑料地板时可选用水性胶粘剂。Ⅱ类民用建筑工程中地下室及不与室外直接自然通风的房间，难以排放溶剂型胶粘剂中的有害物质，故在能保证塑料地板粘结强度的条件下，尽可能采用水性胶粘剂。

2.4.7 工程施工

（1）一般规定

1）建设、施工单位应按设计要求及规范的有关规定，对所用建筑材料和装修材料进行进场抽查复验。

2）强制性条文

当建筑材料和装修材料进场检验，发现不符合设计要求及规范的有关规定时，严禁使用。

3）施工单位应按设计要求及本规范的有关规定进行施工，不得擅自更改设计文件要求。当需要更改时，应按程序进行设计变更。

4）民用建筑工程室内装修，当多次重复使用同一设计时，宜先做样板间，并对其室内环境污染物浓度进行检测。

5）样板间室内环境污染物浓度的检测方法应符合本规范验收的有关规定，当检测结果不符合本规范的规定时，应查找原因并采取相应措施进行处理。

（2）材料进场检验

1）强制性条文

① 民用建筑工程中所采用的无机非金属建筑材料和装修材料必须有放射性指标检测报告，并应符合设计要求和本规范的有关规定。

② 民用建筑工程室内装修中所采用的人造木板及饰面人造木板，必须有游离甲醛含量或游离甲醛释放量检测报告，并应符合设计要求和本规范的有关规定。

③ 民用建筑工程室内装修中所采用的水性涂料、水性胶粘剂、水性处理剂必须有同批次产品的挥发性有机化合物（VOC）和游离甲醛含量检测报告；溶剂型涂料、溶剂型胶粘剂必须有同批次产品的挥发性有机化合物（VOC）、苯、甲苯＋二甲苯、游离甲苯二异氰酸酯（TDI）含量检测报告，并应符合设计要求和本规范的有关规定。

④ 建筑材料和装修材料的检测项目不全或对检测结果有疑问时，必须将材料送有资格的检测机构进行检验，检验合格后方可使用。

2）抽查复验

① 民用建筑工程室内饰面采用的天然花岗岩石材或瓷质砖使用面积大于 200m^2 时，应对不同产品、不同批次材料分别进行放射性指标的抽查复验。

② 民用建筑工程室内装修中采用的人造木板或饰面人造木板面积大于 500m^2 时，应对不同产品、不同批次材料的游离甲醛含量或游离甲醛释放量分别进行抽查复验。

（3）施工要求

1）强制性条文

① 民用建筑工程室内装修时，严禁使用苯、工业苯、石油苯、重质苯及混苯作为稀释剂和溶剂。

混苯中含有大量的苯，因此严禁使用。

② 民用建筑工程室内严禁使用有机溶剂清洗施工用具。

2）采取防氡设计措施的民用建筑工程，其地下工程的变形缝、施工缝、穿墙管（盒）、埋设件、预留孔洞等特殊要求部位的施工工艺，应符合国家现行标准《地下工程防水技术规范》GB 50108 的有关规定。

3）Ⅰ类民用建筑工程当采用异地土作为回填土时，该回填土应进行镭-226、钍-232、钾-40 的比活度测定。当内照指数（I_{Ra}）不大于 1.0 和外照指数（I_r）不大于 1.3 时，方可使用。

4）民用建筑工程室内装修施工时，不应使用苯、甲苯、二甲苯和汽油进行除油和清除旧油漆作业。

5）涂料、胶粘剂、水处理剂、稀释剂和溶剂等使用后，应及时封闭存放，废料应及时清出。

6）民用建筑工程室内装修中，进行饰面人造木板拼接施工时，对达不到 E_1 级的芯板，应对其断面及无饰面部位进行密封处理。

2.4.8 验收

（1）强制性条文：

1）民用建筑工程所用建筑材料的类别、数量和施工工艺等，应符合设计要求和本规范的有关规室。

2）民用建筑工程验收时，必须进行室内环境污染物浓度检测，其限量应符合表 2-29 的规定。

民用建筑工程室内环境污染物浓度限量 **表 2-29**

污 染 物	Ⅰ类民用建筑工程	Ⅱ类民用建筑工程
氡（Bq/m^3）	≤200	≤400
甲醛（mg/m^3）	≤0.08	≤0.1
苯（mg/m^3）	≤0.09	≤0.09
氨（mg/m^3）	≤0.2	≤0.2
TVOC（mg/m^3）	≤0.5	≤0.6

注：1. 表中污染物浓度测值，除氡外均指室内测量值扣除同步测定的室外上风向空气测量值（本底值）后的测量值。

2. 表中污染物浓度测量值的极限值判定，采用全数值比较法。

3）当室内环境污染物浓度的全部检测结果符合本规范表 6.0.4 的规定时，应判定该工程室内环境质量合格（规范表 6.0.4 在本书中为表 2-29）。

4）室内环境质量验收不合格的民用建筑工程，严禁投入使用。

（2）验收日期：

民用建筑工程及室内装修工程的室内环境质量验收，应在工程完工至少 7d 以后，工程交付使用前进行。

（3）工程验收应检查的资料：

民用建筑工程及室内装修工程验收时，应检查下列资料：

1）工程地质勘察报告、工程地点土壤中氡浓度或氡析出率检测报告、工程地点土壤天然放射性核素镭-226、钍-232、钾-40 含量检测报告；

2）涉及室内新风量的设计、施工文件，以及新风量的检测报告；

3）涉及室内环境污染控制的施工图设计文件及工程设计变更文件；

4）建筑材料和装修材料的污染物检测报告、材料进场检验记录、复验报告；

5）与室内环境污染控制有关的隐蔽工程验收记录、施工记录；

6）样板间室内环境污染物浓度检测报告（不做样板间的除外）。

（4）民用建筑工程验收时，采用集中中央空调的工程，应进行室内新风量的检测，检测结果应符合设计要求和现行国家标准《公共建筑节能设计标准》GB 50189 的有关规定。

（5）民用建筑工程室内空气中氡、甲醛、苯、氨及总挥发性有机化合物（TVOC）的检测方法应符合国家有关现行标准及本规范的相关规定。

（6）民用建筑工程验收时，应抽检每个建筑单体有代表性的房间室内环境污染物浓度，氡、甲醛、氨、苯、TVOC 的抽检量不得少于房间总数的 5%，每个建筑单体不得少于 3 间，当房间总数少于 3 间时，应全数检测。

（7）民用建筑工程验收时，凡进行了样板间室内环境污染物浓度检测且检测结果合格的，抽检数量减半，并不得少于 3 间。

（8）民用建筑工程验收时，室内环境污染物浓度检测点数应按表 2-30 设置。

室内环境污染物浓度检测点数设置　　表 2-30

房间使用面积（m^2）	检测点数（个）	房间使用面积（m^2）	检测点数（个）
＜50	1	≥500，＜1000	不少于 5
≥50，＜100	2	≥1000，＜3000	不少于 6
≥100，＜500	不少于 3	≥3000	每 1000m^2 不少于 3

（9）当房间内有 2 个及以上检测点时，应采用对角线，斜线、梅花状均衡布点，并取各点检测结果的平均值作为该房间的检测值。

（10）民用建筑工程验收时，环境污染物浓度现场检测点应距内墙面不小于 0.5m、距地面高度 0.8～1.5m。检测点应均匀分布，避开通风道和通风口。

（11）民用建筑工程室内环境中甲醛、苯、氨、总挥发性有机化合物（TVOC）浓度检测时，对采用集中空调的民用建筑工程，应在空调正常运转的条件下进行；对采用自然通风的民用建筑工程，检测应在对外门窗关闭 1h 后进行。对甲醛、氨、苯、TVOC 取样检测时，装饰装修工程中完成的固定式家具，应保持正常使用状态。

（12）民用建筑工程室内环境中氡浓度检测时，对采用集中空调的民用建筑工程，应在空调正常运转条件下进行；对采用自然通风的民用建筑工程，应在房间的对外门窗关闭 24h 以后进行。

（13）当室内环境污染物浓度检测结果不符合本规范的规定时，应查找原因并采取措施进行处理。采用措施进行处理后的工程，可对不合格项进行再次检测。再次检测时，抽检量应增加 1 倍，并应包含同类型房间及原不合格房间。再次检测结果全部符合本规范的规定时，应判定为室内环境质量合格。

2.4.9 案例

【背景】

某装修公司承接某幼儿园室内装饰装修工程，该项目室内装修面积约 2500m^2。装饰装修项目主要有：

1）地面：玻化砖（400m^2）、花岗岩石材（500m^2）、PVC 塑胶地板、厨房及卫生间防水（水性）；

2）吊顶：水性涂料、石膏板吊顶及涂料；

3）墙面：木作饰面板（800m^2）、墙纸、水性涂料、墙面砖；

4）门窗：木作门及清漆；

5）细部：窗帘盒、橱柜制作安装；

6）水电：灯具、开关、插座及卫生洁具安装。

工程竣工后第十天，建设单位委托有资格的室内环境质量检测机构进行检测，有一房间检测结果如下：

污染物	氡（Bq/m^3）	甲醛（mg/m^3）	苯（mg/m^3）	氨（mg/m^3）	TVOC（mg/m^3）
检测值	180	0.09	0.08	0.15	0.43

【问题】

为保证室内环境质量，该工程项目对材料使用及施工应如何要求？上述的检测结果是否符合要求？如若不符合要求，应如何处理？

【分析】

该工程用途为幼儿园，属Ⅰ类民用建筑工程。因此，该项目装修材料的选择及施工应符合如下要求：

1）花岗石石材、卫生洁具、石膏板、吊顶材料、无机瓷质砖粘接材料等无机非金属装修材料进场时必须有放射性指标检测报告，并且放射性限量应符合规范中的A级要求。花岗石石材和瓷质砖使用面积均大于200m^2，按规范要求，应对不同产品、不同批次材料分别进行放射性指标的抽查复验。

2）人造木板及饰面人造木板进场时，必须有游离甲醛含量或游离甲醛释放量检测报告，且必须达到规范中E_1级要求。该项目中人造木板和饰面人造木板面积均大于500 m^2，应对不同产品、不同批次材料的游离甲醛含量或游离甲醛释放量分别进行抽查复验。

3）水性涂料、防水涂料、防火涂料、防腐剂必须有同批次产品的挥发性有机化合物（VOC）和游离甲醛含量检测报告并符合规范要求，防腐剂严禁采用沥青、煤焦油类材料。

4）清漆、溶剂型胶粘剂必须有同批次产品的挥发性有机化合物（VOC）、苯、甲苯＋二甲苯、游离甲苯二异氰酸酯（TDI）含量检测报告，并应符合设计要求和规范要求。

5）粘贴PVC塑料地板时，不应采用溶剂型胶粘剂。

6）装修过程中，严禁使用苯、工业苯、石油苯、重质苯及混苯作为稀释剂和溶剂，严禁使用有机溶剂清洗施工用具；壁纸、装饰板、吊顶等施工时，应注意防潮。

上述检测结果中，甲醛的检测值为0.09 mg/m_3，超过Ⅰ类民用建筑工程室内环境污染物浓度限量小于等于0.08 mg/m^3 规定，判定为室内环境质量不合格。施工单位应查找原因并采取措施进行处理。处理后，可对不合格项进行再次检测。检测合格后，方可投入使用。

2.5 建筑装饰装修工程施工及验收相关规范

建筑装饰装修工程相关的施工及验收规范主要有：《建筑工程施工质量验收统一标准》、《建筑装饰装修工程质量验收规范》、《建筑地面工程施工质量验收规范》、《住宅装饰装修工程施工规范》以及相关规范和标准。

2.5.1 《建筑工程施工质量验收统一标准》GB 50300

《建筑工程施工质量验收统一标准》（以下简称统一标准）适用于建筑工程施工质量的验收，建筑工程各专业工程施工质量验收规范必须与统一标准配合使用。

统一标准规定了建筑工程各专业工程施工质量验收规范编制的统一准则；建筑工程施工质量管理和质量控制要求；单位工程验收质量标准、内容和程序；检验批质量检验的抽样方案；建筑工程施工质量验收中单位和分部工程的划分；涉及建筑工程安全和主要使用功能的见证取样及抽查检测要求等。

(1) 基本规定

统一标准从施工现场质量管理、施工质量控制、施工质量验收、检验批质量抽样方案的选择及要求作了规定，其中施工质量验收规定为强制性条文，内容如下：

1) 建筑工程施工质量应符合本标准和相关专业验收规范的规定。

2) 建筑工程施工应符合工程勘察、设计文件的要求。

3) 参加工程施工质量验收的各方人员应具备规定的资格。

4) 工程质量的验收均应在施工单位自行检查评定的基础上进行。

5) 隐蔽工程在隐蔽前应由施工单位通知有关单位进行验收，并应形成验收文件。

6) 涉及结构安全的试块、试件以及有关材料，应按规定进行见证取样检测。

7) 检验批的质量应按主控项目和一般项目验收。

8) 对涉及结构安全和使用功能的重要分部工程应进行抽样检测。

9) 承担见证取样检测及有关结构安全检测的单位应具有相应资质。

10) 工程的观感质量应由验收人员通过现场检查，并应共同确认。

(2) 建筑工程质量验收的划分

建筑工程质量验收应划分为：单位（子单位）工程、分部（子分部）工程、分项工程和检验批，并制定了相应的划分原则。其中建筑装饰装修分部（子分部）、分项工程按表2-31进行划分：

建筑装饰装修分部（子分部）、分项工程划分表 **表 2-31**

分部工程	子分部工程	分项工程
建筑装饰装修	地面	整体面层：基层，水泥混凝土面层，水泥砂浆面层，水磨石面层，防油渗面层，水泥钢（铁）屑面层，不发火（防爆的）面层；板块面层：基层，砖面层（陶瓷锦砖、缸砖、陶瓷地砖和水泥花砖面层），大理石面层和花岗石面层，预制板块面层（预制水泥混凝土、水磨石板块面层），料石面层（条石、块石面层），塑料版面层，活动地板面层，地毯面层；木竹面层：基层、实木地板面层（条材、块材面层），中密度（强化）复合地板面层（条材面层），竹地板面层
	抹灰	一般抹灰、装饰抹灰，清水砌体勾缝
	门窗	木门窗制作与安装，金属门窗安装，塑料门窗安装，特种门安装，门窗玻璃安装
	吊顶	暗龙骨吊顶，明龙骨吊顶
	轻质隔墙	板材隔墙，骨架隔墙，活动隔墙，玻璃隔墙
	饰面板（砖）	饰面板安装，饰面板粘贴
	幕墙	玻璃幕墙，金属幕墙，石材幕墙
	涂饰	水性涂料涂饰，溶剂型涂料涂饰，美术涂饰
	裱糊与软包	裱糊、软包
	细部	橱柜制作与安装，窗帘盒、窗台板和暖气罩制作与安装，门窗套制作与安装，护栏和扶手制作与安装，花饰制作与安装

(3) 建设工程质量验收

规定了检验批、分项工程、分部（子分部）工程、单位（子单位）工程的质量验收合格和检查记录要求；质量不符合要求的处理方式。其中下列为强制性规定，必须严格执行。

1）单位（子单位）工程质量验收合格应符合下列规定：

① 单位（子单位）工程所含分部（子分部）工程的质量均应验收合格。

② 质量控制资料应完整。

③ 单位（子单位）工程所含分部工程有关安全和功能的检测资料应完整。

④ 主要功能项目的抽查结果应符合相关专业质量验收规范的要求。

⑤ 观感质量验收应符合要求。

2）通过返修或加固处理仍不能满足安全使用要求的分部工程、单位（子单位）工程，严禁验收。

（4）建筑工程质量验收程序和组织

分别规定了检验批及分项工程、分部工程、单位工程的质量验收程序和组织要求，并对总包及分包单位的责任作了规定。其中下列条文为强制性规定，必须严格执行。

1）单位工程完工后，施工单位应自行组织有关人员进行检查评定，并向建设单位提交工程验收报告。

2）建设单位收到工程验收报告后，应由建设单位（项目）负责人组织施工（含分包单位）、设计、监理等单位（项目）负责人进行单位（子单位）工程验收。

3）单位工程质量验收合格后，建设单位应在规定时间内将工程竣工验收报告和有关文件，报建设行政管理部门备案。

2.5.2 《建筑装饰装修工程质量验收规范》GB 50210

规范适用于新建、扩建、改建和既有建筑的装饰装修工程的质量验收。建筑装饰装修工程的承包合同、设计文件及其他技术文件对工程质量验收的要求不得低于该规范的规定。规范中共有十三条强制性条文。

1）建筑装饰装修工程必须进行设计，并出具完整的施工图设计文件。

2）建筑装饰装修工程设计必须保证建筑物的结构安全和主要使用功能。当涉及主体和承重结构改动或增加荷载时，必须由原结构设计单位或具备相应资质的设计单位核查有关原始资料，对既有建筑结构的安全性进行核验、确认。

3）建筑装饰装修工程所用材料应符合国家有关建筑装饰装修材料有害物质限量标准的规定。

4）建筑装饰装修工程所使用的材料应按设计要求进行防火、防腐和防虫处理。

5）建筑装饰装修工程施工中，严禁违反设计文件擅自改动建筑主体、承重结构或主要使用功能；严禁未经设计确认和有关部门批准擅自拆改水、暖、电、燃气、通信等配套设施。

6）施工单位应遵守有关环境保护的法律法规，并应采取有效措施控制施工现场的各种粉尘、废气、废弃物、噪声、振动等对周围环境造成的污染和危害。

7）外墙和顶棚的抹灰层与基层之间及各抹灰层之间必须粘结牢固。

8）重型灯具、电扇及其他重型设备严禁安装在吊顶工程的龙骨上。

9）饰面板安装工程的预埋件（或后置埋件）、连接件的数量、规格、位置、连接方法和防腐处理必须符合设计要求。后置埋件的现场拉拔强度必须符合设计要求。饰面板安装

必须牢固。

10）饰面砖粘贴必须牢固。

11）隐框、半隐框幕墙所采用的结构粘结材料必须是中性硅酮结构密封胶，其性能必须符合《建筑用硅酮结构密封胶》GB 16776 的规定；硅酮结构密封胶必须在有效期内使用。

12）主体结构与幕墙连接的各种预埋件，其数量、规格、位置和防腐处理必须符合设计要求。

13）幕墙的金属框架与主体结构预埋件的连接、立柱与横梁的连接及幕墙面板的安装必须符合设计要求，安装必须牢固。

2.5.3 《建筑地面工程施工质量验收规范》GB 50209

规范适用于建筑地面工程（含室外散水、明沟、踏步、台阶和坡道）施工质量的验收。不适用于超净、屏蔽、绝缘、防止放射线以及防腐蚀等特殊要求的建筑地面工程施工质量验收。建筑地面工程施工中采用的承包合同文件、设计文件及其他工程技术文件对施工质量验收的要求不得低于本规范的规定。规范共有七条强制性条文。

（1）建筑地面工程采用的材料或产品应符合设计要求和国家现行有关标准的规定。无国家现行标准的，应具有省级住房和城乡建设行政主管部门的技术认可文件。材料或产品进场时还应符合下列规定：

1）应有质量合格证明文件；

2）应对型号、规格、外观等进行验收，对重要材料或产品应抽样进行复验。

（2）厕浴间和有防滑要求的建筑地面应符合设计防滑要求。

（3）厕浴间、厨房和有排水（或其他液体）要求的建筑地面面层与相连接各类面层的标高差应符合设计要求。

（4）有防水要求的建筑地面工程，铺设前必须对立管、套管和地漏与楼板节点之间进行密封处理，并应进行隐蔽验收；排水坡度应符合设计要求。

（5）厕浴间和有防水要求的建筑地面必须设置防水隔离层。楼层结构必须采用现浇混凝土或整块预制混凝土板，混凝土强度等级不应小于C20。房间的楼板四周除门洞外应做混凝土翻边，高度不应小于200mm，宽同墙厚，混凝土强度等级不应小于C20。施工时结构层标高和预留孔洞位置应准确，严禁乱凿洞。

（6）防水隔离层严禁渗漏，排水的坡向应正确、排水通畅。

（7）不发火（防爆）面层中碎石的不发火性必须合格；砂应质地坚硬、表面粗糙，其粒径应为0.15～5mm，含泥量不应大于3%，有机物含量不应大于0.5%；水泥应采用硅酸盐水泥、普通硅酸盐水泥，面层分格的嵌条应采用不发生火花的材料配制。配制时应随时检查，不得混入金属或其他易发生火花的杂质。

2.5.4 《住宅装饰装修工程施工规范》GB 50327

《住宅装饰装修工程施工规范》基本涵盖了住宅内部装饰装修工程施工的全过程，强调房屋结构安全，防火和室内环境污染控制，突出了施工过程的控制。

（1）基本规定

基本规定包括施工基本要求、材料设备要求、成品保护三个方面内容，对涉及房屋结构安全、施工临时用电安全、材料使用做如下强制性规定：

1）施工中，严禁损坏房屋原有绝热设施，严禁损坏受力钢筋；严禁超荷载集中堆放物品；严禁在预制混凝土空心楼板上打孔安装埋件。

2）施工现场用电应符合下列规定：

① 施工现场用电应从户表以后设立临时施工用电系统。

② 安装、维修或拆除临时用电系统，应由电工完成。

③ 临时施工供电开关箱中应装设漏电保护器，进入开关箱的电源线不得用插销连接。

④ 临时用电线路应避开易燃、易爆物品堆放地。

⑤ 暂停施工时应切断电源。

3）严禁使用国家明令淘汰的材料。

（2）防火安全

内容包括装修材料的防火要求和施工现场防火安全管理，对施工现场防火管理做如下强制性规定：

1）施工单位必须制定施工防火安全制度，施工人员必须严格遵守。

2）施工现场动用电气焊等明火时，必须清除周围及焊渣滴落区的可燃物质，并设专人监督。

3）严禁在施工现场吸烟。

4）严禁在运行中的管道、装有易燃易爆的容器和受力构件上进行焊接和切割。

（3）室内环境污染控制

1）室内环境污染物为：氡、甲醛、苯、氨和总挥发性有机物（TVOC）。

2）室内环境污染控制应符合《民用建筑工程室内环境污染控制规范》等国家现行标准的规定。设计、施工应选用低毒性、低污染的装饰装修材料。

3）室内环境检测结果，其污染物浓度限值应符合表 2-32 的要求。

住宅装饰装修后室内环境污染物浓度限值 **表 2-32**

室内环境污染物	浓度限值
氡（Bq/m^3）	≤200
甲醛（mg/m^3）	≤0.08
苯（mg/m^3）	≤0.09
氨（mg/m^3）	≤0.20
总挥发性有机物 TVOC（Bq/m^3）	≤0.50

注：住宅为Ⅰ类民用建筑工程，因此该表为Ⅰ类民用建筑工程室内环境污染物浓度限值。

（4）分部（子分部）、分项工程

分部（子分部）、分项工程包括防水工程、抹灰工程、吊顶工程、轻质隔墙工程、门窗工程、细部工程、墙面铺装工程、涂饰工程、地面铺装工程、卫生器具及管道安装工程、电气安装工程。各分部（子分部）、分项工程分别从一般规定、主要材料质量要求、施工要点三个方面做出规定。

在门窗工程子分部中，作出了如下强制性规定，必须严格遵守：

推拉门窗必须有防脱落措施，扇与框的搭接量应符合设计要求。

2.5.5 《住宅室内装饰装修工程质量验收规范》JGJ/T 304—2013

本规范为行业标准，自2013年12月1日起实施。

2.5.6 《金属与石材幕墙工程技术规范》JGJ 133

规范适用于建筑高度不大于150m的民用建筑金属幕墙和建筑高度不大于100m、设防烈度不大于8度的民用建筑石材幕墙工程的设计、制作、安装施工及验收。规定了材料、性能与构造、结构设计、加工制作、安装施工、工程验收、保养与维修的相应要求。并对下列条文做了强制性规定，必须严格执行。

1）花岗岩板材的弯曲强度应经法定检测机构检测确定，其弯曲强度不应小于8.0MPa。

2）同一幕墙工程应采用同一品牌的单组分或双组分的硅酮结构密封胶，并应有保质年限的质量证书，用于石材幕墙的硅酮结构密封胶还应有证明无污染的试验报告。

3）同一幕墙工程应采用同一品牌的硅酮结构密封胶和硅酮耐候密封胶配套使用。

4）幕墙构架的立柱与横梁在风荷载标准值作用下，钢型材的相对挠度不应大于 $L/300$（L 为立柱或横梁两支点的跨度），绝对挠度不应大于15mm；铝合金型材的相对挠度不应大于 $L/180$，绝对挠度不应大于20mm。

5）幕墙在风荷载标准值除以阵风系数后的风荷载值作用下，不应发生雨水渗漏，其雨水渗漏性能应符合设计要求。

6）作用于幕墙上的风荷载标准值应按规定进行计算，且不应小于1.0kN/m²。

7）钢销式石材幕墙可在非抗震设计或6度、7度抗震设计幕墙中应用，幕墙高度不大于20m，石板面积不宜大于1.0m²。钢销和连接板应采用不锈钢，连接板截面尺寸不宜小于40mm×4mm，钢销与孔的要求应符合本规范第6.3.2条的规定。

8）横梁应通过角码、螺钉或螺栓与立柱连接，角码应能承受横梁的剪力，螺钉直径不得小于4mm，每处连接螺钉数量不应小于3个，螺栓不应小于2个，横梁与立柱之间应有一定的相对位移能力。

9）上下立柱之间应有不小于15mm的缝隙，并应采用芯柱连接，芯柱总长度不应小于400mm。芯柱与立柱应紧密接触，芯柱与下柱之间应采用不锈钢螺栓固定。

10）立柱应采用螺柱与角码连接，并再通过角码与预埋件或钢构件连接，螺栓直径不应小于10mm。连接螺栓按现行国家标准《钢结构设计规范》GB 50017进行承载力计算，立柱与角码采用不同金属材料时应采用绝缘垫片分隔。

11）用硅酮结构密封胶黏结固定构件时，注胶应在温度15℃以上30℃以下、相对湿度50%以上，且洁净、通风的室内进行，胶的宽度、厚度应符合设计要求。

12）钢销式安装的石板加工应符合下列规定：

① 钢销的孔位应根据石板的大小而定，孔位距离边端不得小于石板厚度的3倍，也不得大于180mm，钢销间距不宜大于600mm。边长不大于1.0m时每边应设两个钢销，边长大于1.0m时应采用复合连接。

② 石板的钢销孔的深度宜为22～33mm，孔的直径宜为7mm或8mm，钢销直径宜为5mm或6mm。钢销长度为20～30mm。

③ 石板的钢销孔处不得有损坏或崩裂现象，孔径内应光滑、洁净。

13）金属与石材幕墙构件应按同一种类构件的5%进行抽样检查，且每种构件不得少于5件。当有一个构件抽检不符合上述规定时，应加倍抽样复验，全部合格后方可出厂。

14）金属、石材幕墙与主体结构连接的预埋件，应在主体结构施工时按设计要求埋设。预埋件应牢固、位置准确，预埋件的位置误差应按设计要求进行复查，当设计无明确要求时，预埋件的标高偏差不应大于10mm. 预埋件位置差不应大于20mm。

15）金属板与石板安装应符合下列规定：

① 应对横竖连接件进行检查、测量、调整；

② 金属板、石板安装时，左右、上下的偏差不应大于1.5mm；

③ 金属板、石板空缝安装时，必须有防水措施，并应有符合设计要求的排水出口；

④ 填充硅酮耐候密封胶时，金属板、石板缝的宽度、厚度应根据硅酮耐候密封胶的技术参数、经计算后确定。

16）幕墙安装施工应对下列项目进行验收：

① 主体结构与立柱、立柱与横梁连接节点安装及防腐处理；

② 幕墙的防火、保温安装；

③ 幕墙的伸缩缝、沉降缝、防震缝及阴阳角的安装；

④ 幕墙的防雷节点的安装；

⑤ 幕墙的封口安装。

2.5.7 《玻璃幕墙工程技术规范》JGJ 102

规范本着安全适用、技术先进和经济合理的原则，对玻璃幕墙工程在材料、设计、制作、安装施工、验收和幕墙的日后保养进行具体、科学、详尽的规定。适用于非抗震设计和抗震设防烈度为6、7、8度抗震设计的民用建筑玻璃幕墙工程。

规范共有十六条强制性条文，规定如下：

（1）隐框和半隐框玻璃幕墙，其玻璃与铝型材的粘结必须采用中性硅酮结构密封胶，全玻幕墙和点支承幕墙采用镀膜玻璃时，不应采用酸性硅酮结构密封胶粘结。

（2）硅酮结构密封胶和硅酮建筑密封胶必须在有效期内使用。

（3）硅酮结构密封胶使用前，应经国家认可的检测机构进行与其相接触材料的相容性和剥离粘结性试验，并应对邵氏硬度、标准状态拉伸粘结性能进行复验。检验不合格的产品不得使用。进口硅酮结构密封胶应具有商检报告。

（4）人员流动密度大，青少年或幼儿活动的公共场所以及使用中容易受到撞击的部位，其玻璃幕墙应采用安全玻璃；对使用中容易受到撞击的部位，尚应设置明显的警示标志。

（5）幕墙结构构件应按规定验算承载力和挠度：

（6）主体结构或结构构件，应能够承受幕墙传递的荷载和作用。连接件与主体结构的锚固承载力设计值应大于连接件本身的承载力设计值。

（7）硅酮结构密封胶应根据不同的受力情况进行承载力极限状态验算，在风荷载、水平地震作用下，硅酮结构密封胶的拉应力或剪应力设计值不应大于其强度设计值 f_1，f_1

应取 0.2N/mm²；在永久荷载作用下，硅酮结构密封胶的拉应力或剪应力设计值不应大于其强度设计值 f_2，f_2 应取 0.01N/mm²；

（8）横梁截面主要受力部位的厚度，应符合下列要求：

1）截面自由挑出部位和双侧加劲部位的宽厚比 b_0/t 应符合表 2-33 的要求：

横梁截面宽厚比 b_0/t 限值 表 2-33

截面部位	铝型材				钢型材	
	6063-T5 6061-T4	6063A-T5	6063-T6 6063A-T6	6061-T6	Q235	Q345
自由挑出	17	15	13	12	15	12
双侧加劲	50	45	40	35	40	33

2）当横梁跨度不大于 1.2m 时，铝合金型材截面主要受力部位的厚度不应小于 2.0mm，当横梁跨度大于 1.2m 时，其截面主要受力部位的厚度不应小于 2.5mm。型材孔壁与螺钉之间直接采用螺纹受力连接时，其局部截面厚度不应小于螺钉的公称直径；

3）钢型材截面主要受力部位的厚度不应小于 2.5mm。

（9）立柱截面主要受力部位的厚度，应符合下列要求：

1）铝型材截面开口部位的厚度不应小于 3.0mm，闭口部位的厚度不应小于 2.5mm，型材孔壁与螺钉之间直接采用螺纹受力连接时，其局部厚度尚不应小于螺钉的公称直径；

2）钢型材截面主要受力部位的厚度不应小于 3.0mm；

3）对偏心受压立柱，其截面宽厚比应符合第 8 条的相应规定。

（10）全玻幕墙的板面不得与其他刚性材料直接接触。板面与装修面或结构面之间的空隙不应小于 8mm，且应采用密封胶密封。

（11）全玻幕墙玻璃肋的截面厚度不应小于 12mm，截面高度不应小于 100mm。

（12）采用胶缝传用的全玻幕墙，其胶缝必须采用硅酮结构密封胶。

（13）采用浮头式连接件的幕墙玻璃厚度不应小于 6mm，采用沉头式连接件的幕墙玻璃厚度不应小于 8mm，安装连接件的夹层玻璃和中空玻璃，其单片厚度也应符合上述要求。

（14）玻璃之间的空隙宽度不应小于 10mm，且应采用硅槽建筑密封胶嵌缝。

（15）除全玻幕墙外，不应在现场打注硅酮结构密封胶。

（16）当高层建筑的玻璃幕墙安装与主体结构施工交叉作业时，在主体结构的施工层下方应设置防护网，在距离地面约 3m 高度处，应设置挑出宽度不小于 6m 的水平防护网。

2.6 民用建筑节能相关法规

2.6.1 《民用建筑节能管理规定》原建设部第 143 号令

为了加强民用建筑节能管理，提高能源利用效率，改善室内热环境质量，原建设部第 143 号令发布的《民用建筑节能管理规定》，已于 2006 年 1 月 1 日起施行。

（1）工程建设相关单位的节能责任

建设单位应当按照建筑节能政策要求和建筑节能标准委托工程项目的设计。

建设单位不得以任何理由要求设计单位、施工单位擅自修改经审查合格的节能设计文件，降低建筑节能标准。

房地产开发企业应当将所售商品住房的节能措施、围护结构保温隔热性能指标等基本信息在销售现场显著位置予以公示，并在《住宅使用说明书》中予以载明。

设计单位应当依据建筑节能标准的要求进行设计，保证建筑节能设计质量。

施工图设计文件审查机构在进行审查时，应当审查节能设计的内容，在审查报告中单列节能审查章节；不符合建筑节能强制性标准的，施工图设计文件审查结论应当定为不合格。

施工单位应当按照审查合格的设计文件和建筑节能施工标准的要求进行施工，保证工程施工质量。

监理单位应当依照法律、法规以及建筑节能标准、节能设计文件、建设工程承包合同及监理合同对节能工程建设实施监理。

（2）违反建筑节能管理规定应承担的法律责任

建设单位在竣工验收过程中，有违反建筑节能强制性标准行为的，按照《建设工程质量管理条例》的有关规定，重新组织竣工验收。

建设单位未按照建筑节能强制性标准委托设计，擅自修改节能设计文件，明示或暗示设计单位、施工单位违反建筑节能设计强制性标准，降低工程建设质量的，处20万元以上50万元以下的罚款。

设计单位未按照建筑节能强制性标准进行设计的，应当修改设计。未进行修改的，给予警告，处10万元以上30万元以下罚款；造成损失的，依法承担赔偿责任；两年内，累计三项工程未按照建筑节能强制性标准设计的，责令停业整顿，降低资质等级或者吊销资质证书。

对未按照节能设计进行施工的施工单位，责令改正；整改所发生的工程费用，由施工单位负责；可以给予警告，情节严重的，处工程合同价款2%以上4%以下的罚款；两年内，累计三项工程未按照符合节能标准要求的设计进行施工的，责令停业整顿，降低资质等级或者吊销资质证书。

对擅自改变建筑围护结构节能措施，并影响公共利益和他人合法权益的，责令责任人及时予以修复，并承担相应的费用。

2.6.2 《建筑节能工程施工质量验收规范》GB 50411—2007

（1）适用于新建、改建和扩建的民用建筑工程中墙体、幕墙、门窗、屋面、地面、采暖、通风与空调、空调与采暖系统的冷热源及管网、配电与照明、监测与控制等建筑节能工程施工质量的验收。

（2）共有18条强制性条文，其中：

1）总则中的强制性条文：

单位工程竣工验收应在建筑节能分部工程验收合格后进行。

2）基本规定中的强制性条文：

① 设计变更不得降低建筑节能效果。当设计变更涉及建筑节能效果时，应经原施工图设计审查机构审查，在实施前应办理设计变更手续，并获得监理或建设单位的确认。

② 建筑节能工程应按照经审查合格的设计文件和经审查批准的施工方案施工。

3）墙体节能工程中的强制性条文：

① 墙体节能工程中使用的保温材料，其导热系数、密度、抗压强度或压缩强度、燃烧性能应符合设计要求。

② 墙体节能工程的施工，应符合下列要求：

a. 保温隔热材料的厚度必须符合设计要求。

b. 保温板材与基层及各构造层之间的粘接或连接必须牢固。粘接强度和连接方式应符合设计要求。保温板材与基层的粘接强度应做现场拉拔试验。

c. 保温材料应分层施工。当采用保温浆料做外保温时，保温层与基层及各层之间必须牢固，不应脱层、空鼓和开裂。

d. 当墙体节能工程的保温层采用预埋或后置锚固件固定时，锚固件数量、位置、锚固深度和拉拔力应符合设计要求。后置锚固件应进行锚固力现场拉拔试验。

③ 严寒和寒冷地区外墙热桥部位，应按设计要求采取节能保温等隔断热桥措施。

4）幕墙节能工程中的强制性条文：

幕墙节能工程使用的保温隔热材料，其导热系数、密度、燃烧性能应符合设计要求。幕墙玻璃的传热系数、遮阳系数、可见光透射比、中空玻璃露点应符合设计要求。

5）门窗节能工程中的强制性条文：

建筑外窗的气密性、保温性、中空玻璃露点、玻璃遮阳系数和可见光透射比应符合设计要求。

（3）规定了建筑节能工程进场材料和设备的复验项目。

1）墙体节能工程

墙体节能工程采用的保温材料和粘结材料等，进场时应对其下下列性能进行复验，复验应为见证取样送检：

① 保温材料的导热系数、密度、抗压强度或压缩强度；

② 粘接材料的粘接强度；

③ 增强网的力学性能、抗腐蚀性能。

2）幕墙节能工程

幕墙节能工程使用的材料、构件等进场时，应对其下列性能进行复验，复验应为见证取样送检：

① 保温材料：导热系数、密度；

② 幕墙玻璃：可见光透射比、传热系数、遮阳系数；中空玻璃露点；

③ 隔热型材：抗拉强度、抗剪强度。

3）建筑外窗进入施工现场时，应按地区类别对其下列性能进行复验，复验应为见证取样送检：

① 严寒、寒冷地区：气密性、传热系数和中空玻璃露点；

② 夏热冬冷地区：气密性、传热系数、玻璃遮阳系数、可见光透射比、中空玻璃露点；

③ 夏热冬暖地区：气密性、玻璃遮阳系数、可见光透射比、中空玻璃露点。

（4）规定了建筑节能工程中的隐蔽工程验收项目及检验批的划分。

1）墙体节能工程

该规范适用板材、浆料、块材及预制复合墙板等墙体保温材料或构件的建筑墙体节能工程质量验收。

墙体节能工程应对下列部位或内容进行隐蔽工程验收，并应有详细的文字记录和必要的图像资料：

① 保温层附着的基层及其表面处理；

② 保温板粘接或固定；

③ 锚固件；

④ 增强网铺设；

⑤ 墙体热桥部位处理；

⑥ 预置保温板或预制保温墙板的板缝及构造节点；

⑦现场喷涂或浇注有机类保温材料的界面；

⑧被封闭的保温材料厚度；

⑨保温隔热砌块填充墙体。

墙体节能工程验收的检验批划分应符合下列规定：

①采用相同材料、工艺和施工做法的墙面，每 500～1000m² 面积划分为一个检验批，不足 500m² 也为一个检验批。

②检验批的划分也可根据与施工流程相一致且方便施工与验收的原则，由施工单位与监理（建设）单位共同商定。

2）幕墙节能工程

该规范适用于透明和非透明的各类建筑幕墙的节能工程质量验收。

幕墙节能工程施工中应对下列部位或项目进行隐蔽工程验收，并应有详细的文字记录和必要的图像资料：

①被封闭的保温材料厚度和保温材料的固定；

②幕墙周边与墙体的接缝处保温材料的填充；

③构造缝、结构缝；

④隔汽层；

⑤热桥部位、断热节点；

⑥单元式幕墙板块间的接缝构造；

⑦冷凝水收集和排放构造；

⑧幕墙的通风换气装置。

幕墙节能工程检验批划分，可按照《建筑装饰装修工程质量验收规范》GB 50210 的规定执行。

3）门窗节能工程

该规范适用于建筑外门窗节能工程的质量验收，包括金属门窗、塑料门窗、木质门窗、各种复合门窗、特种门窗、天窗以及门窗玻璃安装等节能工程。

建筑外门窗工程施工中，应对门窗框与墙体接缝处的保温填充做法进行隐蔽工程验收，并应有隐蔽工程验收记录和必要的图像资料。

建筑外门窗工程的检验批应按下列规定划分：

①同一厂家的同一品种、类型和规格的门窗及门窗玻璃每 100 樘划分为一个检验批，不足 100 樘也为一个检验批。

②同一厂家的同一品种、类型和规格的特种门每 50 樘划分为一个检验批，不足 50 樘

也为一个检验批。

③对于异形或有特殊要求的门窗，检验批的划分应根据其特点和数量，由监理（建设）单位和施工单位协商确定。

（5）规定了建筑节能工程现场检验的项目。

（6）规定了建筑节能工程主控项目及一般项目的施工要求。

1）墙体节能工程的主控项目

①用于墙体节能工程的材料、构件等，其品种、规格应符合设计要求和相关标准。

②墙体节能工程中使用的保温材料，其导热系数、密度、抗压强度或压缩强度、燃烧性能应符合设计要求（强制性条文）。

③材料复验［见（3）中墙体节能工程］。

④严寒和寒冷地区外保温使用的粘结材料，其冻融试验结果应符合该地区最低气温环境的使用要求。

⑤墙体节能工程施工前应按照设计和施工方案的要求对基层进行处理，处理后的基层应符合保温层施工方案的要求。

⑥墙体节能工程各层构造做法应符合设计要求，并应按照经过审批的施工方案施工。

⑦墙体节能工程施工［见（2）中“墙体节能工程”］。

⑧外墙采用预制保温板现场浇筑混凝土墙体时，保温板的验收应符合规范 4.2.2 条的规定；保温板的安装位置应正确、接缝严密，保温板在浇筑混凝土过程中不得移位、变形，保温板表面应采取界面处理措施，与混凝土粘结应牢固。

⑨当外墙采用保温浆料做保温层时，应在施工中制作同条件养护试件，检测导热系数、干密度和压缩强度。保温浆料的同条件养护试件应见证取样送检。

⑩墙体节能工程各类饰面层的基层及面层施工，应符合设计和《建筑装饰装修工程质量验收规范》GB 50210 的要求，并应符合下列规定：

a. 饰面层施工的基层应无脱层、空鼓和裂缝，基层应平整、洁净，含水率应符合饰面层施工的要求。

b. 外墙外保温工程不宜采用粘贴饰面砖做饰面层；当采用时，其安全性与耐久性必须符合设计要求。饰面砖应做粘结强度拉拔试验，试验结果应符合设计和有关标准的规定。

c. 外墙外保温工程的饰面层不得渗漏。当外墙外保温工程的饰面层采用饰面板开缝安装时，保温层表面应具有防水功能或采取其他防水措施。

d. 外墙外保温层及饰面层与其他部位交接的收口处，应采取密封措施。

⑪保温砌块砌筑的墙体，应采用具有保温功能的砂浆砌筑。砌筑砂浆的强度等级应符合设计要求。砌体的水平灰缝饱满度不应低于 90%，竖直灰缝饱满度不应低于 80%。

⑫采用预制保温板现场安装的墙体，应符合下列规定：

a. 保温墙板应有型式检验报告，型式检验报告中应包含安性能的检验。

b. 保温墙板的结构性能、热工性能及与主体结构的连接方法应符合设计要求，与主体结构连接必须牢固。

c. 保温墙板的板缝处理、构造节点及嵌缝做法应符合设计要求。

d. 保温墙板板缝不得渗漏。

⑬当设计要求在墙体内设置隔汽层时，隔汽层的位置、使用的材料及构造做法应符合设计要求和相关标准的规定。隔汽层应完整、严密，穿透隔汽层处应采取密封措施。隔汽层冷凝水排水构造应符合设计要求。

⑭外墙或毗邻不采暖空间墙体上的门窗洞口四周的侧面，墙体上凸窗四周的侧面，应按设计要求采取节能保温措施。

⑮见（2）中“墙体节能工程”。

2）幕墙节能工程的主控项目

①用于幕墙节能工程的材料、构件等，其品种、规格应符合设计要求和相关标准的规定。

②见（2）中的幕墙节能工程。

③见（3）中的幕墙节能工程。

④幕墙的气密性能应符合设计规定的等级要求。当幕墙面积大于 $3000m^2$ 或建筑外墙面积 50%时，应现场抽取材料和配件，在检测试验室安装制作试件进行气密性能检测，检测结果应符合设计规定的等级要求。

密封条应镶嵌牢固、位置正确、对接严密。单元幕墙板块之间的密封应符合设计要求，开启扇应关闭严密。

气密性能检测试件应包括幕墙的典型单元、典型拼缝、典型可开启部分。试件应按照幕墙工程施工图进行设计。试件设计应经建筑设计单位项目负责人、监理工程师同意确认。气密性能的检测应按照国家现行有关标准的规定执行。

⑤幕墙节能工程使用的保温材料，其厚度应符合设计要求，安装牢固，且不得松脱。

⑥遮阳设施的安装位置应满足设计要求。遮阳设施的安装应牢固。

⑦幕墙工程热桥部分的隔断热桥措施应符合设计要求，断热节点的连接应牢固。

⑧幕墙隔汽层应完整、严密、位置正确，穿透隔汽层处的节点构造应采取密封措施。

⑨冷凝水的收集和排放应通畅，并不得渗漏。

3）门窗节能工程

①建筑外门窗的品种、规格应符合设计要求和相关标准的规定。

②见（2）中的门窗节能工程。

③见（3）中的门窗节能工程。

④建筑外门窗采用的玻璃品种应符合设计要求。中空玻璃应采用双道密封。

⑤金属外门窗隔断热桥措施应符合设计要求和产品标准的规定，金属副框的隔断热桥措施应与门窗框的隔断热桥措施相当。

⑥严寒、寒冷、夏热冬冷地区的建筑外窗，应对其气密性做现场实体检验，检测结果应满足设计要求。

⑦外门窗杠或副框与洞口之间的间隙应采用弹性闭孔材料填充饱满，并使用密封胶密封；外门窗框与副框之间的缝隙应用使用密封胶密封。

⑧严寒、寒冷地区的外门安装，应按照设计要求采取保温、密封等节能措施。

⑨外窗遮阳设施的性能、尺寸应符合设计和产品标准要求；遮阳设施的安装应位置正确、牢固，满足安全和使用功能的要求。

⑩特种门的性能应符合设计和产品标准要求；特种门安装中的节能措施，应符合设计

要求。

⑪天窗安装的位置、坡度应正确，封闭严密，嵌缝处不得渗漏。

（7）建筑节能分项工程质量验收

建筑节能验收属于专业验收的范畴，建筑节能工程为单位建筑工程中的一个分部工程，划分为10个分项工程，分项工程主要验收内容见表2-34。

建筑节能分项划分 **表2-34**

序号	分项工程	主要验收内容
1	墙体节能工程	主体结构基层；保温材料；饰面层等
2	幕墙节能工程	主体结构基层；隔热材料；保温材料；隔汽层；幕墙玻璃；单元式幕墙板块；通风换气系统；遮阳设施；冷凝水收集排放系统等
3	门窗节能工程	门；窗；玻璃；遮阳设施等
4	屋面节能工程	基层；保温隔热系统；保护层；防水层；面层等
5	地面节能工程	基层；保温层；保护层；面层等
6	采暖节能工程	系统制式；散热器；门阀与仪表；热力入口装置；保温材料；调试等
7	通风与空气调节节能工程	系统制式；通风与空调设备；阀门与仪表；绝热材料；调试等
8	空调与采暖系统的冷热源及管网节能工程	系统制式；冷热源设备；辅助设备；管网；阀门与仪表；绝热、保温材料；调试等
9	配电与照明节能工程	低压配电电源；照明光源；灯具；附属装置；控制功能；调试等
10	监测与控制节能工程	冷、热系统的监测控制系统；空调水系统的监测控制系统；通风与空调系统的监测控制系统；监测与计量装置；供配电的监测控制系统；照明自动控制系统；综合控制系统等

第3章　建筑装饰装修工程施工管理综合案例

1. 工程概况

某市市中心新建办公楼装饰装修工程，装修面积2500m²，楼高三层。装饰装修工程包括：地面工程：铺设玻化砖、石材、地毯等；墙面工程：涂饰、轻钢龙骨石膏板隔墙、石材干挂；成品玻璃隔断；细部工程：木作柜；吊顶工程：轻钢龙骨硅钙板吊顶、矿棉板吊顶、铝格栅及木作造型吊顶等；卫生间铺设墙地面砖、防水、成品隔断等。同时，包括电气管线及灯具、开关、插座安装；给排水管末端及洁具安装。工期为60d。该楼设有中央空调、消防自动报警及灭火系统及弱电系统，该部分内容由其他专业施工单位负责施工。建设单位对该装饰装修工程进行了公开招标。

2. 工程投标

某建筑装饰装修公司依投标程序参与该工程的投标，并按招标文件的要求编制了投标文件。

（1）投标程序见图3-1

（2）投标文件组成

1）投标书。

2）投标书附件。

3）投标保证金。

4）法定代表人资格证明文件。

5）授权委托书。

6）具有标价的工程量清单与报价表（按招标文件要求）。

7）施工规划：编制各种施工方案及其施工进度计划表、劳动力、机械设备及材料计划表。

8）辅助资料表。

9）资格审查表（经资格预审，此表从略）。

10）对招标文件中的合同协议条款内容的确认和响应。

11）按招标文件规定提交的其他资料。

3. 施工合同签订

该装饰装修公司中标后，按招标文件要求期限内与建设单位洽商并签订了施工合同。施工合同的主要内容包括以下几个方面：

（1）发包人（建设单位）：×××公司

承包人（施工单位）：×××装饰装修工程有限公司

（2）工程概况：

工程名称：×××办公楼装饰装修工程

地点：××市××区××楼

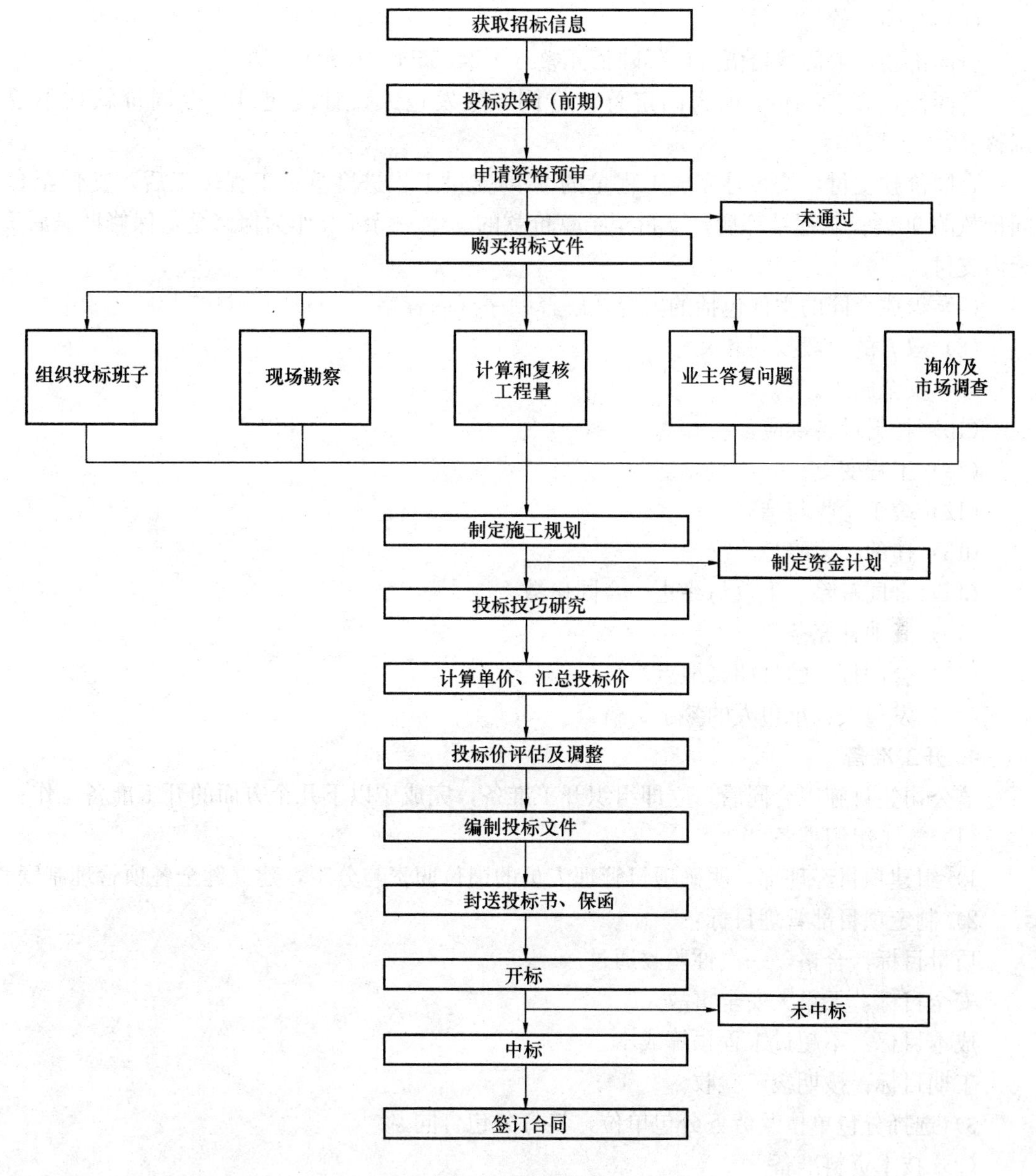

图 3-1　投标程序

内容：室内装饰装修工程

资金来源：自筹

（3）工程承包范围：施工图纸中所有室内装饰装修项目，包括部分水电安装内容，详见工程预算书。

（4）合同工期：

总工期：60 日历天

开工日期：×年 3 月 1 日

竣工日期：×年 4 月 29 日

（5）质量标准：合格。

(6) 合同价款与支付：

合同价款：贰佰肆拾伍万伍仟陆佰元整（￥2455600.00元）。

合同价款调整：本工程为固定总价合同，除发包人设计变更外，合同价款均不予调整。

合同价款支付：按每月完成工程量的80%支付工程进度款；工程竣工后，支付至合同价款的90%；工程结算后，支付至结算价款的95%，余5%作为保修金，保修期满后7天内支付。

(7) 组成合同的文件包括的内容及解释顺序（内容略）。

(8) 双方的一般权利和义务。

(9) 安全施工。

(10) 材料设备供应。

(11) 工程变更。

(12) 竣工验收与结算。

(13) 违约、索赔与争议。

(14) 合同解除、生效与终止、合同份数。

(15) 其他补充条款。

(16) 合同订立的日期、地点。

(17) 发包人、承包人的签字、盖章。

4. 开工准备

该公司签订施工合同后，立即组织开工准备，完成了以下几个方面的开工准备工作：

(1) 施工组织准备

1) 组建项目经理部，明确项目管理人员的岗位职责与分工，建立健全各项管理制度。

2) 制定项目部管理目标：

质量目标：合格，一次性验收通过。

安全目标：无重大安全事故。

成本目标：不超过工程预算成本。

工期目标：按期竣工验收。

3) 选择分包单位及劳务分包单位，签订分包合同。

(2) 技术资料准备

1) 熟悉和自审图纸，参加图纸会审及设计交底，并形成了书面的会审纪要。

2) 收集了有关设计规范、施工规范、验收规范、技术操作规程等资料，主要有：

《建筑工程施工质量验收统一标准》GB 50300

《建筑装饰装修工程质量验收规范》GB 50210

《建筑地面工程施工质量验收规范》GB 50209

《金属与石材幕墙工程技术规范》JGJ 133

《民用建筑工程室内环境污染控制规范》GB 50325

《建筑给排水及采暖工程施工质量验收规范》GB 50242

《建筑电气工程施工质量验收规范》GB 50303

《建筑内部装修设计防火规范》GB 50222

《建筑内部装修防火施工及验收规范》GB 5035

《建设工程文件归档整理规范》GB/T 50328

《建筑工程资料管理规程》JGJ/T 185

《建筑施工安全检查标准》JGJ 59

《施工现场临时用电安全技术规范》JGJ 46

《建筑工程施工现场消防安全技术规范》GB 50720

《建筑施工高处作业安全技术规范》JGJ 80

《企业内部施工工艺标准》

《手持式电动工具的管理、使用、检查和维修安全技术规程》GB/T 3787

3）组织勘察施工现场，并调查和分析研究了有关资料，包括自然条件及技术经济条件资料。

4）组织编制了施工组织方案，包括施工进度计划、材料进场计划、劳动力计划、资金计划等。向监理单位报送了《施工组织方案报审表》，并通过了监理单位的审批。见表3-1施工组织设计（方案）报审表。

施工组织设计（方案）报审表 **表3-1**

工程名称：×××办公楼装修工程 编号：×××

致 ×××监理公司 （监理单位）： 我方已根据施工合同的有关规定完成了 ×××办公楼装修 工程施工组织设计（方案），并经我单位上级技术负责人审查批准，请予以审查。 附： ×××办公楼装修工程 工程施工组织设计（方案） 施工单位（章）： 施工项目负责人（签章）：×××盖章 ×年2月25日 ×年2月20日
专业监理工程师审查意见： 经审查，此施工组织设计编制科学、合理，有针对性和操作性，可指导现场施工。 专业监理工程师（签章）：×××盖章 ×年2月26日
总监理工程师审核意见： 同意审查意见。 项目监理机构（公章）： 总监理工程师（签章）：×××盖章 ×年2月26日 ×年2月26日

5）项目部对施工人员进行技术交底及进场前的安全教育培训和交底，形成了书面记

录，并履行了签字手续。

6）项目部向监理单位报送了《工程动工报审表》，并通过了监理单位审批。见表3-2工程动工报审表。

工程动工报审表 **表3-2**

工程名称：×××办公楼装修工程 编号：×××

<table>
<tr><td>致 ×××监理公司 （监理单位）：
根据合同约定，建设单位已取得主管单位审批的施工许可证，我方也完成了开工前的各项准备工作，计划于 200× 年 3 月 1 日开工，请审批。
开工已完成的法定条件：
1 ☑ 建设工程施工许可证（复印件）
2 ☑ 施工组织设计（含主要管理人员和特殊工种资格证明）
3 ☑ 施工测量放线
4 ☑ 主要人员、材料、设备进场
5 ☑ 施工现场道路、水、电、通讯等已达到开工条件
施工单位（公章）： ×年2月28日
施工项目负责人（签章）：×××盖章 ×年2月27日</td></tr>
<tr><td>审查意见：
经审查，所报开工条件齐全、有效，已具备开工条件。
监理工程师（签章）：×××盖章
×年2月28日</td></tr>
<tr><td>审批结论：
☑ 同意 □不同意
监理单位（公章）： ×年2月28日
总监理工程师（签章）：×××盖章 ×年2月28日</td></tr>
</table>

（3）施工现场准备

1）对施工现场周边进行的围挡和封闭，围挡高度为1.8m。组织保安人员并制定落实了保安制度。

2）制定了现场安全文明施工管理制度，并分工落实，责任到人。

3）按照施工组织方案中的平面布置图对施工现场临时设施进行了搭设和布置（包括办公室、宿舍、食堂、厕所、仓库、材料及垃圾堆放）。

4）落实了现场文明施工措施：工地入口处悬挂五牌一图，设置了宣传栏；工地外墙悬挂质量、安全、文明施工标语。

5）落实了现场安全施工措施：

①项目部采购了安全帽、安全带、安全网，将安全帽及安全带分发至施工作业人员，并进行了使用方法及要求的交底工作。对需设置安全网的部位进行了布置。

②对楼梯口、电梯井口、预留洞口、通道口、阳台、楼板、屋面等临边按规范要求进行了防护。

③落实了施工临时用电、现场照明安全措施，指定电工进行用电管理、检查和维修。

④落实了施工防火措施：施工现场按要求布置防火器材；设置了消防水源。

6）落实了材料、人员、施工机具的垂直运输解决方案：与总包单位签订了使用其施工电梯的配合协议。

7）与总包单位签订了施工临时用水用电配合协议，按照施工临时用水用电方案完成了施工临时用水、用电管线及配电箱的布置。

8）由监理单位组织，与总包单位进行场地的移交以及水平标准点的交底，并形成了书面记录。

（4）物质准备

1）向监理单位提供了玻化砖、石材、地毯、涂料、隔墙龙骨、石膏板、吊顶龙骨、玻璃隔断、硅钙板、人造木板、木饰面板、矿棉板、铝格栅、卫生间墙地面砖、卫生间隔断、电管、水管、电线、灯具、开关、插座、洁具等装修材料样品或图册，并经监理、设计、建设单位确认。

2）样品确认后，经货比三家，选择供应商，并与之签订了材料供应合同。

3）组织施工机械、设备进场。

5.编制工程项目施工组织方案

项目部依据施工图纸、现场实际情况、施工合同、招投标文件等资料，编制了施工组织方案，并按要求履行审批手续。施工组织方案的主要内容有：

（1）工程概况

1）工程基本概况。

2）现场施工条件。

3）工程范围及主要内容。

4）承包方式。

5）质量标准。

6）施工工期。

（2）施工进度计划

1）施工总体计划。

2）施工段的划分及施工顺序。

3）施工组织工作部署。

4）施工进度计划表。

（3）劳动力、主要机械设备投入计划

1）劳动力投入及组织计划。

2）劳动力使用计划保证措施。

3）施工机具配备计划。

4）机械设备投入计划。

5）施工机械设备进场计划。

（4）材料供应计划、资金计划及保障措施

1）材料进场计划及保证措施。

2）资金保证计划及保证措施。

（5）施工平面图布置方案

1）施工现场临时设施搭建和管理。

2）施工平面布置图。

3）现场施工平面运输通道布置。

4）现场临时用水方案。

5）现场临时用电方案。

（6）主要施工方法及工艺

1）主要施工工艺流程。

2）施工工艺流程及质量控制方案。

3）各分项工程施工工艺：

①电气管线安装施工工艺。

②灯具、开关、插座安装施工工艺。

③给水系统安装施工工艺。

④排水系统安装施工工艺。

⑤卫生洁具安装施工工艺。

⑥一般抹灰工程施工工艺。

⑦水泥砂浆面层施工工艺。

⑧防水层施工工艺。

⑨石材加工制作与安装施工工艺。

⑩室内饰面砖施工工艺。

⑪细木装饰施工方案。

⑫木门及防火门施工方案。

⑬轻钢龙骨硅钙板吊顶施工工艺。

⑭轻钢龙骨矿棉板吊顶施工工艺。

⑮窗帘盒制作与安装施工工艺。

⑯玻璃隔断制作安装施工工艺。

⑰木装饰墙面饰面施工工艺。

⑱墙面、吊顶乳胶漆施工工艺。

⑲木饰面油漆施工工艺。

⑳卫生间成品隔断施工工艺。

㉑实木地板面层施工工艺。

㉒地毯面层施工工艺。

㉓护栏与扶手制作安装施工工艺。

（7）工程质量的保证体系

1）工程质量目标。

2）质量保证体系。

3）工程质量管理及保证措施。

4）材料选用与质量控制。

5）防止质量通病措施。

（8）安全文明措施

1）安全文明施工目标。

2）安全文明施工方针。

3）安全文明管理体系。

（9）施工协调及成品保护措施

1）施工协调。

2）成品保护措施。

（10）关键技术及重点、难点技术

1）施工安全与技术交底。

2）卫生间防水施工。

3）卫生间排水管二次连接。

4）设计节点收口处理。

5）工程管理重点。

6）工程施工工艺重点。

7）工程管理难点。

8）工程施工工艺难点。

（11）垂直运输方案

1）现场实际条件。

2）人员、材料、机具设备垂直运输方案。

（12）环境保护措施

1）环境管理目标。

2）环境管理制度及组织体系。

3）大气污染防治。

4）噪声污染的防治。

5）水污染的防治。

6）油料、化学品的控制。

7）绿色环保措施。

8）饮食卫生、防疫防病措施。

6. 编制施工进度计划

项目部依据施工合同工期要求、项目施工工程量、装饰装修工程和项目的施工特点及施工进度安排的总原则，按照施工进度计划的编制步骤编制了施工进度计划表，见表3-3施工进度计划表。

（1）施工进度安排的总体原则：分段施工、先上后下、先里后外、先湿后干，采用流水作业，尽量减少交叉，实现施工的连续性和均衡性。

（2）施工进度计划编制的步骤：

1）划分施工段：按每层为一个施工段；

2）划分施工工序；

3）计算工程量，确定各项工序作业时间和人数；

4）编制施工进度计划；

5）施工进度计划的检查和调整。

（3）编制横道图施工进度计划表（见表3-3）

施工进度计划表

表 3-3

项目名称：×××办公楼装修工程

序号	分项工程名称	工程量	劳动力	施工工期（开工日期：3月1日、工期60天）																			
				3	6	9	12	15	18	21	24	27	30	33	36	39	42	45	48	51	54	57	60
1	场地接收、测量放线	1项	2人																				
2	水电管线敷设	1项	6人									（水电管线需隐蔽验收）											
3	卫生间地面找平防水施工	65m²	2人									（卫生间防水需隐蔽验收）											
4	卫生间墙地面砖铺贴	280m²	4人																				
5	墙面石材骨架制作安装	240m²	4人									（石材钢骨架需隐蔽验收）											
6	墙面石材干挂	240m²	6人																				
7	轻钢龙骨隔墙龙骨安装	650m²	5人																				
8	轻钢龙骨隔墙石膏板封板	650m²	6人									（隔墙龙骨需隐蔽验收）											
9	墙面木作柜制作安装	130m²	6人																				
10	木作造型吊顶制作安装	1项	4人											（木作骨架及基层需隐蔽验收）									
11	轻龙骨硅钙板吊顶龙骨安装	800m²	8人																				
12	轻钢龙骨硅钙板吊顶封板	800m²	8人													（吊顶骨架需隐蔽验收）							
13	铝格栅吊顶安装	100m²	2人												（吊顶骨架需隐蔽验收）								
14	矿棉板吊顶龙骨及矿棉板安装	1600m²	10人							（吊顶骨架需隐蔽验收）													
15	地面找平层施工	150m²	2人						（找平层需隐蔽验收）														
16	地面玻化砖、石材铺贴	2350m²	23人																				
17	成品玻璃隔断安装	120m²	2人																				
18	木门制作安装、五金配件安装	36樘	5人																（门框安装需隐蔽验收）				
19	木作饰面油漆施工	1项	10人																				
20	吊顶墙面乳胶漆施工	6000m²	22人																				
21	洁具、灯具、插座、开关安装	1项	6人																				
22	地毯铺设	150m²	2人																				
23	系统调试	1项	4人																				
24	清洁、整理，竣工验收	1项	6人																				

注：本工程共分三个施工层，采用流水作业，从三层至一层由上往下施工。其他安装施工单位应按本进度的墙面、吊顶隐蔽节点时间，做好相应的施工项目，具备隐蔽条件。

编制单位：×××装修工程有限公司　　编制人：×××　　编制日期：×年×月×日

（4）向监理单位报送了《工程计划报审表》，并通过了审批。见表 3-4 工程计划报审表。

工程计划报审表 表 3-4

工程名称：×××办公楼装修工程 编号：×××

致 ×××监理公司 （监理单位）：

现报上 ×××办公楼装修工程 工程施工进度计划，请予以审查和批准。

附件：

1 ☑ 施工进度计划（说明、图表、工程量、工作量、资源配备） 1 份；

施工单位（公章）： 施工项目负责人（签章）：×××盖章

×年 2 月 20 日 ×年 2 月 20 日

审查意见：

经审查，施工进度计划编制合理、可行，与现场实际情况相符，同意按此计划组织施工。

监理工程师（签章）：×××盖章

×年 2 月 21 日

审查结论：☑同意 □修改后报 □重新编制

监理单位（公章）： 总监理工程师（签章）：×××盖章

×年×月×日 ×年 2 月 21 日

7. 编制劳动力、主要材料及机械设备计划

依据施工进度计划表，分别编制了劳动力、主要材料及机械设备计划表。见表3-5劳动力计划表、表3-6主要材料计划表、表3-7机械设备进场计划表。

劳动力计划表 **表3-5**

工　　种	按工程施工阶段投入劳动力情况		
	前期（1～20天）	中期（20～40天）	后期（40～60天）
隔墙、吊顶工	14人	22人	8人
泥水工	8人	23人	15人
电工	6人	6人	6人
装饰工	6人	8人	8人
木工	5人	15人	6人
油漆工	2人	32人	26人
焊工	4人	2人	0人
玻璃工	0人	2人	2人
普工	6人	8人	6人
管工	2人	2人	2人
合计	53人	120人	79人

主要材料计划表 **表3-6**

序　号	主要材料	分部工程施工日期	到货日期	订货周期	订购日期	备　注
1	电管、水管	3月4日	3月3日	1天	3月2日	
2	卫生间墙地砖	3月11日	3月10日	7天	3月3日	
3	电线	3月6日	3月5日	4天	3月1日	
4	干挂骨架钢材	3月4日	3月3日	1天	3月2日	
5	墙面干挂石材	3月13日	3月12日	6天	3月6日	
6	隔墙龙骨	3月4日	3月3日	2天	3月1日	
7	隔墙石膏板	3月10日	3月9日	4天	3月5日	
8	木作基层板材	3月16日	3月15日	2天	3月13日	
9	吊顶轻钢龙骨	3月19日	3月18日	5天	3月13日	
10	吊顶硅钙板	3月23日	3月22日	4天	3月18日	
11	铝格栅	4月15日	4月14日	8天	4月6日	
12	矿棉板及龙骨	4月3日	4月2日	7天	3月26日	
13	玻化砖	3月28日	3月27日	10天	3月17日	
14	成品玻璃隔断	4月15日	4月14日	15天	3月31日	
15	涂料	3月31日	3月30日	7天	3月23日	
16	灯具开关插座	4月12日	4月11日	7天	4月4日	
17	洁具	4月11日	4月10日	10天	4月1日	
18	地毯	4月23日	4月22日	15天	4月7日	

机械设备进场计划表 表 3-7

序 号	名 称	型 号	数 量	进场时间
1	经纬仪	DJD2-G	1台	3月1日
2	水准仪	DSG320	1台	3月1日
3	石材抛光机	AT7070	1台	3月10日
4	角磨机	G13SR2	10台	3月10日
5	电焊机	LGK-40	2台	3月4日
6	冲击电钻	FDV 16VB	3台	3月4日
7	冲击电钻	FDV 20VB	3台	3月4日
8	大功率手钻	D 10VC2	3台	3月4日
9	电钻	D 6SH	3台	3月7日
10	电钻	FD 10SA	3台	3月7日
11	充电式起子电钻	DS 7DF	4台	3月10日
12	充电式起子电钻	10DSA	4台	3月10日
13	台式电钻（钻、攻两用）	TJ-520	1台	3月4日
14	切割机	CM 4SB	15台	3月4日
15	电圆锯	C 6DD	2台	3月14日
16	复合式斜口锯	C 10FCB	1台	3月14日
17	砂轮切割机	SQ-40-1	3台	3月4日
18	电动往复锯	CR 18DV	2台	3月14日
19	电刨	P 20SB	2台	3月14日
20	空气压缩机	LB1040	2台	3月14日
21	喷枪	CL-4002	6把	3月28日
22	直钉枪		3把	3月14日
23	码钉枪		3把	3月14日

8. 工程质量管理

在施工过程中，严格质量管理。根据装饰装修工程质量管理是全过程、多因素的控制管理特点，项目部采取“计划、实施、检查、处理”（PDCA）循环工作方法，持续改进过程的质量控制。并对工程质量形成的七个阶段（施工准备阶段；材料、构配件、设备采购阶段；原材料检验与施工工艺试验阶段；施工作业阶段；使用功能、性能试验阶段、工程项目交竣工验收阶段；回访与保修阶段）中对影响工程质量的五个重要因素“人、机、料、法、环”进行有效控制。

（1）施工准备阶段的质量控制

1）依据工程合同，制定了工程项目质量总目标；

2）通过图纸自审、会审及设计交底，从而熟悉、掌握图纸的内容和技术要求；

3）编制施工组织设计，包括分部分项工程技术方案，同时，制定质量检验计划，以便质量控制。

（2）施工作业阶段的质量控制

主要包括：材料和设备进场检查验收；施工工艺、方法、工序质量检查监督；隐蔽工程质量检验；分部分项工程质量验收；系统调试及试运行等内容。

1）检验批及分项工程验收：由项目部进行自检，并报监理工程师进行验收。检验批主控项目的抽查样本均应符合规范的规定。一般项目抽查样本的80%以上应符合规范规定，其余样本不得有影响使用功能或明显影响装饰效果的缺陷，其中有允许偏差的检验项目，其最大偏差不得超过规范规定允许偏差的1.5倍。否则，该检验批即为不合格，必须进行整改或返工，重新验收。

例如：

抽查三层卫生间室内饰面砖粘贴检验批，用2m垂直检测尺检查，某立面垂直度偏差为3.5mm，规范允许最大偏差为2mm。2mm×1.5=3mm，超出规范要求，则该检验批不合格。

抽查一层轻钢龙骨石膏板隔墙检验批，用2m靠尺和塞尺检查，某一墙面表面平整度偏差为5.0mm。规范允许最大偏差为3mm。3mm×1.5=4.5mm，超出规范要求，则该检验批不合格。

二层窗台板制作安装检验批，共抽查10处，用1m水平尺和塞尺检查，有3处的水平度超过2mm，则该检验批为不合格。

该装饰装修公司经整改、返工后，检验批全部合格。

2）隐蔽工程验收：隐蔽工程自检合格，并报监理单位，验收合格后，进入下一道工序施工。以墙面石材干挂钢骨架隐蔽工程验收记录为例。见表3-8隐蔽工程验收记录。

隐蔽工程验收记录 **表3-8**

工程名称：×××办公楼装修工程 编号：×××

<table>
<tr><td>隐检项目</td><td colspan="2">石材干挂钢骨架焊接</td><td>隐检日期</td><td>×年3月9日</td></tr>
<tr><td>隐检部位</td><td colspan="4">三层电梯厅墙面</td></tr>
<tr><td colspan="5">隐检依据：施工图图号 电梯大样图 P-03， 设计变更/洽商（编号 / ）及有关国家现行标准等。主要材料名称及规格/型号：L50×5镀锌角钢、M12×100膨胀螺栓</td></tr>
<tr><td colspan="5">隐检内容：
1. 先将角码用膨胀螺栓固定与结构墙及地面；
2. 按照排版尺寸将50×50×5镀锌角钢焊接在角码上；
3. 焊缝饱满，焊接牢固；
4. 焊接处涂刷防锈漆均匀到位。
隐检内容已做完，请予以验收。</td></tr>
<tr><td colspan="5">检查意见：
角码安装及角钢焊接符合设计及验收规范要求，同意进行下道工序施工。
检查结论：☑同意隐检 □不同意隐检 □修改后进行复查</td></tr>
<tr><td colspan="5">复查意见：
无
复查人：××× ×年3月9日</td></tr>
<tr><td rowspan="3">签字栏</td><td rowspan="3">建设（监理）单位</td><td colspan="3">施工单位：北京××建筑装饰设计工程有限公司</td></tr>
<tr><td>专业技术负责人
（施工项目负责人）</td><td>专业质检员</td><td>专业工长</td></tr>
<tr><td>×××（盖章）</td><td>×××</td><td>×××</td></tr>
</table>

（3）施工竣工阶段质量控制

竣工阶段包括：施工单位的自行验收、工程预验收、工程竣工验收。

（4）施工材料检验的控制

工程设备、材料的质量是工程质量的基础，是创造正常施工条件的前提。

1）设备和材料采购的控制：按照确认的材料样品，采购符合国家或行业标准的材料。

2）工程设备和材料进场的检查和验收的控制：

①严格按照国家或行业标准，对所有进场材料的型号、规格、生产厂家、质量、外观、数量、合格证、检测报告等进行检查验收，不符合要求和不合格的产品或材料不得进场。并经监理工程师检查认可。

②根据《民用建筑工程室内环境污染控制规范》GB 50325 的要求，对以下材料进场时，项目部进行了检查验收：

a. 供应商提供了人造木板、饰面人造木板游离甲醛含量或游离甲醛释放量检测报告，达到规范中 E_1 级以上要求。对材料的游离甲醛含量或游离甲醛释放量进行了见证取样检测复验，符合规范要求。

b. 供应商提供了花岗岩石材、玻化砖、卫生间墙地面砖、卫生洁具、石膏板、硅钙板Ⅱ放射性指标检测报告，并对石材及玻化砖的放射性指标进行了见证取样检测复验。

c. 供应商水性涂料、水性防水涂料同批次产品的挥发性有机化合物（VOC）和游离甲醛含量检测报告；并应符合设计要求和规范的有关规定。

d. 供应商提供了清漆、万能胶必须有同批次产品的挥发性有机化合物（VOC）、苯、甲苯＋二甲苯、游离甲苯二异氰酸酯（TDI）含量检测报告，并应符合设计要求和规范的有关规定。

③电线、开关、插座应按要求进行了见证取样检测复验。

④供应商提供了地毯、石膏板、硅钙板、矿棉板、防火涂料防火性能的检测报告。符合设计及《建筑内部装修设计防火规范》GB 50222 的要求。

3）工程设备、材料储存保管的控制：

按照材料的储存及堆放要求，进行保管。

（5）施工工艺的控制

1）施工方法和操作工艺力求技术可行、经济合理、工艺先进、操作方便；

2）选择有利于提高工程质量、加快施工进度、降低成本的施工工艺；

3）严格遵守施工工艺标准和操作规程；

4）加强工序质量检验。

（6）施工机具和检测器具的选择和控制

1）施工机工具的选用，应能满足需要和保证质量要求；

2）合理使用施工机具和检测器具，正确地进行操作，是保证工程质量的重要环节；

3）施工机具和检测工具应加强管理和保养工作。

（7）对施工人员的控制

工程质量的关键是人，人的行为直接影响工程质量，因此项目部在对人的因素控制方面做了以下几方面的工作：

1）从教育、培训、技能、经历等方面确认从业人员必备的资格和能力。

2）对从业人员加强质量意识教育和宣传。

3）严格培训、持证上岗。

选择了能够胜任保证工程质量的管理、操作和检验岗位人员。

（8）施工环境的控制

项目部经全面考虑、综合分析，制定了对工程技术环境、工程管理环境和作业劳动环境控制方案及实施措施，有效控制了施工环境。

9. 工程进度管理

为保证施工工期，项目部紧紧抓住了计划、实施、检查、调整四个管理环节。通过检查比较，发现进度计划与实际进度的偏差后，采取针对性措施调整进度计划，保证了整个工程进度按计划完成。

（1）施工进度控制：做到事前控制、事中控制、事后控制

1）事前控制：编制了施工总进度计划，确定工期目标；根据工程项目情况，分解目标，制定了月、旬、周进度计划；并制定了完成计划的相应施工方案和保障措施。

2）事中控制：检查工程进度，对比实际进度与计划进度是否存在偏差；进行施工进度的动态管理，分析进度差异的原因，提出调整的措施和方案，相应调整施工进度计划、资源供应计划。

3）事后控制：发现进度偏差后，分析原因并采取措施。包括：保证总工期不突破的对策措施；总工期突破后的补救措施；调整施工计划，组织协调相应的配套设施和保障措施。

（2）进度计划的实施

1）项目经理部在计划实施前首先进行了计划交底，并对分包单位和施工作业班组下达了计划任务书；施工任务单的内容有具体的施工形象进度和工程实物量，技术措施和质量要求等；

2）在实施进度计划过程中做好施工记录，任务完成后由项目部检查验收；

3）根据月、旬、周施工进度计划，掌握计划实施情况，协调施工中的各个环节，各个专业工种、各相关方之间协作配合关系。采取措施，调度生产要素，加强薄弱环节，处理施工中出现的各种矛盾，保证施工有条不紊地按计划进行。

（3）进度计划的检查

在进度计划实施过程中，对实际进度进行了实时监测，监测的内容：

1）不断观测每一项工作的实际开始时间、完成时间、持续时间、现状等，并加以记录；

2）定期观测关键工作的进度和关键线路的变化情况，并相应采取措施进行调整；

3）定期检查工作之间的逻辑关系变化情况，以便适时进行调整；

4）有关项目范围、进度目标、保障措施变化信息，并加以记录。

（4）进度计划的调整

施工进度计划的调整依据进度计划检查结果。

施工进度计划的调整步骤：

1）分析进度计划检查结果；

2）分析进度偏差的影响并确定调整的对象和目标；

3）选择适当的调整方法；

4）编制调整方案；

5）对调整方案进行评价和决策；

6）调整施工进度计划并组织实施。

（5）示例

因空调施工单位进度影响，原进度计划于开工后第23天开始吊顶硅钙板封板工作，现无法实施，需延后10天，才具备封板条件。项目部与空调施工单位了解情况后，根据现场实际及材料到场情况，为保证总工期，按如下进行施工进度计划调整：

1）提前进行地面砖铺贴：由原计划的第28日开始施工提前至第24日；

2）硅钙板吊顶封板开始时间由第23日调整至第34日，并采取加人加班措施，每层持续工作时间由4天缩短为3天；

3）矿棉板开始时间由第34日调至第44日，并采取加人加班措施，每层持续工作时间由6天缩短为4天；

4）涂料施工班组后期施工采取加人加班措施，确保按原计划时间完成。

调整后的《施工进度计划表》（见表3-9）经监理单位审批、通过后，实施。

10. 工程安全、文明施工及环境保护管理

（1）工程安全管理

项目部依据本工程特点及装饰装修工程特点，采取了以下管理措施：

1）工程安全管理程序：确定安全管理目标、编制了安全措施计划、实施安全措施计划、安全措施计划实施结果的验证、评价安全管理绩效并持续改进。

2）确定安全管理组织：项目经理是项目安全第一责任人，由其负责组建项目安全管理组织机构，并明确各级安全责任制。

3）编制安全措施：施工组织方案中针对本项目制定了安全措施；对专业性较强的施工临时用电、脚手架搭设编制了专项安全施工方案；项目部还制定了安全事故应急预案。

4）安全技术交底：项目部对施工班组及作业人员进行了施工组织方案安全交底和分部分项工程安全技术交底；交底以书面形式并履行了签字手续。

5）安全培训：项目部制定了安全教育培训制度。对新进工人进行了三级安全教育并考核，未经培训或考核不合格的，不得上岗；对特种作业人员要求必须持证上岗。

6）安全检查：制定了安全检查制度。项目部采取定期、不定期、季节性检查。并对安全检查进行书面记录，对检查出的事故隐患，做到：定人、定时间、定措施整改到位。

7）分析本装饰装修装饰工程不安全因素，确定安全管理重点。针对本工程主要安全隐患：高空坠落和物体打击、触电伤害、机具伤害、火灾事故、有毒物品的使用，制定针对性的管理措施，并督促、检查，落实到位。

（2）工程文明施工管理

项目部依据本工程特点及装修工程特点，采取了以下管理措施：

1）分析并确定本项目文明施工管理的主要内容：现场管理、安全防护、临时用电安全、机械设备安全、消防、保卫管理、材料管理、环境保护管理、环卫卫生管理、宣传教育。

施工进度计划表（工期调整后）

表 3-9

项目名称：×××办公楼装修工程

序号	分项工程名称	工程量	劳动力	施工工期（开工日期：3月1日、工期60天）																			
				3	6	9	12	15	18	21	24	27	30	33	36	39	42	45	48	51	54	57	60
1	场地接收、测量放线	1项	2人																				
2	水电管线敷设	1项	6人									（水电管线需隐蔽验收）											
3	卫生间地面找平防水施工	65m²	2人									（卫生间防水需隐蔽验收）											
4	卫生间墙地面砖铺贴	280m²	4人																				
5	墙面石材骨架制作安装	240m²	4人									（石材钢骨架需隐蔽验收）											
6	墙面石材干挂	240m²	6人																				
7	轻钢龙骨隔墙龙骨安装	650m²	5人																				
8	轻钢龙骨隔墙石膏板封板	650m²	6人									（隔墙龙骨需隐蔽验收）											
9	墙面木作柜制作安装	130m²	6人																				
10	木作造型吊顶制作安装	1项	4人											（木作骨架及基层需隐蔽验收）									
11	轻龙骨硅钙板吊顶龙骨安装	800m²	8人																				
12	轻钢龙骨硅钙板吊顶封板	800m²	8人																				
13	铝格栅吊顶安装	100m²	2人											（吊顶骨架需隐蔽验收）									
14	矿棉板吊顶龙骨及矿棉板安装	1600m²	10人							（吊顶骨架需隐蔽验收）													
15	地面找平层施工	150m²	2人						（找平层需隐蔽验收）														
16	地面玻化砖、石材铺贴	2350m²	23人																				
17	成品玻璃隔断安装	120m²	2人																				
18	木门制作安装、五金配件安装	36樘	5人																（门框安装需隐蔽验收）				
19	木作饰面油漆施工	1项	10人																				
20	吊顶墙面乳胶漆施工	6000m²	22人																				
21	洁具、灯具、插座、开关安装	1项	6人																				
22	地毯铺设	150m²	2人																				
23	系统调试	1项	4人																				
24	清洁、整理，竣工验收	1项	6人																				

注：本工程共分三个施工层，采用流水作业，从三层至一层由上往下施工。其他安装施工单位应按本进度的墙面、吊顶隐蔽节点时间，做好相应的施工项目，具备隐蔽条件。

编制单位：×××装修工程有限公司　　编制人：×××　　编制日期：×年3月22日

2）建立了施工项目文明管理组织体系：项目部组建文明施工领导小组，并依据施工组织设计，全面负责施工现场的规划，制定各项文明施工管理制度，划分责任区，明确责任人，对现场文明施工管理进行落实、监督、检查、协调。

3）制定并落实了现场文明施工措施：

①工地现场封闭严密、完整、牢固、美观。大门明显处设置“五图一牌”；场内道路平整、坚实、畅通、有完善的排水措施；严格按平面布置划定的位置整齐堆放原材料、机具和设备；施工区内废料和垃圾及时清理，成品保护措施健全有效。

②安全防护应符合《建筑施工安全检查标准》JGJ 59的相关规定；

③施工临时用电符合《施工现场临时用电安全技术规范》JGJ 46的相关规定；

④设备及加工场地整齐、平整、无易燃及妨碍物；设备的安全防护装置、操作规程、标识、台账、维护保养等齐全并符合要求；操作人员持证上岗。

⑤消防、保卫：建立健全安全、消防、保卫制度，落实治安、防火等工作管理责任人。施工现场管理人员、作业人员做到了佩戴工作卡。施工现场有明显防火标志、消防通道畅通、消防设施、工具、器材符合要求，施工现场不准吸烟；明火作业经项目部动火审批，电、气焊工持证上岗。

⑥材料管理：工地的材料按平面图规定地点、位置设置，材料、设备应堆放整齐、有标识、资料齐全并有台账。现场应做到活完料清脚下净，施工现场垃圾集中存放、回收、清运。

⑦环境保护：制定了施工现场防大气污染、水污染、噪声污染的环保措施，建立了环保体系并检查记录，夜间施工前向有关部门递交了申请，采取降噪和防光污染的措施，并做好了周边居民小区的协调工作，经核准后进行施工。

⑧环卫管理：建立卫生管理制度，明确卫生责任人，划分责任区，有卫生检查记录。

⑨宣传教育：施工现场布置了黑板报、宣传栏、标语等。提高了作业人员的防火、防灾及质量、安全意识。

（3）环境保护管理

1）工程开工前编制了切实可行的环境保护方案及环保管理规定，制定项目施工的环境保护目标。

2）成立了以项目部为首的“环境保护管理领导小组”，组织领导施工现场的环境保护管理工作。每半月召开一次“项目环境保护管理领导小组”工作例会，总结前一阶段的施工现场环境保护情况，布置下一阶段的项目环境保护工作。按照有关要求对现场环境保护措施的实施进行了监督检查，对检查中所发现的问题，予以记录，并落实整改。

3）现场环境保护措施

①大气污染防治：施工现场设立了专门的废弃物临时贮存场地，废弃物分类存放，对有可能造成二次污染的废弃物单独贮存、设置安全防范措施且有醒目标识。所有废弃物被送到了许可的再生工厂。施工垃圾搭设封闭式垃圾道或采用容器吊运到地面，杜绝将施工垃圾随意凌空抛撒。在垃圾道出口处搭设了挡板，做到了现场不堆积大量垃圾，垃圾及时清运，清运时洒水，防止扬尘。

②噪声污染的防治：严格控制强噪声作业，施工现场在使用的电锯等强噪音机具前，采取了隔音棚或隔音罩降噪封闭、遮挡。

③水污染的防治：做到了确保雨水管网与污水管网分开使用，严禁将非雨水类的其他水体

排进市政雨水管网。对现场石材加工场用水采取循环用水措施，设置了循环水池，定期清掏，确保了其循环效果。对于油料库、有毒物品及油漆库，设置了专人负责，存放处的地面采取防毒措施，做到了水泥地面，在储存和使用中防止跑、冒、滴、漏，造成的水体污染。

④油料、化学品的控制：油料、化学品贮存要设专用库房；一律实行封闭式、容器式管理和使用，施工现场固体有毒物用袋集装，液体物采用封闭式容器管理；避免了泄露、遗撒；化学品及有毒物质使用前编制作业指导书，并对操作者进行了培训；有毒物质由有资质单位实行定向回收。

⑤施工操作环保措施：使用的建筑装饰材料符合环保规定。各种板材、涂料、粘结剂、化学外加剂等的有机挥发性物质和总的挥发性物质符合有关环保规定。油漆、涂料等化学品施工操作时，做到了严禁遗洒。禁止使用含有石棉等有害人体健康的装修材料。

⑥夜间施工管理措施：夜间施工事先向当地区建委申请，经同意后组织夜间施工。同时做好了当地居民走访工作，及时发放补贴，协调好与周边单位，居民的关系，避免了矛盾的发生。在材料堆放场清理材料时，应轻拿轻放，防止发出噪音。合理安排施工工序，将施工噪音较大的工序安排到白天工作时间进行，如石材的切割、木工加工等。在夜间尽量少安排施工作业，以减少噪音产生。在施工场地外围进行噪音监测，对于一些产生噪音的施工机械，采取有效的措施以减少噪音，如金属和模板加工场地均搭设工棚以屏蔽噪声。注意夜间照明灯光的投射，在施工区内进行作业封闭，尽量降低光污染。

⑦饮食卫生防病、防疫安全措施：成立了施工现场卫生防疫领导小组，负责施工现场和民工生活区流行病疫预防和控制。根据季节变化的特点，结合现场实际情况，做好流行性感冒、非典型肺炎、高致病性禽流感等流行疾病的防控。

11. 工程成本控制管理

项目部从成本控制原则、成本控制对象、成本控制计划及目标、成本控制方法四个方面入手，进行了成本的控制管理。

（1）成本控制的原则

1）开源与节流相结合的原则。

2）全面控制原则（全员控制、全过程控制）。

3）中间控制和适时原则。

4）目标管理与例外管理原则。

5）成本目标风险分担的原则。

6）责、权、利相结合的原则。

（2）确认了成本控制的对象

1）施工项目成本形成的过程。

2）施工项目的职能部门、施工队和生产班组。

3）分部分项工程。

4）对外经济合同。

（3）编制了成本计划及明确成本控制目标

1）根据施工图计算的工程量及参考定额，收集相关资料以及考虑项目的特点、施工方案、劳务分包合同、材料设备市场价格等因素，做出了成本预测。

2）权衡各方面利弊得失，估算出项目的计划成本，确认了项目的目标成本。

3）综合平衡，编制了正式的项目成本计划。

（4）确定了项目成本控制的内容

1）材料成本的控制：包括材料消耗数量的控制（采用限额领料和有效控制现场施工耗料）和材料采购成本的控制，即从量和价两个方面进行了控制。

2）工程设备成本的控制：主要从设备采购成本、设备运输成本和质量成本进行了控制。

3）人工成本控制：对需用人工数量、工程配备合理性、按工期计划合理调配人员进出场，准确核定了各施工队和班组的人工费用。

4）施工机械费成本控制：按施工方案和施工技术措施中规定的机种和数量合理安排，提高现场施工机具使用效率，完成率，合理调度和进出场时间等，降低了机具费用成本。

5）工程质量成本控制：包括控制成本和故障成本。首先从质量成本核算开始，而后进行了质量成本分析和质量成本控制。

（5）成本控制的方法

项目部在施工项目成本控制中，采用了按施工图预算，实行“以收定支”的成本控制方法。

12. 施工资料管理

项目部配备了专职的资料管理员，负责施工资料的管理工作。对施工资料要求做到了：及时、真实、完整的反映工程施工的实际。

施工资料包括施工管理资料、施工技术资料、施工进度及造价资料、施工物资资料、施工记录及检测报告、施工质量验收记录、施工验收资料、竣工验收资料8类。

（1）施工管理资料

1）施工进度计划分析。

2）项目大事记（项目开、竣工；停、复工；质量、安全事故等）。

3）施工日志。

4）不合格项处置记录。

5）工程质量事故报告。

6）施工总结。

（2）施工技术资料

1）工程技术文件报审表（包括施工组织设计、施工方案、深化设计等）。

2）技术交底记录（包括施工组织设计交底，分项工程施工技术交底）。

3）施工组织设计及专项施工方案。

4）图纸会审及设计交底记录。

5）设计变更及洽商记录。

（3）施工进度及造价资料

1）开工报告。

2）经监理（建设单位）审批的施工总进度计划审批表。

3）经监理（建设单位）审批的施工进度计划调整审批表。

4）月进度工程款支付申请表。

5）工程量清单报价表（工程预算书）。

6）工程联系单、签证单。

7）工程结算书。

8）施工合同。

9）国家、地方有关部门发布的人工、材料、机械、取费调整规定、定额等。

（4）施工物质资料

1）工程主要材料、成品、半成品、构配件、设备等质量证明文件（包括质量合格证明、检验报告、生产许可证、产品合格证等）。

2）按规定实行见证取样的材料，应做好见证记录，并应保存检验报告。

3）工程材料选样记录。

4）工程材料报审表。

5）工程材料进场报验记录。

6）设备开箱检查记录。

7）材料、配件检验记录。

（5）施工记录资料

1）隐蔽工程检查记录。

2）中间检查交接记录。

3）预检工程检查记录。

（6）施工试验（调试）记录资料

1）施工试验记录。

2）设备调试记录。

3）防水工程试水检查。

4）照明全负荷试验记录。

5）大型灯具牢固性试验记录。

6）接地电阻测试记录。

7）线路、插座、开关接地检测记录。

8）绝缘电阻测试记录。

9）管道强度、严密性试验记录。

10）给水管道清洗、消毒记录。

11）管道通水试验记录。

12）排水管道通球试验记录。

13）卫生器具满水试验记录。

（7）施工质量及验收资料

1）检验批、分项工程、分部（子分部）质量验收记录。

2）单位（子单位）工程质量验收记录、工程质量控制资料核查记录、工程安全和功能检验资料核查及主要功能抽查记录、工程观感质量检查记录。

3）施工单位自评报告和监理和设计单位的评定报告。

4）竣工预验收责令整改通知单及整改反馈报告。

5）工程竣工验收报告。

（8）竣工图

13. 施工协调配合

（1）做好与总包单位的协调配合

装饰装修公司与总承包单位签订了总分包协议，明确了各自任务及相互关系：总承包单位全面负责工程的管理，对承包工程的总工期、总体质量等工作负责。其主要职能是统一对外、统一指挥、统一部署、统一计划和统一管理，对参施分包单位实行指挥、协调、监督和服务，与此同时，对承包合同的工期质量等实施动态控制与管理。分包单位应当服从总包单位的统一指挥和统一部署，对分包区域工程的工期、质量和成本等各项经济技术指标负责，自负盈亏，接受总包单位的指导与监督，在总包单位统一指挥和统一施工部署与计划下，使全体参施人员形成一个有机结合的整体力量，共同完成施工任务。

1）做到了服从总承包方的管理，主动将装饰的施工计划报给总承包以取得总承包的支持与理解，及时地让出施工作业面。

2）进场前与总承包协调好临时用水、临时用电设施的使用配合，以保证装饰工程的顺利开工。

3）主动将进场装饰材料的进场计划与堆放区域报与总承包，由于是多专业同时施工，请总承包协调好材料的垂直运输及临时堆放点。

4）与总承包签订了安全、消防保卫、成品保护协议书。

（2）做好与水电安装专业的配合

1）积极主动与水电专业施工单位进行沟通，做到了相互了解对方的施工进度计划，以免影响到装修工程的施工进度。

2）做到了充分与业主和水电安装单位协商，争取提前使用正式线路以替换施工时临电线路。

3）项目管理人员积极主动与水电安装单位进行协调沟通，做好了承包范围内的水电安装工程与水电安装单位的衔接工作。并协调配合水电安装工程的调试工作。

4）在隔墙、吊顶封板前，确认了水电安装单位已完成该部位的所有施工内容，具备隐蔽条件，方可进行封板工作。

（3）做好与空调、通风、消防的配合协调

1）积极主动与空调、通风、消防专业施工单位进行沟通，做到了相互了解对方的施工进度计划，以免影响到装修工程的施工进度。

2）将装饰空调图纸，消防等与装修设计图对照，审核吊顶标高是否满足设计要求。

3）审核管道安装是否影响了装饰的吊顶造型，以及管道的走向是否与造型有矛盾。发现与图纸有冲突时，及时提交与监理、设计、建设单位，进行协商解决，保证了施工进度与质量。

4）吊顶封板前确认了空调、消防管理已试水、试压，具备隐蔽条件后进行了封闭面板。

14. 工程验收及移交

1）单位工程完工后，装饰装修公司自行组织有关人员进行检查评定，并向监理单位提交工程验收报告（施工单位自评报告）。

2）监理单位收到工程验收报告后，进行了检查验收，并出具了质量监理检查报告，并通知建设单位组织竣工预验收。建设单位报请建设行政主管部门，并组织了施工、设计、监理等单位（项目）负责人进行工程预验收。

3）装饰装修公司对预验收提出的责令整改问题，在要求的时间内整改完成，并以书面形式提交了整改反馈报告。

4）建设、监理单位对整改内容进行了复查，确保整改到位。并报建设行政主管部门核查。

5）该工程于4月29日按期完工，5月7日装饰装修公司（完工7天后）向监理单位申请进行室内环境质量检测。经检测，该工程室内环境污染物浓度检测结果符合《民用建筑工程室内环境污染控制规范》GB 50325的要求，检测机构出具了检测结果报告。

6）工程完工后，单项工程（包括装修工程）由建设单位组织消防主管单位进行专项消防验收，取得了由消防主管部门出具的消防验收合格意见书。

7）单位工程质量验收合格后，建设单位在规定时间内将工程竣工验收记录和有关文件，报建设行政主管部门进行了备案。单位（子单位）工程质量竣工验收记录，见表3-10单位（子单位）工程质量竣工验收记录、表3-11单位（子单位）工程质量控制资料核查记录、表3-12单位（子单位）工程安全和功能检验资料核查及主要功能抽查记录、表3-13单位（子单位）工程观感质量检查记录。

单位（子单位）工程质量竣工验收记录 **表3-10**

工程名称：×××办公楼装修工程 编号：×××

工程名称	×××办公楼装修工程	结构类型	框架	层数/建筑面积	地上3层/2500平方
施工单位	×××装修工程有限公司	技术负责人	×××	开工日期	×年3月1日
施工项目负责人	×××	项目技术负责人	×××	竣工日期	×年4月29日

序号	项目	验收记录	验收结论
1	分部工程	共3分部，经查3分部符合标准及设计要求3分部	同意验收
2	质量控制资料核查	共20项，经审查符合要求20项，经核定符合规范要求20项	同意验收
3	安全和主要使用功能核查及抽查结果	共核查7项，符合要求7项，共抽查3项，符合要求3项，经返工处理符合要求0项	同意验收
4	观感质量验收	共抽查9项，符合要求9项，不符合要求0项	同意验收
5	综合验收结论	好	好

	建设单位	监理单位	施工单位	设计单位
参加验收单位	负责人（签字） ××× （公章） ×年5月10日	负责人（签字） ××× （公章） ×年5月10日	施工项目负责人 （签章） 施工单位负责人 （签字） ××× （公章） ×年5月10日	负责人（签字） ××× （公章） ×年5月10日

单位（子单位）工程质量控制资料核查记录 **表 3-11**

工程名称：×××办公楼装修工程 编号：×××

工程名称		×××办公楼装修工程	施工单位	×××装修工程有限公司		
序号	项目	资料名称		份数	核查意见	核查人
1	建筑与结构	图纸会审、设计变更、洽商记录		10	合格	×××
2		工程定位测量、放线记录				
3		原材料出厂合格证书及进场检（试）验报告		38	合格	×××
4		施工试验报告及见证检测报告		6	合格	×××
5		隐蔽工程验收记录		35	合格	×××
6		施工记录		3	合格	×××
7		预制构件、预制混凝土合格证				
8		地基基础、主体结构检验及抽样检测资料				
9		分项、分部工程质量验收记录		15	合格	×××
10		工程质量事故及事故调查处理资料				
11		新材料、新工艺施工记录				
1	给排水与采暖	图纸会审、设计变更、洽商记录		3	合格	×××
2		材料、配件出厂合格证书及进场检（试）验报告		10	合格	×××
3		管道、设备强度试验、严密性试验记录		6	合格	×××
4		隐蔽工程验收记录		6	合格	×××
5		系统清洁、灌水、通水、通球试验记录		6	合格	×××
6		施工记录		1	合格	×××
7		分项、分部工程质量验收记录		12	合格	×××
8						
1	建筑电气	图纸会审、设计变更、洽商记录		4	合格	×××
2		材料、设备出厂合格证书及进场检（试）验报告		12	合格	×××
3		设备调试记录		3	合格	×××
4		接地、绝缘电阻测试记录		12	合格	×××
5		隐蔽工程验收记录		6	合格	×××
6		施工记录		1	合格	×××
7		分项、分部工程质量验收记录		14	合格	×××
8						

续表

<table>
<tr><td colspan="2">工程名称</td><td></td><td colspan="2">施工单位</td><td></td></tr>
<tr><td>序号</td><td>项目</td><td>资 料 名 称</td><td>份数</td><td>核查意见</td><td>核查人</td></tr>
<tr><td>1</td><td rowspan="9">通风与空调</td><td>图纸会审、设计变更、洽商记录</td><td></td><td></td><td></td></tr>
<tr><td>2</td><td>材料、设备出厂合格证书及进场检（试）验报告</td><td></td><td></td><td></td></tr>
<tr><td>3</td><td>制冷、空调、水管道强度试验、严密性试验记录</td><td></td><td></td><td></td></tr>
<tr><td>4</td><td>隐蔽工程验收记录</td><td></td><td></td><td></td></tr>
<tr><td>5</td><td>制冷设备运行调试记录</td><td></td><td></td><td></td></tr>
<tr><td>6</td><td>通风、空调系统调试记录</td><td></td><td></td><td></td></tr>
<tr><td>7</td><td>施工记录</td><td></td><td></td><td></td></tr>
<tr><td>8</td><td>分项、分部工程质量验收记录</td><td></td><td></td><td></td></tr>
<tr><td>9</td><td></td><td></td><td></td><td></td></tr>
<tr><td>1</td><td rowspan="8">电梯</td><td>图纸会审、设计变更、洽商记录</td><td></td><td></td><td></td></tr>
<tr><td>2</td><td>设备出厂合格证书及开箱检验记录</td><td></td><td></td><td></td></tr>
<tr><td>3</td><td>隐蔽工程验收记录</td><td></td><td></td><td></td></tr>
<tr><td>4</td><td>施工记录</td><td></td><td></td><td></td></tr>
<tr><td>5</td><td>接地、绝缘电阻测试记录</td><td></td><td></td><td></td></tr>
<tr><td>6</td><td>负荷试验、安全装置检查记录</td><td></td><td></td><td></td></tr>
<tr><td>7</td><td>分项、分部工程质量验收记录</td><td></td><td></td><td></td></tr>
<tr><td>8</td><td></td><td></td><td></td><td></td></tr>
<tr><td>1</td><td rowspan="8">建筑智能化</td><td>图纸会审、设计变更、洽商记录、竣工图及设计说明</td><td></td><td></td><td></td></tr>
<tr><td>2</td><td>材料、设备出厂合格证及技术文件及进场检（试）验报告</td><td></td><td></td><td></td></tr>
<tr><td>3</td><td>隐蔽工程验收记录</td><td></td><td></td><td></td></tr>
<tr><td>4</td><td>系统功能测定及设备调试记录</td><td></td><td></td><td></td></tr>
<tr><td>5</td><td>系统技术、操作和维护手册</td><td></td><td></td><td></td></tr>
<tr><td>6</td><td>系统管理、操作人员培训记录</td><td></td><td></td><td></td></tr>
<tr><td>7</td><td>系统检测报告</td><td></td><td></td><td></td></tr>
<tr><td>8</td><td>分项、分部工程质量验收记录</td><td></td><td></td><td></td></tr>
</table>

结论

合格

施工项目负责人（签章）：×××

×年5月10日

总监理工程师：×××

（建设单位项目负责人）

×年5月10日

单位（子单位）工程安全和功能检验资料核查及主要功能抽查记录 **表 3-12**

工程名称：×××办公楼装修工程　　　　编号：×××

工程名称		×××办公楼装修工程		施工单位	×××装修工程有限公司	
序号	项目	安全和功能检查项目	份数	核查意见	抽查结果	核查(抽查人)
1	建筑与结构	屋面淋水试验记录				×××
2		地下室防水效果检查记录				
3		有防水要求的地面蓄水试验记录	3	合格	合格	
4		建筑物垂直度、标高、全高测量记录				
5		抽气（风）道检查记录				
6		幕墙及外窗气密性、水密性、耐风压检测报告				
7		建筑物沉降观测测量记录				
8		节能、保温测试记录				
9		室内环境检测报告	1	合格	合格	
10						
1	给排水与采暖	给水管道通水试验记录	3	合格	合格	×××
2		暖气管道、散热器压力试验记录				
3		卫生器具满水试验记录	3	合格	合格	
4		消防管道、燃气管道压力试验记录				
5		排水干管通球试验记录				
6						
1	电气	照明全负荷试验记录	1	合格	合格	×××
2		大型灯具牢固性试验记录	1	合格	合格	
3		避雷接地电阻测试记录				
4		线路、插座、开关接地检验记录	3	合格	合格	
5						
1	通风与空调	通风、空调系统试运行记录				
2		风量、温度测试记录				
3		洁净室洁净度测试记录				
4		制冷机组试运行调试记录				
5						
1	电梯	电梯运行记录				
2		电梯安全装置检测报告				
1	智能建筑	系统试运行记录				
2		系统电源及接地检测报告				
3						

结论：

同意验收。

施工单位（施工项目负责人）：×××　　　　总监理工程师：×××

（建设单位项目负责人）

×年5月10日　　　　×年5月10日

单位（子单位）工程观感质量检查记录

表 3-13

工程名称：×××办公楼装修工程　　　　编号：×××

施工单位：×××装修工程有限公司

序号	项目		抽查质量状况										质量评价		
													好	一般	差
1	建筑与结构	室外墙面													
2		变形缝													
3		水落管，屋面													
4		室内墙面	√	√	√	○	√	√	√	√	√	√	√		
5		室内顶棚	○	√	√	√	√	√	√	√	√	√	√		
6		室内地面	√	√	√	○	○	√	√	√	√	√	√		
7		楼梯、踏步、护栏	√	√	√	√	√	√	○	√	√	√	√		
8		门窗	√	√	√	√	√	√	√	√	○	√	√		
1	给排水与采暖	管道接口、坡度、支架													
2		卫生器具、支架、阀门	√	√	√	√	√	√	√	√	√	√	√		
3		检查口、扫除口、地漏	√	√	√	√	√	√	√	√	○	√	√		
4		散热器、支架													
1	建筑电气	配电箱、盘、板、接线盒	√	√	√	√	√	○	√	√	√	√	√		
2		设备器具、开关、插座	√	√	√	√	√	√	√	√	√	√	√		
3		防雷、接地													
1	通风与空调	风管、支架													
2		风口、风阀													
3		风机、空调设备													
4		阀门、支架													
5		水泵、冷却塔													
6		绝热													
1	电梯	运行、平层、开关门													
2		层门、信号系统													
3		机房													
1	智能建筑	机房设备安装及布局													
2		现场设备安装													
3															
观感质量综合评价			好												

检查结论	施工单位	监理单位
检查结论	观感质量好。 施工项目负责人（签章）：×××盖章 ×年5月10日	观感质量综合评价为好，同意验收。 总监理工程师：××× （建设单位项目负责人） ×年5月10日

8）验收合格后，装饰装修公司将施工管理资料汇集装订成册，并向建设单位办理了移交手续，以上资料除按合同约定移交给建设单位所需的份数，施工单位应保留一份。同时，向建设单位或其委托的使用或管理单位移交了工程实体。

见：装修装饰工程施工管理资料移交书（表3-14）及表3-15施工管理资料移交明细表。

装修装饰工程施工管理资料移交书 **表3-14**

按有关规定向__×××__办理__×××办公楼装修__工程施工技术资料移交手续。共计__36__册。其中图样材料__3__册。文字材料__33__册，其他材料__0__张。

附：移交明细表

移交单位：×××装修工程有限公司　　接受单位：×××

单位负责人：×××　　单位负责人：×××

移交人：×××　　接收人：×××

移交时间：__×__年__5__月__25__日

施工管理资料移交明细表 **表3-15**

序号	案卷题名	数量			备注
		文字材料	图样材料	其他	
1	材料报验资料	一式叁份			
2	施工试验报告	一式叁份			
3	施工记录	一式叁份			
4	预检记录	一式叁份			
5	隐蔽记录	一式叁份			
6	电气安装工程	一式叁份			
7	给排水安装工程	一式叁份			
8	施工组织设计与技术交底	一式叁份			
9	工程质量检验资料	一式叁份			
10	竣工验收资料	一式叁份			
11	设计变更、洽商记录	一式叁份			
12	竣工图		一式叁份		
13	其他				

15. 工程竣工结算

装饰装修工程竣工验收合格后，组织相关人员进行了竣工结算工作：收集了竣工结算的有关依据资料，编制了竣工结算书，报送竣工结算申请表、竣工结算审核结果确认。

（1）工程竣工结算依据

1）施工合同及补充合同。

2）工程招投标文件。

3）工程报价单或预算书。

4）施工图纸及竣工图。

5）工程洽商记录、图纸会审纪要、设计变更单、工程联系单、工程签证单、会议纪要、隐蔽验收记录等。

6）国家及地方相关部门的政策及法规等。

（2）编制竣工结算书

根据有关的结算资料，由造价人员编制竣工结算书，并向监理单位报送了《竣工结算申请表》，见表3-16竣工结算申请表。

竣工结算申请表 **表3-16**

工程名称：×××办公楼装修工程 编号：×××

致 ×××监理公司 （监理单位）：

我方已完成了 ×××办公楼装修工程的全部施工 工作，按施工合同的规定，建设单位已在 × 年 6 月 24 日支付该工程款共计（大写） 贰拾捌万陆仟元整 （小写：286000.00 ），现报上 ×××办公楼装修工程 工程竣工结算表，请予以审查并开具工程款支付证书。

附件：

1. 单位工程质量竣工验收记录
2. 结算书
3. 工程洽商记录
4. 工程变更单
5. 竣工图

施工单位（公章）： 施工项目负责人（签章）：×××盖章

×年5月26日 ×年5月26日

（3）竣工结算审核确认

监理单位、建设单位或由双方约定的造价审核单位对承包人所报的工程结算书进行了审核，审核结果经承包人和发包人签字盖章后，作为了最终的结算结果。

16. 工程保修及回访

（1）工程质量保修合同的签订

工程竣工验收前，依据有关法律、法规、施工合同及招投标文件，装饰装修公司与发包人签订了《房屋建筑工程质量保修书》。

（2）工程质量保修合同的主要内容

1）保修范围及内容：

承包人在质量保修期内，按照有关法律、法规、规章的管理规定和双方约定，承担本工程质量保修责任。质量保修范围包括承包人所承包施工的所有工程内容。

2）保修期限：

根据《建设工程质量管理条例》及有关规定，约定工程的质量保修期如下：

①屋面防水工程、有防水要求的区域和外墙面的防渗漏为五年；

②装修工程为二年；

③电气管线、给排水管道、设备安装工程为二年；

④供热与供冷系统为 / 个采暖期、供冷期；

⑤其他项目保修期：按双方约定的期限。

质量保修期自验收合格之日起计算，即从×年5月10日开始计算。

3）质量保修责任：

①属于保修范围、内容的项目，承包人应当在接到保修通知之日起7天内派人保修。承包人不在约定期限内派人保修的，发包人可以委托他人修理。

②发生紧急抢修事故的，承包人在接到事故通知后，应当立即到达事故现场抢修。

③对于涉及结构安全的质量问题，应当按照《房屋建筑工程质量保修办法》的规定，立即向当地建设行政主管部门报告，采取安全防范措施；由原设计单位或者具有相应资质等级的设计单位提出保修方案，承包人实施保修。

④质量保修完成后，由发包人组织验收。

4）保修费用：保修费用由造成质量缺陷的责任方承担。如承包方与发包方约定有质量保修金的，应约定保修金的支付及返还期限。

（3）保修及回访

承包人应将其指定的工程保修负责人姓名、联系电话以书面形式通知发包人。并按约定履行保修义务。承包人定期回访听取发包人意见，建立回访档案。

第4章　建筑装饰装修工程施工执业规模标准、执业范围、建造师签章文件介绍

4.1　施工执业规模标准介绍

4.1.1　装饰装修工程

按单项工程合同额，确定工程规模标准：

大型：单项工程合同额≥1000万元；

中型：单项工程合同额<1000万元；

小型：单项工程合同额<100万元。

4.1.2　幕墙工程

大型工程按单体建筑高度或面积确定工程规模标准，即单体建筑幕墙高度≥60m或面积≥6000m²为大型工程。

中型工程按单体建筑高度和面积确定工程规模标准，即单体建筑幕墙高度<60m且面积<6000m²；幕墙工程一般用于大中型工程，均需要一级或二级注册建造师担任工程项目负责人。

4.2　施工执业范围介绍

4.2.1　建筑工程注册建造师执业工程范围

根据《注册建造师执业管理办法（试行）》第四条规定：注册建造师应当在其注册证书所注明的专业范围内从事建设工程施工管理活动，其执业工程范围为：

（1）房屋建筑、装饰装修、地基与基础、土石方、建筑装修装饰、建筑幕墙、预拌商品混凝土、混凝土预制构件、园林古建筑、钢结构、高耸建筑物、电梯安装、消防设施、建筑防水、防腐保温、附着升降脚手架、金属门窗、预应力、爆破与拆除、建筑智能化、特种专业

（2）未列入或新增工程范围由国务院建设主管部门会同国务院有关部门另行规定。

4.2.2　建筑装饰装修工程子分部工程及分项工程的划分

根据《建筑装饰装修工程质量验收规范》GB 50210，建筑装饰装修工程划分为10个子分部工程及其34项分项工程，见表4-1。

子分部工程及其分项工程划分表　　表 4-1

项次	子分部工程	分项工程
1	抹灰工程	一般抹灰，装饰抹灰，清水砌体勾缝
2	门窗工程	木门窗制作与安装，金属门窗安装，塑料门窗安装，特种门安装，门窗玻璃安装
3	吊顶工程	暗龙骨吊顶，明龙骨吊顶
4	轻质隔墙工程	板材隔墙，骨架隔墙，活动隔墙，玻璃隔墙
5	饰面板（砖）工程	饰面板安装，饰面砖粘贴
6	幕墙工程	玻璃幕墙，金属幕墙，石材幕墙
7	涂饰工程	水性涂料涂饰，溶剂型涂料涂饰，美术涂饰
8	裱糊与软包工程	裱糊，软包
9	细部工程	橱柜制作与安装，窗帘盒，窗台板和散热器罩制作与安装，门窗套制作与安装，护栏和扶手制作与安装，花饰制作与安装
10	地面工程	基层，整体面层，板块面层，竹木面层

4.3　注册建造师签章文件介绍

4.3.1　装饰装修工程注册建造师施工管理签章文件说明

装饰装修工程施工管理签章文件代码为 CN，分为七个部分，共 48 个文件，包括施工组织管理（CN101-CN109），施工进度管理（CN201），合同管理（CN301-CN305），质量管理（CN401-CN414），安全管理（CN501-CN504），现场环保文明施工管理（CN601-CN602），成本费用管理（CN701-CN711）。

凡是担任装饰装修工程项目的施工负责人，都必须在装饰装修工程施工管理签章文件上签字并加盖本人注册建造师专用章。

4.3.2　装饰装修工程注册建造师施工管理签章文件目录

装饰装修工程注册建造师施工管理签章文件目录见表 4-2。

装饰装修工程注册建造师施工管理签章文件目录　　表 4-2

序号	工程类别	文件类别	文件名称	代码
1	装饰装修工程	施工组织管理	项目管理目标责任书	CN101
			项目管理实施规划	CN102
			施工组织设计报审表	CN103
			工程动工报审表	CN104
			工程延期申请表	CN105
			工程停工申请书	CN106-1
			工程竣工报审表	CN106-2
			工程竣工交验申请书	CN106-3

续表

序号	工程类别	文件类别	文件名称	代码
1	装饰装修工程	施工组织管理	工程复工报审表	CN107
			工作联系单	CN108
			项目管理总结报告	CN109
		施工进度管理	（年、季、月、周）工程计划报审表	CN201
		合同管理	工程分包合同	CN301
			分包单位资质及相关人员岗位证书报审表	CN302
			劳务分包报审表	CN303-1
			劳务分包合同	CN303-2
			材料（设备）采购总计划表	CN304
			合同变更和索赔申请报告	CN305
		质量管理	工程技术文件报审表	CN401
			有见证取样和送检见证人备案书	CN402
			单位工程竣工预验收报验单	CN403
			工程竣工验收备案表（改建工程）	CN404
			建设工程质量事故调查记录	CN405
			建设工程质量事故报告书（受法人委托）	CN406
			单位（子单位）工程质量竣工验收记录	CN407
			单位（子单位）工程质量控制资料核查记录	CN408-1
			单位（子单位）工程质量控制资料核查记录	CN408-2
			单位（子单位）工程安全和功能检验资料核查及主要功能抽查记录	CN409
			单位（子单位）工程观感质量检查记录	CN410
			隐蔽工程验收记录	CN411
			交接检查记录	CN412
			分部（子分部）工程验收记录表	CN413
			工程资料移交书（受企业法人委托书）	CN414-1
			工程资料移交目录	CN414-2
		安全管理	安全、消防协议	CN501
			安全、消防管理制度和管理办法	CN502
			安全、消防施工方案	CN503
			企业职工伤亡事故处理文件	CN504
			安全生产事故应急预案	CN505
		现场环保文明施工管理	施工环境保护措施及管理方法	CN601
			施工现场文明施工措施	CN602
		成本费用管理	成本计划报告	CN701
			（ ）月工、料、机动态表	CN702
			（ ）工程进度款报告	CN703
			工程变更费用报告	CN704
			费用索赔申请表	CN705
			工程款支付报告	CN706
			工程变更单	CN707
			工程洽商记录	CN708
			竣工结算申请表	CN709
			工程经济分析报告（含债务债权）	CN710
			工程结算审计表（含债务债权）	CN711

注：幕墙工程施工管理执行本签章文件目录。

4.3.3 配套表格填写说明及范例

（1）表格右上方的编码“CN”为装饰装修工程施工管理文件名称的代码；

（2）表格中分部（子分部）、分项工程必须按规定填写。

（3）在《装饰装修工程施工管理签章文件目录》的七个部分中各选择一个表格，作为填表示范。

1）施工组织管理（表4-3）

表4-3

CN104

装饰装修工程

工程动工报审表

工程名称：×××精装修工程　　　　编号：×××

致 北京×××监理公司 （监理单位）： 根据合同约定，建设单位已取得主管单位审批的施工许可证，我方也完成了开工前的各项准备工作，计划于20××年×月×日开工，请审批。 开工已完成的法定条件： 1 ☑ 建设工程施工许可证（复印件） 2 ☑ 施工组织设计（含主要管理人员和特殊工种资格证明） 3 ☑ 施工测量放线 4 ☑ 主要人员、材料、设备进场 5 ☑ 施工现场道路、水、电、通讯等已达到开工条件 施工单位（公章）：　　　　施工项目负责人（签章）：×××盖章 ×年×月×日　　　　×年×月×日
审查意见： 经审查，所报开工条件齐全、有效，已具备开工条件。 监理工程师（签章）：×××盖章 ×年×月×日
审批结论： ☑ 同意　　□不同意 监理单位（公章）：　　　　总监理工程师（签章）：×××盖章 ×年×月×日　　　　×年×月×日

注：本表由施工单位填报，建设单位、监理单位、施工单位各存一份。

2）施工进度管理（表 4-4）

装饰装修工程 **表 4-4**

CN201

（年、季、月、周）工程计划报审表

工程名称：×××精装修工程 编号：×××

致 北京×××监理公司 （监理单位）： 现报上 20×× 年 × 季 × 月工程施工进度计划，请予以审查和批准。 附件： 1 ☑ 施工进度计划（说明、图表、工程量、工作量、资源配备） 1 份； 2 □ 施工单位（公章）： 施工项目负责人（签章）：×××盖章 ×年×月×日 ×年×月×日
审查意见： 经审查，施工进度计划编制合理、可行，与现场实际情况相符，同意按此计划组织施工。 监理工程师（签章）：×××盖章 ×年×月×日
审查结论： ☑ 同意 □修改后报 □重新编制 监理单位（公章）： 总监理工程师（签章）：×××盖章 ×年×月×日 ×年×月×日

注：本表由施工单位填报，建设单位、监理单位、施工单位各存一份。

3）合同管理（表 4-5）

装饰装修工程 **表 4-5**

CN302

分包单位资质及相关人员岗位证书报审表

工程名称：×××精装修工程 编号：×××

致 北京×××监理公司 （监理单位）：

经考察，我方认为拟选择的 ×××机电安装工程有限公司 （分包单位）具有承担下列工程的施工资质和施工能力，可以保证本工程项目按合同的约定进行施工。分包后，我方仍然承担总承包单位的责任。请予以审查和批准。

附：

☑ 分包单位资质材料 ☑ 特种作业许可证

☑ 分包单位业绩材料 ☑ 相关人员岗位证书

☑ 中标通知书

分包工程名称（部位）	单位	工程数量	其他说明
×××水电安装工程	m^2	×××	无

施工单位（公章）： 施工项目负责人（签章）：×××盖章

×年×月×日 ×年×月×日

监理工程师审查意见：

经审核，该分包单位具备承担该工程的施工资质和施工能力，同意按合同约定进行施工。

监理工程师（签章）：×××盖章

×年×月×日

总监理工程师审查意见：

同意。

监理单位（公章）： 总监理工程师（签章）：×××盖章

×年×月×日 ×年×月×日

注：本表由承包单位填报，建设单位、监理单位、承包单位各存一份。

4）质量管理（表 4-6）

装饰装修工程 **表 4-6**

CN403

单位工程竣工预验收报验单

工程名称：×××精装修工程　　　　编号：×××

<table>
<tr><td>
致 北京×××监理公司 （监理单位）：
我方已按合同要求完成了 ×××精装修 工程，经自检合格，请予以检查和验收。
附件：
1. 单位（子单位）工程质量控制资料核查记录 CN408
2. 单位（子单位）工程安全和功能检验资料核查及主要功能抽查记录 CN409
3. 单位（子单位）工程观感质量检查记录 CN410
4. 分部（子分部）工程验收记录表 CN413

施工单位（公章）：　　　　施工项目负责人（签章）：×××盖章
×年×月×日　　　　×年×月×日
</td></tr>
<tr><td>
审查意见：
经预验收，该工程：
1 ☑ 符合 □ 不符合 我国现行法律、法规要求；
2 ☑ 符合 □ 不符合 我国现行工程建设标准；
3 ☑ 符合 □ 不符合 设计文件要求；
4 ☑ 符合 □ 不符合 施工合同要求。

综上所述，该工程预验收结论：☑合格 □不合格
可否组织正式验收：☑可 □不可

监理单位（公章）：　　　　总监理工程师（签章）：×××盖章
×年×月×日　　　　×年×月×日
</td></tr>
</table>

注：本表格由施工单位填报，建设单位、监理单位、施工单位各存一份。

5）安全管理（表4-7）

表4-7

CN503

编号：×××

×××精装修工程
安全、消防施工方案

编　　　　　　　　制

（施工项目负责人签章）　×××盖章

审　　　　　　　　核　×××

批　　　　　　　　准　×××

×年×月×日

附件：

安全、消防施工方案

一、安全

（一）安全管理规定

（二）安全管理措施

（三）加强安全教育

（四）安全保证措施

（五）夜间施工保障措施

（六）建立健全安全生产责任制

（七）施工临时用电管理
（八）拆除后临边、洞口的安全防护
（九）施工现场料具安全管理
（十）现场个人防护标准
二、消防
（一）建立、健全消防制度
（二）施工现场消防管理
（三）施工现场消防器材的管理
（四）消防工作安排
（五）消防应急措施
（六）消防管理奖惩制度
《安全、消防施工方案》具体内容详见光盘
6）现场环保文（表 4-8）

表 4-8

CN602

编号：×××

×××精装修　　工程

施工现场文明施工措施

施工项目负责人（签章）　×××盖章

×年×月×日

附件

现场文明施工措施

一、施工现场严格按施工平面布局图布局施工设施，按指定位置堆放材料，作到场地清洁整齐，物料清楚，道路畅通，无水，无障碍，围挡设施牢固。

二、施工后做到“七不见”，即不见砖头、管头、麻头、焊接头、木料头、钢筋头、落地灰。活完脚下清，工完场地清。

三、机械设备要经常维护保养，保持机械清洁和完好率。建筑产品要做到上下水通、不漏水、不渗水、电路通，确保使用功能，要加强保护产品意识，对成品做到百分百完整。

四、施工人员严格遵守劳动纪律，严禁在现场打闹、嬉戏，施工现场严禁随地大小便，必须到指定地点。树立文明职业道德，虚心接受甲方的一切监督。听从意见及时改正，确保企业信誉。

7）成本费用管理（表 4-9）

表 4-9

CN706

装饰装修工程

工程款支付报告

工程名称：×××精装修工程　　　　编号：×××

<table>
<tr><td>
致　北京×××监理公司　（监理单位）：
我方已完成了　×××精装修工程×月份的施工　工作，按施工合同的规定，建设单位应在　×　年　×　月　×　日前支付该项工程款共计（大写）　贰佰贰拾伍万伍仟玖佰叁拾叁元壹角捌分　，（小写）　2255933.18　元，现报上　×××精装修　工程付款申请表，请予以审查并开具工程款支付证书。

附件：
1. 工程量清单
2. 计算方法

施工单位（公章）：　　　　施工项目负责人（签章）：×××盖章

×年×月×日　　　　×年×月×日
</td></tr>
</table>